“十二五”职业教育国家规划教材
经全国职业教育教材审定委员会审定

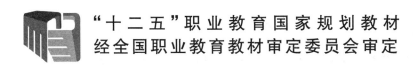

现代通信网

（第 3 版）

李文海　主编

U0282115

北京邮电大学出版社
www.buptpress.com

内 容 简 介

本教材主要涉及通信网的基本概念、基本结构及具体构成方式,还涉及网络的规划设计方法。

本教材中除讨论了传统的电话网的基本概念、组成、网络结构之外,还讨论了中继传输网、电信支撑网、用户接入网、ATM 宽带网、Internet 与宽带 IP 城域网技术、软交换及下一代网络技术、移动通信网等。本书还介绍了固定电话网、信令网、数字同步网及中继传输网等各种专业网络的规划设计方法。

本教材侧重阐述基本概念、应用技术及基本规划设计方法,对一些理论的数学分析以够用为度,删减了过于烦琐的数学推导。

图书在版编目(CIP)数据

现代通信网 / 李文海主编. -- 3 版. -- 北京 : 北京邮电大学出版社,2017.1
ISBN 978-7-5635-3962-8

Ⅰ. ①现… Ⅱ. ①李… Ⅲ. ①通信网—教材 Ⅳ. ①TN915

中国版本图书馆 CIP 数据核字(2014)第 102635 号

书　　　　名:现代通信网(第 3 版)	
著作责任者:李文海　主编	
责 任 编 辑:彭　楠	
出 版 发 行:北京邮电大学出版社	
社　　　　址:北京市海淀区西土城路 10 号(邮编:100876)	
发 行 部:电话:010-62282185　传真:010-62283578	
E-mail:publish@bupt.edu.cn	
经　　　销:各地新华书店	
印　　　刷:保定市中画美凯印刷有限公司	
开　　　本:787 mm×1 092 mm　1/16	
印　　　张:18.75	
字　　　数:484 千字	
版　　　次:2005 年 4 月第 1 版　2007 年 9 月第 2 版　2017 年 1 月第 3 版　2017 年 1 月第 1 次印刷	

ISBN 978-7-5635-3962-8　　　　　　　　　　　　　　　定　价:39.00 元

前　言

现代通信网技术是通信工作者应掌握的一项综合性的技术。它与通信网的发展建设、规划设计及通信设备的研制、生产等方面密切相关，且涉及各种通信技术、设备的应用及其如何更有效地发挥效益的问题。

本书第 1 版于 2005 年 4 月第 1 次印刷出版。2007 年出版的第 2 版被列入普通高等教育"十一五"国家级规划教材。第 2 版教材是在对第 1 版教材修订和补充增添的基础上而构成的。本次出版的第 3 版是对第 2 版的修订和部分内容的补充增添。

本书在简要阐述通信网基本理论的基础上，侧重于讨论和阐述有关现代通信网的基本技术方面的问题。全书共分 10 章：第 1 章概述；第 2 章电话交换网；第 3 章中继传输网；第 4 章电信支撑网；第 5 章用户接入网；第 6 章综合业务数字网（ISDN）及 ATM 宽带网；第 7 章 Internet 与宽带 IP 城域网；第 8 章通信网的规划设计；第 9 章软交换及下一代网络技术；第 10 章移动通信网。第 8 章及第 10 章涉及内容较多，难度较大，可作为选学内容。第 8 章及第 10 章没有设小结，也没有给出练习题。

本书在编写过程中除参阅了 ITU-T 相关建议和电信主管部门有关体制标准的文件外，还参阅了如马永源等编写的《电信规划方法》、谷红勋等编写的《互联网接入基础与技术》、张宏科等编写的《ATM 网络互连原理与工程》、赵学军等编写的《软交换技术与应用》、罗国庆等编写的《软交换的工程实现》、廖晓滨等编著的《第三代移动通信网络系统技术与应用基础教程》、李波等译的《第 3 代无线通信网络》、广州杰赛通信规划设计院主编的《TD-SCDMA 规划设计手册》及通信网络管理员教材等相关书籍。这些资料和书籍为本书的编写提供了很好的素材和数据，本书作者在此感谢相关资料和书籍的作者。

由于本书编者水平有限，书中难免存在不足之处，敬请读者批评指正。

编　者

目 录

第 1 章 概　述

1.1　通信系统与通信网

1.1.1　通信系统及通信系统的组成

1. 通信系统的定义

所谓通信系统就是用电信号(或光信号)传递信息的系统,也称电信系统。

2. 通信系统的分类

通信系统可以从不同角度来分类。

① 按通信业务分类,可分为电话通信系统、电报通信系统、传真通信系统等。

② 按传输信号的类型分类,可分为模拟通信系统和数字通信系统。

3. 通信系统的组成

无论哪一类通信系统,都是要完成从一地到另一地的信息传递或交换。在这样一个总的目的下可以把通信系统概括为一个统一的模型。这一模型包括信源、变换器、信道、噪声源、反变换器和信宿六部分。模型框图如图 1.1 所示。

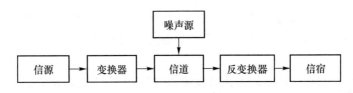

图 1.1　通信系统构成模型

模型中各部分功能如下。

① 信源:信源是指发出信息的信息源。

② 变换器:变换器的功能是把信源发出的信息变换成适合与在信道上传输的信号。

③ 信道:信道是信号传输媒介的总称。

④ 反变换器:反变换器是变换器的逆变换。反变换器的功能就是把从信道上接收的信号变换成信息接收者可以接收的信息。

⑤ 信宿:信宿是指信息传送的终点,也就是信息接收者。

⑥ 噪声源:噪声源并不是一个人为实现的实体,但在实际通信系统中又是客观存在的。

上述通信系统只能实现两用户间的单向通信,要实现双向通信还需要另一个通信系统完成相反方向的信息传送工作。而要实现多用户间的通信,则需要将多个通信系统有机地组成一个整体,使它们能协同工作,即形成通信网。

多用户间的通信,最简单的方法是在任意两用户之间均有线路相连组成网型网,如图1.2所示。但由于用户众多,这种连接方式的线路利用率太低,不易实现。解决方法是引入交换机,即每个用户都通过用户线与交换机相连,任何用户间的通信都要经过交换机的转接,如图1.3所示。图1.3中的中心节点为交换节点,交换节点由交换设备构成。

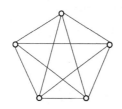 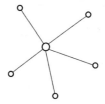

图1.2　完全互连网型网　　　　　　图1.3　星型转接网

1.1.2　通信网的基本概念及构成

1. 通信网的基本概念

从前述概念可以得出通信网的定义:通信网是由一定数量的节点(包括终端设备和交换设备)和连接节点的传输链路相互有机地组合在一起,以实现两个或多个规定点间信息传输的通信体系。也就是说,通信网是由相互依存、相互制约的许多要素组成的有机整体,用以完成规定的功能。

通信网的功能就是要适应用户呼叫的需要,以用户满意要求的程度传输网内任意两个或多个用户之间的信息。

2. 通信网的构成要素

由通信网的定义可以看出:通信网在硬件设备方面的构成要素是终端设备、传输链路和交换设备。为了使全网协调合理地工作,还要有各种规定,如信令方案、各种协议、网路结构、路由方案、编号方案、资费制度与质量标准等,这些均属于软件。即一个完整的通信网除了包括硬件以外,还要有相应的软件。下面重点介绍构成通信网的硬件设备。

(1) 终端设备

终端设备是用户与通信网之间的接口设备,它包括图1.1的信源、信宿与变换器、反变换器的一部分。

终端设备的功能如下。

① 将待传送的信息和在传输链路上传送的信号进行相互转换。在发送端,将信源产生的信息转换成适合于在传输链路上传送的信号;在接收端则完成相反的变换。

② 将信号与传输链路相匹配,由信号处理设备完成。

③ 信令的产生和识别,即用来产生和识别网内所需的信令,以完成一系列控制作用。

(2) 传输链路

传输链路是信息的传输通道,是连接网路节点的媒介。它一般包括图1.1中的信道与变换器、反变换器的一部分。信道有狭义信道和广义信道之分,狭义信道是单纯的传输媒介(比如一条电缆);广义信道除了传输媒介以外,还包括相应的变换设备(如各种调制设备及接口等）。由此可见，我们这里所说的传输链路指的是广义信道。

传输链路可以分为不同的类型，其各有不同的实现方式和适用范围。

（3）交换设备

交换设备是构成通信网的核心要素，它的基本功能是完成接入交换节点链路的汇集、转接接续和分配，实现一个用户终端呼叫和它所要求的另一个或多个用户终端之间的路由选择和连接。

交换设备的交换方式可以分为两大类。

① 电路交换方式，传统的电话网的交换方式即为电路交换。

② 存储转发交换方式，分组数据网的分组交换及帧中继网络的交换即为存储转发交换。

1.1.3 通信网的分类

通信网从不同的角度可以分为不同的种类，主要有：

① 按业务种类可分为电话网、电报网、传真网、广播电视网以及数据网等；

② 按所传输的信号形式可分为数字网和模拟网；

③ 按服务范围可分为本地网、长途网和国际网；

④ 按运营方式可分为公用通信网和专用通信网；

⑤ 按组网方式可分为移动通信网、卫星通信网等。

1.1.4 通信网的基本结构

通信网的基本结构主要有网型、星型、复合型、总线型、环型、树型和线型等。

1. 网型网

网型网如图 1.4(a)所示，网内任何两个节点之间均有线路相连。如果有 N 个节点，则需要 $N(N-1)/2$ 条传输链路。显然当节点数增加时，传输链路将迅速增大。这种网络结构的冗余度较大，稳定性较好，但线路利用率不高，经济性较差。

图 1.4(b)所示为网孔型网，它是网型网的一种变形，也就是不完全网状网。其大部分节点相互之间有线路直接相连，一小部分节点可能与其他节点之间没有线路直接相连。哪些节点之间不需直达线路，视具体情况而定（一般是这些节点之间业务量相对少一些）。网孔型网与网型网（完全网状网）相比，可适当节省一些线路，即线路利用率有所提高，经济性有所改善，但稳定性会稍有降低。

2. 星型网

星型网也称为辐射网，它将一个节点作为辐射点，该点与其他节点均有线路相连，如图 1.5 所示。

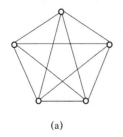

(a)   (b)

图 1.4 网型网与网孔型网

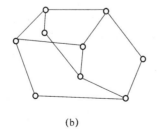

图 1.5 星型网

具有 N 个节点的星型网至少需要 $N-1$ 条传输链路。星型网的辐射点就是转接交换中心,其余 $N-1$ 个节点间的相互通信都要经过转接交换中心的交换设备,因而该交换设备的交换能力和可靠性会影响网内的所有用户。

由于星型网比网型网的传输链路少、线路利用率高,所以当交换设备的费用低于相关传输链路的费用时,星型网比网型网经济性较好,但稳定性较差(因为中心节点是全网可靠性的瓶颈,中心节点一旦出现故障会造成全网瘫痪)。

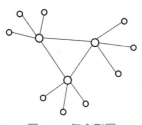

图 1.6　复合型网

3. 复合型网

复合型网由网型网和星型网复合而成,如图 1.6 所示。

根据网中业务量的需要,以星型网为基础,在业务量较大的转接交换中心区采用网型结构,可以使整个网路比较经济且稳定性较好。

复合型网具有网型网和星型网的优点,是通信网中常采用的一种网路结构,但网路设计应以交换设备和传输链路的总费用最小为原则。

4. 总线型网

总线型网是所有节点都连接在一个公共传输通道(总线)上,如图 1.7 所示。

这种网路结构需要的传输链路少,增减节点比较方便,但稳定性较差,网路范围也受到限制。

5. 环型网

环型网如图 1.8 所示。

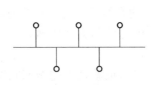

图 1.7　总线型网

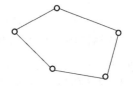

图 1.8　环型网

它的特点是结构简单,实现容易,而且由于可以采用自愈环对网路进行自动保护,所以其稳定性比较高。

另外,还有一种叫线型网的网络结构,如图 1.9 所示,它与环型网不同的是首尾不相连。线型网常用于 SDH 传输网中。

6. 树型网

树型网如图 1.10 所示,它可以看成是星型拓扑结构的扩展。在树型网中,节点按层次进行连接,信息交换主要在上、下节点之间进行。树型结构主要用于用户接入网或用户线路网中,另外,数字同步网中主从同步方式的时钟分配网也采用树型结构。

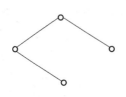

图 1.9　线型网

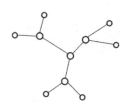

图 1.10　树型网

1.2　通信网的质量要求

为了使通信网能快速且有效可靠地传递信息,充分发挥其作用,对通信网一般提出 3 个要求:

① 接通的任意性与快速性;

② 信号传输的透明性与传输质量的一致性;

③ 网络的可靠性与经济合理性。

1. 接通的任意性与快速性

这是对通信网的最基本要求。所谓接通的任意性与快速性是指网内的任一个用户应能快速地接通网内任一其他用户。如果有些用户不能与其他一些用户通信,则这些用户必定不在同一个网内;而如果不能快速地接通,有时会使要传送的信息失去价值,这种接通将是无效的。

影响接通的任意性与快速性的主要因素如下。

① 通信网的拓扑结构:如果网络的拓扑结构不合理会增加转接次数,使阻塞率上升、时延增大。

② 通信网的网络资源:网络资源不足的后果是增加阻塞概率。

③ 通信网的可靠性:可靠性低会造成传输链路或交换设备出现故障,甚至丧失其应有的功能。

2. 信号传输的透明性与传输质量的一致性

透明性是指在规定业务范围内的信息都可以在网内传输,对用户不加任何限制。

传输质量的一致性是指网内任何两个用户通信时,应具有相同或相仿的传输质量,而与用户之间的距离无关。通信网的传输质量直接影响通信的效果,不符合传输质量要求的通信网是没有意义的。因此要制定传输质量标准并进行合理分配,使网中的各部分均满足传输质量指标的要求。

3. 网络的可靠性与经济合理性

可靠性对通信网是至关重要的,一个可靠性不高的网会经常出现故障乃至中断通信,这样的网是不能用的。但绝对可靠的网是不存在的。所谓可靠是指在概率的意义上,使平均故障间隔时间(两个相邻故障间隔时间的平均值)达到要求。可靠性必须与经济合理性结合起来。提高可靠性往往要增加投资,但造价太高又不易实现,因此应根据实际需要在可靠性与经济性之间取得折中和平衡。

以上是对通信网的基本要求,除此之外,人们还会对通信网提出一些其他要求。而且对于不同业务的通信网,上述各项要求的具体内容和含义将有所差别。

例如,对电话通信网是从以下三个方面提出的要求。

① 接续质量:电话通信网的接续质量是指用户通话被接续的速度和难易程度,通常用接通率(或呼损率)和接续时延来度量。

② 传输质量:用户接收到的话音信号的清楚逼真程度,可以用响度、清晰度和逼真度来衡量。

③ 稳定质量:通信网的可靠性,其指标主要有失效率(单位时间发生故障的概率)、平均故

障间隔时间、平均修复时间(发生故障时进行修复的平均时长)等。

1.3 现代通信网的构成及发展

1.3.1 现代通信网的构成

一个完整的现代通信网,除了有传递各种用户信息的业务网之外,还需要有若干支撑网,以使网络更好地运行。

现代通信网的构成示意图如图 1.11 所示。

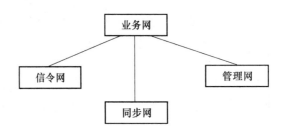

图 1.11 现代通信网的构成示意图

1. 业务网

业务网也就是用户信息网,它是现代通信网的主体,是向用户提供如电话、电报、传真、数据、图像等各种电信业务的网络。

业务网按其功能又可分为用户接入网、交换网和传输网。

用户接入网是电信业务网的组成部分,负责将电信业务透明地传送到用户,即用户通过接入网的传输,能灵活地接入到不同的电信业务节点上。用户接入网、传输网以及交换网的位置关系如图 1.12 所示。

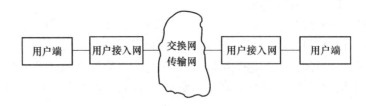

图 1.12 用户接入网、传输网以及交换网的位置关系

2. 支撑网

支撑网是使业务网正常运行,增强网络功能,提供全网服务质量以满足用户要求的网络。在各个支撑网中传送相应的控制、监测信号。

支撑网包括:信令网、同步网和管理网。

(1) 信令网

在采用公共信道信令系统之后,除原有的用户业务网之外,还有一个寄生、并存的起支撑作用的,专门传送信令的网络——信令网。

信令网的功能是实现网络节点间(包括交换局、网络管理中心等)信令的传输和转接。

(2)同步网

实现数字传输后,在数字交换局之间、数字交换局和传输设备之间均需要实现信号时钟的同步。

同步网的功能就是实现这些设备之间的信号时钟同步。

(3)管理网

管理网是为提高全网质量和充分利用网络设备而设置的。网络管理是实时或近实时地监视电信网络(即业务网)的运行,必要时采取控制措施,以达到在任何情况下,最大限度地使用网络中一切可以利用的设备,使尽可能多的通信得以实现。

1.3.2 现代通信网的发展

从通信网在设备方面的各要素来看,终端设备正在向数字化、智能化、多功能化发展;传输链路正在向数字化、宽带化发展;正在大力研究和发展的软交换及下一代网络就是当前通信网的发展方向。总之,未来的通信网正向着数字化、综合化、智能化、个人化的方向发展。

1. 数字化

数字化就是在通信网中全面使用数字技术,包括数字传输、数字交换和数字终端等。

2. 综合化

综合化就是把来自各种信息源的业务综合在一个数字通信网中传送,为用户提供综合性服务。

3. 智能化

智能化就是在通信网中更多地引进智能因素建立智能网。其目的是使网络结构更具灵活性,使用户对网络具有更强的控制能力,以有限的功能组件实现多种业务。

智能网以智能数据库为基础,不仅能传送信息,而且能存储和处理信息,使网络中可方便地引进新业务,并使用户具有控制网络的能力,还可根据需要及时、经济地获得各种业务服务。

4. 个人化

个人化就是实现个人通信,即任何人在任何时间都能与任何地方的另一个人进行通信,通信的业务种类仅受接入网与用户终端能力的限制,而最终将能提供任何信息形式的业务。它将改变以往将终端/线路识别作为用户识别的传统方法,而采用与网络无关的唯一的个人通信号码。个人号码不受地理位置和使用终端的限制,通用于有线和无线系统,给用户带来充分的终端移动性和个人移动性。

小　　结

1. 通信系统及通信系统组成

所谓通信系统就是用电信号(或光信号)传递信息的系统,也称电信系统。

可以把通信系统概括为一个统一的模型。这一模型包括:信源、变换器、信道、噪声源、反变换器和信宿 6 个部分。

2. 通信网的概念及构成要素

（1）通信网的概念

通信网是由一定数量的节点（包括终端设备和交换设备）和连接节点的传输链路相互有机地组合在一起，以实现两个或多个规定点间信息传输的通信体系。

通信网的功能就是要适应用户呼叫的需要，以用户满意要求的程度传输网内任意两个或多个用户之间的信息。

（2）通信网的构成要素

通信网在硬件设备方面的构成要素是终端设备、传输链路和交换设备。

为了使全网协调合理地工作，还要有各种规定，如信令方案、各种协议、网络结构、路由方案、编号方案、资费制度与质量标准等，这些均属于软件。

① 终端设备

终端设备是用户与通信网之间的接口设备。终端设备的功能有以下 3 个：

- 将待传送的信息和在传输链路上传送的信号进行相互转换；
- 将信号与传输链路相匹配；
- 信令的产生和识别。

② 传输链路

传输链路是信息的传输通道，是连接网路节点的媒介。

③ 交换设备

交换设备是构成通信网的核心要素，它的基本功能是完成接入交换节点链路的汇集、转接接续和分配。

3. 通信网的基本结构

通信网的基本结构主要有网型、星型、复合型、总线型、环型、树型和线型等。

（1）网型网

网内任何两个节点之间均有线路相连。如果有 N 个节点，则需要 $N(N-1)1/2$ 条传输链路。这种网络结构的冗余度较大，稳定性较好，但线路利用率不高，经济性较差。

（2）星型网

星型网也称为辐射网，它将一个节点作为辐射点，该点与其他节点均有线路相连，具有 N 个节点的星型网至少需要 $N-1$ 条传输链路。星型网的传输链路少、线路利用率高，星型网比网型网经济性较好，但稳定性较差。

（3）复合型网

复合型网由网型网和星型网复合而成。

根据网中业务量的需要，以星型网为基础，在业务量较大的转接交换中心区间采用网型结构，可以使整个网络比较经济且稳定性较好。复合型网具有网型网和星型网的优点，是通信网中常采用的一种网络结构。

（4）总线型网

总线型网是所有节点都连接在一个公共传输通道——总线上。

这种网络结构需要的传输链路少，增减节点比较方便，但稳定性较差，网络范围也受到限制。

（5）环型网

它的特点是结构简单，实现容易，而且由于可以采用自愈环对网路进行自动保护，所以其稳定性比较高。

（6）树型网

树型网可以看成是星型拓扑结构的扩展。在树型网中,节点按层次进行连接,信息交换主要在上、下节点之间进行。树型结构主要用于用户接入网或用户线路网中,另外,主从网同步方式中的时钟分配网也采用树型结构。

4．通信网的质量要求

对通信网一般提出以下 3 个要求:

- 接通的任意性与快速性;
- 信号传输的透明性与传输质量的一致性;
- 网络的可靠性与经济合理性。

（1）接通的任意性与快速性

所谓接通的任意性与快速性是指网内的任一个用户应能快速地接通网内任一其他用户。

影响接通的任意性与快速性的主要因素是:通信网的拓扑结构;通信网的网络资源;通信网的可靠性。

（2）信号传输的透明性与传输质量的一致性

信号传输的透明性是指在规定业务范围内的信息都可以在网内传输,对用户不加任何限制;传输质量的一致性是指网内任何两个用户通信时,应具有相同或相仿的传输质量。

（3）网络的可靠性与经济合理性

5．对电话通信网的质量要求

对电话通信网是从以下 3 个方面提出的质量要求。

① 接续质量:是指用户通话被接续的速度和难易程度,通常用接续损失(呼损)和接续时延来度量。

② 传输质量:话音信号的清楚逼真程度,可以用响度、清晰度和逼真度来衡量。

③ 稳定质量:通信网的可靠性。

6．现代通信网的构成

一个完整的现代通信网,除了有传递各种用户信息的业务网之外,还需要有若干支撑网,以使网络更好地运行。

（1）业务网

业务网也就是用户信息网,是向用户提供如电话、电报、传真、数据、图像等各种电信业务的网络。

（2）支撑网

支撑网是使业务网正常运行,增强网络功能,提供全网服务质量以满足用户要求的网络。

7．现代通信网的发展

未来的通信网正向着数字化、综合化、智能化、个人化的方向发展。

复　习　题

1. 什么是通信网?

2. 通信网的构成要素有哪些? 它们的功能分别是什么?

3. 通信网的基本结构有哪几种？各自的特点是什么？

4. 对通信网主要有什么要求？

5. 影响接通的任意性与快速性的主要因素有哪些？

6. 什么是电话网的接续质量？

7. 现代通信网的构成包括哪几部分？

8. 通信网的未来发展方向是什么？

第2章

电话交换网

2.1 电话网的网络结构

2.1.1 电话网的等级结构

就全国范围内的电话网而言,很多国家采用等级结构的电话网。

等级结构的电话网就是把全网的交换局划分成若干个等级,低等级的交换局与管辖它的高等级的交换局相连、形成多级汇接辐射网即星型网;而最高等级的交换局间则直接互联,形成网型网。所以等级结构的电话网一般是复合型网。

等级结构的电话网的级数选择与很多因素有关,主要有两个:

① 全网的服务质量,如接通率、接续时延、传输质量、可靠性等;

② 全网的经济性,即网的总费用问题。

另外还应考虑国家幅员大小,各地区的地理状况,政治、经济条件以及地区之间的联系程度等因素。

早在1973年我国电话网建设初期,鉴于当时长途话务流量的流向与行政管理的从属关系几乎一致,即呈纵向的流向,原邮电部明确规定我国电话网的网络等级分为五级,由一、二、三、四级长途交换中心及本地五级交换中心(即端局)组成。

等级结构示意图如图2.1所示。

电话网由长途网和本地网两部分组成。长途网设置一、二、三、四级长途交换中心,分别用C1、C2、C3和C4表示;本地网设置汇接局和端局两个等级的交换中心,分别用Tm和C5表示,也可只设置端局一个等级的交换中心。

2.1.2 长途网及其结构演变

长途电话网简称长途网,由长途交换中心、长市中继和长途电路组成,用来疏通各个不同本地网之间的长途话务。

1. 四级长途网的网络结构

在五级制的等级结构电话网中,长途网为四级,一级交换中心C1之间相互连接构成网状网,以下各级交换中心以逐级汇接为主,辅以一定数量的直达电路,从而构成一个复合型的网络结构,如图2.2所示。

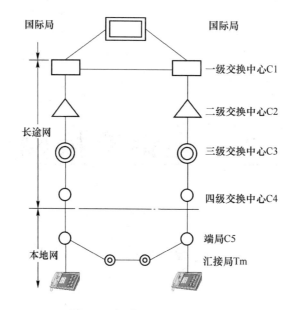

图 2.1　电话网等级结构示意图

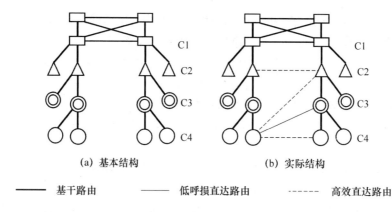

(a) 基本结构　　　　　　(b) 实际结构

——— 基干路由　　——— 低呼损直达路由　　------ 高效直达路由

图 2.2　四级长途网的网络结构

- 一级交换中心为大区中心,也称省间中心;
- 二级交换中心为省交换中心,设在省会城市;
- 三级交换中心为地区交换中心;
- 四级交换中心为县长途交换中心,是长途终端局。

2. 二级长途网的网络结构

五级等级结构的电话网在网络发展的初级阶段是可行的,这种结构在电话网由人工向自动、模拟向数字的过渡中起了较好的作用,然而在通信事业高速发展的今天,由于经济的发展,非纵向话务流量日益增多,新技术新业务层出不穷,多级网络结构存在的问题日益明显。就全网的服务质量而言主要表现如下。

① 转接段数多。如两个跨地市的县级用户之间的呼叫,需经 C4、C3、C2 等多级长途交换中心转接,接续时延长,传输损耗大,接通率低。

② 可靠性差。多级长途网,一旦某节点或某段电路出现故障,将会造成局部阻塞。

此外,从全网的网络管理、维护运行来看,网络结构级数划分越多,交换等级数量就越多,使网管工作过于复杂,同时,不利于新业务网(如移动电话网、无线寻呼网)的开放,更难适应数字同步网、NO.7 信令网等支撑网的建设。

目前,我国电话网的结构已由原来的五级结构逐步演变为三级,长途电话网也完成了由四级网向二级网过渡:一、二级长途交换中心合并为 DC1,构成长途两级网的高平面网(省际平面);C3 被称为 DC2,构成长途两级网的低平面网(省内平面)。二级长途网的等级结构及网路组织如图 2.3 所示。

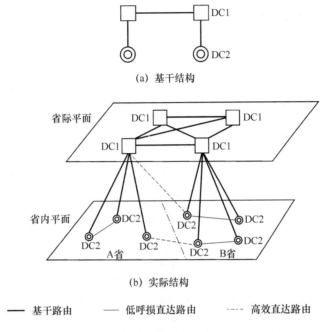

(a) 基干结构

(b) 实际结构

——　基干路由　　——　低呼损直达路由　　----　高效直达路由

图 2.3　二级长途网的等级结构及网路组织

二级长途网将网内长途交换中心分为两个等级,省级(直辖市)交换中心以 DC1 表示,地(市)级交换中心以 DC2 表示。DC1 之间以网状网相互连接,DC1 与本省各地市的 DC2 以星型方式连接;本省各地市的 DC2 之间以网状或不完全网状相连,同时辅以一定数量的直达电路与非本省的交换中心相连。

以各级交换中心为汇接局,汇接局负责汇接的范围称为汇接区。全网以省级交换中心为汇接局,分为 31 个省(自治区)汇接区。

各级长途交换中心的职能如下。

① DC1:主要是汇接所在省的省际长途来话、去话话务,以及所在本地网的长途终端话务。

② DC2:主要是汇接所在本地网的长途终端话务。

图 2.4 所示是广东省的国内固定长途电话网的等级结构。

全网演变为三级时,两端局之间最大的串接电路段数为 5 段,串接交换中心数最多为 6个,如图 2.5 所示。

(1) 长途交换中心

国内长途交换中心分为两个等级,其中汇接全省长途话务的交换中心为省级中心,用 DC1 表示;汇接本地网长途终端话务的交换中心用 DC2 表示。

一级交换中心(DC1)为省(自治区、直辖市)长途交换中心,其职能主要是汇接所在省(自

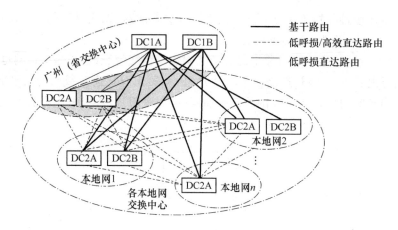

图 2.4　广东省的国内固定长途电话网的等级结构

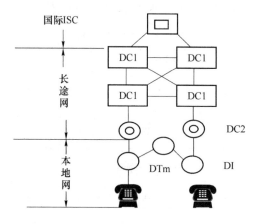

图 2.5　我国电话网的结构

治区、直辖市)的省际长途来去话务和一级交换中心所在本地网的长途终端话务。

DC1 之间以基干路由网状相连。

地(市)本地网的 DC2 与本省(自治区)所属的 DC1 均以基干路由相连。

二级交换中心(DC2)是长途网的长途终端交换中心,其职能主要是汇接所在本地网的长途终端话务。

根据话务流量流向,二级交换中心也可以与非从属一级交换中心 DC1 建立直达电路群。

(2) 多运营商互联组网规则

中国电信现有电话网和其他运营商电信网络(如中国移动通信网等)的网间互联物理接口点称为互联点(POI),互联点两侧的交换机作为网间互联的关口局(GW)承担网间核账的功能。

随着各移动通信公司、专用网、IP 电话经营公司的不断出现及容量的不断扩大,网间互联显得越来越重要,如果连接方法仍是固定网的市话汇接局和长途局与移动网、其他 IP 经营网等直接相连的方式,不仅浪费传输电路(电路利用率不高),也不利于将来网络结构的调整,网络结构复杂不清晰,给网间的维护和管理带来很大的不便。因此,必须建立固定网的接口局。

建立接口局后,本地网的组网方案如图 2.6 所示。

目前互联互通必须按互联互通部门的双方协议进行,其开放的字冠和各类话务来出中继的分群路由等局数据的增加与修改,一定要有据可依,双方网间一般按本地发话话务和长途落地话务或 IP 话务进行分群处理。

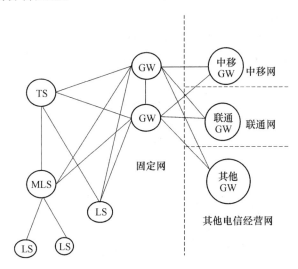

图 2.6 本地网与其他运营商组网方案示意图

2.1.3 本地网

本地电话网简称本地网,指在同一编号区范围内,由若干个端局,或者由若干个端局和汇接局及局间中继线、用户线和话机终端等组成的电话网。本地网用来疏通本长途编号区范围内任何两个用户间的电话呼叫和长途发话、来话业务。

近年来随着电话用户的急剧增加,各地本地网建设速度大大加快,交换设备和网络规模越来越大,本地网网络结构也更加复杂。

1. 本地网的类型

自 20 世纪 90 年代中期,我国开始组建起以地(市)级以上城市为中心城市的扩大的本地网,这种扩大本地网的特点是城市周围的郊县与城市划在同一长途编号区内,其话务量集中流向中心城市。

扩大本地网的类型有以下两种。

(1)特大和大城市本地网

以特大城市及大城市为中心,中心城市与所辖的郊县(市)共同组成的本地网,简称特大和大城市本地网。省会、直辖市及一些经济发达的城市如深圳组建的本地网就是这种类型。

(2)中等城市本地网

以中等城市为中心,中心城市与该城市的郊区或所辖的郊县(市)共同组成的本地网,简称中等城市本地网。地(市)级城市组建的本地网就是这种类型。

2. 本地网的交换中心及职能

本地网内可设置端局和汇接局。端局通过用户线与用户相连,它的职能是负责疏通本局用户的去话和来话话务。汇接局与所管辖的端局相连,以疏通这些端局间的话务;汇接局还与其他汇接局相连,疏通不同汇接区间端局的话务;根据需要还可与长途交换中心相连,用来疏通本汇接区的长途转话话务。

本地网中,有时在用户相对集中的地方,可设置一个隶属于端局的支局(一般的模块局就是支局),经用户线与用户相连,但其中继线只有一个方向即到所隶属的端局,用来疏通本支局用户的发话和来话话务。

3. 本地网的网络结构

由于各中心城市的行政地位、经济发展及人口的不同,扩大的本地网交换设备容量和网络规模相差很大,所以网络结构分为以下两种。

(1) 网型网

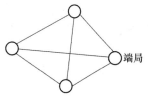

图 2.7　本地网的网型网网络结构

网型网是本地网结构中最简单的一种,网中所有端局个个相连,端局之间设立直达电路。

当本地网内交换局数目不太多时,采用这种结构,如图 2.7 所示。

(2) 二级网

当本地网中交换局数量较多时,可由端局和汇接局构成两级结构的等级网,端局为低一级,汇接局为高一级。

二级网的结构有分区汇接和全覆盖两种。

① 分区汇接

分区汇接的网络结构是把本地网分成若干个汇接区,在每个汇接区内选择话务密度较大的一个局或两个局作为汇接局,根据汇接局数目的不同,分区汇接有两种方式:分区单汇接和分区双汇接。

(a) 分区单汇接

这种方式是比较传统的分区汇接方式。它的基本结构是每一个汇接区设一个汇接局,汇接局之间以网型网连接,汇接局与端局之间根据话务量大小可以采用不同的连接方式。在城市地区,话务量比较大,应尽量做到一次汇接,即来话汇接或去话汇接。此时,每个端局与其所隶属的汇接局与其他各区的汇接局(来话汇接)均相连,或汇接局与本区及其他各区的汇接局(去话汇接)相连。在农村地区,由于话务量比较小,采用来、去话汇接,端局与所隶属的汇接局相连。

采用分区单汇接的本地网结构如图 2.8 所示。

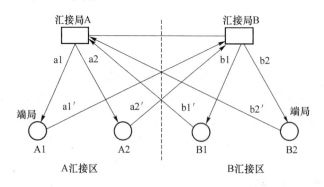

图 2.8　分区单汇接的本地网结构

每个汇接区设一个汇接局,汇接局间结构简单,但是网路可靠性差。如图 2.8 所示,当汇接局 A 出现故障时,a1、a2、b1′、b2′四条电路都将中断,即 A 汇接区内所有端局的来话都将中断。若是采用来、去话汇接,则整个汇接区的来话和去话都将中断。

(b) 分区双汇接

在每个汇接区内设两个汇接局,两个汇接局地位平等,均匀分担话务负荷,汇接局之间网状相连;汇接局与端局的连接方式同分区单汇接结构,只是每个端局到汇接局的话务量一分为二,由两个汇接局承担。

采用分区双汇接的本地网结构如图 2.9 所示。

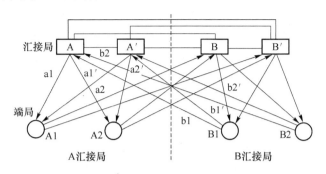

图 2.9　分区双汇接的本地网结构

分区双汇接结构比分区单汇接结构可靠性提高很多,例如,当 A 汇接局发生故障时,a1、a2、b1′、b2′四条电路被中断,但汇接局 A′仍能完成该汇接区 50% 的话务量。分区双汇接的网络结构比较适用于网路规模大、局所数目多的本地网。

② 全覆盖

全覆盖的网络结构是在本地网内设立若干个汇接局,汇接局间地位平等,均匀分担话务负荷。汇接局间以网状网相连。各端局与各汇接局均相连。两端局间用户通话最多经一次转接。

全覆盖的网络结构如图 2.10 所示。

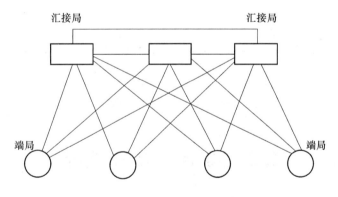

图 2.10　全覆盖的网络结构

全覆盖的网络结构几乎适用于各种规模和类型的本地网。汇接局的数目可根据网路规模来确定。全覆盖的网络结构可靠性高,但线路费用也提高很多,所以应综合考虑这两个因素确定网络结构。

一般来说,特大或大城市本地网,其中心城市采取分区双汇接或全覆盖结构,周围的县采取全覆盖结构,每个县为一独立汇接区,偏远地区可采用分区单汇接结构。中等城市本地网,其中心城市和周边县采用全覆盖结构。偏远地区可采用分区单(双)汇接结构。

(3) 固网智能化改造的智能汇接局组网方案

智能汇接局组网的核心是在现有固定电话网中引入 SHLR(用户归属寄存器)新网元。交换机通过扩展 ISUP(ISDN 用户部分)、扩展 MAP(移动通信应用协议)等协议与 SHLR 进行信息交互,实现用户数据查询和业务属性触发,为用户提供多样化的增值服务。

智能汇接局组网一般采用"汇接局完全访问 SHLR"方案。

"汇接局完全访问 SHLR"方案是指各层交换机(端局、关口局及长途局)负责将接续的所有呼叫路由都接续到汇接局。

智能汇接局组网网络连图如图 2.11 所示。

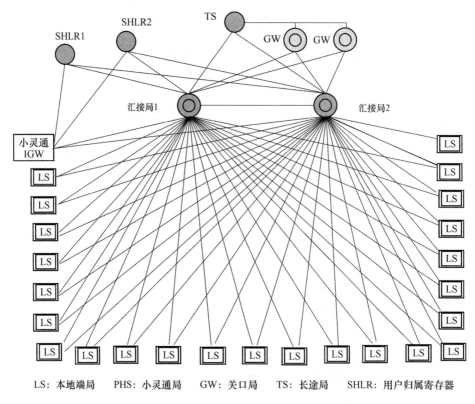

LS: 本地端局   PHS: 小灵通局   GW: 关口局   TS: 长途局   SHLR: 用户归属寄存器

图 2.11   智能汇接局组网网络连图

2.2   路由及路由选择

2.2.1   路由的含义及分类

1. 路由的含义

进行通话的两个用户经常不属于同一交换局,当用户有呼叫请求时,在交换局之间要为其建立起一条传送信息的通道,这就是路由。确切地说,路由是网络中任意两个交换中心之间建立一个呼叫连接或传递信息的途径。它可以由一个电路群组成,也可以由多个电路群经交换局串接而成。如图 2.12 所示,交换局 A 与 B,B 与 C 之间的路由分别是 A—B、B—C,它们各由一个电路群组成;交换局 A 与 C 之间的路由是 A—B—C,它由两个电路群经交换局 B 串接而成。

2. 路由的分类

组成路由的电路群根据要求可具有不同的呼损指标。对低呼损电路群,其呼损指标应小于或等于 1%;对高效电路群没有呼损指标的要求。相应地,路由可以按呼损进行分类。

在一次电话接续中,常常对各种不同的路由要进行选择,按照路由选择也可对路由进行分类。概括起来,路由分类如图 2.13 所示。

$$
按呼损分
\begin{cases}
高效路由 \\
低呼损路由
\end{cases}
$$

$$
按路由选择分
\begin{cases}
首选路由与迂回路由 \\
直达路由 \\
最终路由 \\
常规路由与非常规路由 \\
安全迂回路由
\end{cases}
$$

$$
按所连交换\\中心的地位分
\begin{cases}
基干路由 \\
跨级路由 \\
跨区路由
\end{cases}
$$

图 2.12　路由示意图　　　　　图 2.13　路由分类

下面介绍几种基本路由和路由选择时常用的路由。

（1）基干路由

基干路由是构成网络基干结构的路由,由具有汇接关系的相邻等级交换中心之间以及长途网和本地网的最高等级交换中心之间的低呼损电路群组成。基干路由上的低呼损电路群又叫基干电路群。电路群的呼损指标是为保证全网的接续质量而规定的,应小于或等于 1%,且基干路由上的话务量不允许溢出至其他路由。基干路由示意图见图 2.2 及图 2.3。

（2）低呼损直达路由

直达路由是指由两个交换中心之间的电路群组成的,不经过其他交换中心转接的路由。任意两个等级的交换中心由低呼损电路群组成的直达路由称为低呼损直达路由。电路群的呼损小于或等于 1%,且话务量不允许溢出至其他路由上。

两交换中心之间的低呼损直达路由可以疏通其间的终端话务,也可以疏通由这两个交换中心转接的话务。

（3）高效直达路由

任意两个交换中心之间由高效电路群组成的直达路由称为高效直达路由。高效直达路由上的电路群没有呼损指标的要求,话务量允许溢出至规定的迂回路由上。

两个交换中心之间的高效直达路由可以疏通其间的终端话务,也可以疏通经这两个交换中心转接的话务。

（4）首选路由与迂回路由

首选路由是指某一交换中心呼叫另一交换中心时有多个路由,第一次选择的路由就称为首选路由。当第一次选择的路由遇忙时,迂回到第二或第三个路由,那么第二或第三个路由就称为第一路由的迂回路由。迂回路由通常由两个或两个以上的电路群经转接交换中心串接而成。

（5）安全迂回路由

这里的安全迂回路由除具有上述迂回路由的含义外,还特指在引入"固定无级选路方式"后,加入到基干路由或低呼损直达路由上的话务量,在满足一定条件下可向指定的一个或多个路由溢出,此种路由称为安全迂回路由。

(6) 最终路由

最终路由是任意两个交换中心之间可以选择的最后一种路由,由无溢呼的低呼损电路群组成。最终路由可以是基干路由也可以是部分低呼损路由和部分基于路由串接,或仅由低呼损路由组成。

2.2.2 路由选择

1. 路由选择的基本概念

路由选择也称选路,是指一个交换中心呼叫另一个交换中心时在多个可传递信息的途径中进行选择,对一次呼叫而言,直到选到了目标局,路由选择才算结束。

ITU-T E.170 建议从两个方面对路由选择进行描述:路由选择结构和路由选择计划。

(1) 路由选择结构

路由选择结构分为有级(分级)和无级两种结构。

① 有级选路结构

如果在给定的交换节点的全部话务流中,到某一方向上的呼叫都是按照同一个路由组依次进行选路,并按顺序溢出到同组的路由上,而不管这些路由是否被占用,或这些路由能不能用于某些特定的呼叫类型,路由组中的最后一个路由即为最终路由,呼叫不能再溢出,这种路由选择结构称为有级选路结构,如图 2.14(a)所示。

② 无级选路结构

如果违背了上述定义(如允许发自同一交换局的呼叫在电路群之间相互溢出),则称为无级选路结构,如图 2.14(b)所示。

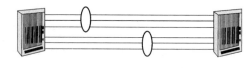

(a) 有级选路结构示意图

(b) 无级选路结构示意图

图 2.14　路由选择结构

(2) 路由选择计划

路由选择计划是指如何利用两个交换局间的所有路由组来完成一对节点间的呼叫。它有固定选路计划和动态选路计划两种。

① 固定选路计划

固定选路计划指路由组的路由选择模式总是不变的,即交换机的路由表一旦制定后在相当长的一段时间内交换机按照表内指定的路由进行选择。但是对某些特定种类的呼叫可以人工干预改变路由表,这种改变呈现为路由选择方式的永久性改变。

② 动态选路计划

动态选路计划与固定选路计划相反,路由组的选择模式是可变的。即交换局所选的路由经常自动改变。这种改变通常根据时间、状态或事件而定。路由选择模式的更新可以是周期性或非周期的,预先设定的或根据网状态而调整的。

2. 路由选择规则

路由选择的基本原则是:

- 确保传输质量和信令信息传输的可靠性;
- 有明确的规律性,确保路由选择中不出现死循环;
- 一个呼叫连接中的串接段数应尽量少;
- 能在低等级网络中流通的话务尽量在低等级网络中流通等。

(1) 长途网中的路由选择规则

长途网中的路由选择规则主要有:

① 网中任一长途交换中心呼叫另一长途交换中心的所选路由局向最多为 3 个;

② 同一汇接区内的话务应在该汇接区内疏通;

③ 发话区的路由选择方向为自下而上,受话区的路由选择方向为自上而下;

④ 按照"自远而近"的原则设置选路顺序,即首选直达路由,次选迂回路由,最后选最终路由,如图 2.15 所示。

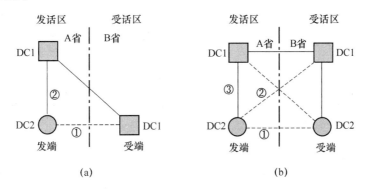

图 2.15　长途网上的路由选择

(2) 本地网中继路由的选择规则

本地网中继路由的选择规则主要有:

① 选择顺序为先选直达路由,后选迂回路由,最后选基干路由,如图 2.16 所示;

② 每次接续最多可选择 3 个路由;

③ 端局与端局间最多经过两个汇接局,中继电路最多不超过 3 段。

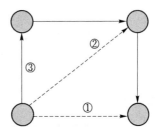

图 2.16　本地网中继路由的选择

小　　结

1. 电话网的等级结构

电话网的等级结构就是把全网的交换局划分成若干个等级,低等级的交换局与管辖它的高等级的交换局相连、形成多级汇接辐射网即星型网;而最高等级的交换局间则直接互联,形成网型网。所以等级结构的电话网一般是复合型网。

电话网的等级结构的级数选择与很多因素有关,主要有两个:

① 全网的服务质量,如接通率、接续时延、传输质量、可靠性等;

② 全网的经济性,即网的总费用问题。

早在1973年电话网建设初期,原邮电部明确规定我国电话网的网络等级分为五级,由一、二、三、四级长途交换中心及五级交换中心(端局)组成。

2. 长途网及其结构演变

长途电话网简称长途网,由长途交换中心、长市中继和长途电路组成,用来疏通各个不同本地网之间的长途话务。

我国的长途网正由四级向两级过渡:由于C1、C2间直达电路的增多,C1的转接功能随之减弱,并且全国C3扩大本地网形成,C4失去原有作用,趋于消失,一、二级长途交换中心合并为DC1,构成长途两级网的高平面网(省际平面);C3被称为DC2,构成长途两级网的低平面网(省内平面)。

3. 本地网

本地电话网简称本地网,指在同一编号区范围内,由若干个端局,或者由若干个端局和汇接局及局间中继线、用户线和话机终端等组成的电话网。本地网用来疏通本长途编号区范围内任何两个用户间的电话呼叫和长途发话、来话业务。

(1)本地网的类型

扩大本地网的类型有两种:

· 特大和大城市本地网;

· 中等城市本地网。

(2)本地网的交换中心及职能

本地网内可设置端局和汇接局:

· 端局通过用户线与用户相连,它的职能是负责疏通本局用户的去话和来话话务;

· 汇接局与所管辖的端局相连,以疏通这些端局间的话务;汇接局还与其他汇接局相连,疏通不同汇接区间端局的话务。

(3)本地网的网络结构

网路结构分为以下两种。

① 网型网:网型网是本地网结构中最简单的一种,网中所有端局个个相连,端局之间设立直达电路。当本地网内交换局数目不太多时,采用这种结构。

② 二级网:当本地网中交换局数量较多时,可由端局和汇接局构成两级结构的等级网,端局为低一级,汇接局为高一级。二级网的结构有分区汇接和全覆盖两种。

· 分区汇接:分区汇接的网络结构是把本地网分成若干个汇接区。

- 全覆盖:全覆盖的网络结构是在本地网内设立若干个汇接局,汇接局间地位平等,均匀分担话务负荷。

4. 路由的含义及分类

(1) 路由的含义

路由是网络中任意两个交换中心之间建立一个呼叫连接或传递信息的途径。它可以由一个电路群组成,也可以由多个电路群经交换局串接而成。

(2) 路由的分类

① 基干路由

基干路由是构成网路基干结构的路由,由具有汇接关系的相邻等级交换中心之间以及长途网和本地网的最高等级交换中心之间的低呼损电路群组成。基干路由上的呼损应小于或等于 1%,且基干路由上的话务量不允许溢出至其他路由。

② 低呼损直达路由

直达路由是指由两个交换中心之间的电路群组成的,不经过其他交换中心转接的路由。任意两个等级的交换中心由低呼损电路群组成的直达路由称为低呼损直达路由。电路群的呼损小于或等于 1%,且话务量不允许溢出至其他路由上。

③ 高效直达路由

任意两个交换中心之间由高效电路群组成的直达路由称为高效直达路由。高效直达路由上的电路群没有呼损指标的要求,话务量允许溢出至规定的迂回路由上。

④ 最终路由

最终路由是任意两个交换中心之间可以选择的最后一种路由,由无溢呼的低呼损电路群组成。最终路由可以是基干路由也可以是部分低呼损路由和部分基于路由串接,或仅由低呼损路由组成。

5. 路由选择

(1) 路由选择的基本概念

路由选择也称选路,是指一个交换中心呼叫另一个交换中心时在多个可传递信息的途径中进行选择。

(2) 路由选择结构

路由选择结构分为有级(分级)和无级两种结构。

① 有级选路结构

如果在给定的交换节点的全部话务流中,到某一方向上的呼叫都是按照同一个路由组依次进行选路,并按顺序溢出到同组的路由上,而不管这些路由是否被占用,或这些路由能不能用于某些特定的呼叫类型,路由组中的最后一个路由为最终路由,呼叫不能再溢出,这种路由选择结构称为有级选路结构。

② 无级选路结构

如果违背了上述定义(如允许发自同一交换局的呼叫在电路群之间相互溢出),则称为无级选路结构。

(3) 路由选择规则

路由选择的基本原则是:

- 确保传输质量和信令信息传输的可靠性;
- 有明确的规律性,确保路由选择中不出现死循环;

- 一个呼叫连接中的串接段数应尽量少；
- 能在低等级网络中流通的话务尽量在低等级网络中流通等。
① 长途网中的路由选择规则
② 本地网中继路由的选择规则

复 习 题

1. 电话网等级结构的概念是什么？决定等级结构级数的因素是什么？
2. 二级长途网中各级交换中心的职能是什么？
3. 什么是本地网？扩大本地网的特点和主要类型有哪些？
4. 什么是路由？基干路由、低呼损直达路由、高效直达路由和最终路由各有什么特点？
5. 路由选择结构和路由选择计划各有哪几种类型？
6. 路由选择的主要规则有哪些？

第 3 章

中继传输网

3.1 传输介质及传输网

传输是指信息信号通过具体传输介质从一点传送到另一点的物理过程。传输网是指由传输介质和具体的信号变换和处理的设备所组成的网络。

3.1.1 传输介质

传输介质就是通信线路。通信线路可以分为有线线路和无线线路,其分类如图 3.1 所示。

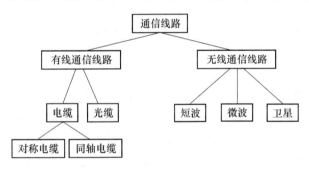

图 3.1 传输介质的分类

1. 对称电缆

对称电缆是由若干条扭绞成对或纽绞成组的绝缘芯线构成缆芯,外面再包上护层组成的。导电材料通常用铜,如市话电缆常用 0.32～0.9 mm 的软铜线。对称电缆幅频特性是低通型(0～几百千赫兹),串音随频率升高而增加,因此复用程度不高,常用做用户线路和市内局间中继。

2. 同轴电缆

同轴电缆主要是由若干个同轴对和护层组成,同轴对由内、外导体及中间的绝缘介质组成。导电材料采用铜。同轴对的幅频特性呈低通型,在带内传输衰减随频率升高而上升缓慢;同轴对间串音较小,且随频率升高而下降,适于高频传输。但同轴回路的特性阻抗不均匀,影响传输质量,且同轴电缆耗铜量大,施工复杂,建设周期长。

3. 光缆

光缆的结构和电缆结构类似,主要由缆芯、加强构件和护层组成。光缆中传送信号的是光纤,多根光纤按照一定的方式组成缆芯。光纤由纤芯和包层组成。纤芯和包层的折射率不同,利用光的全反射使光能够在纤芯中传播。光纤通信是以光波作载频传输信号,以光缆为传输线路的通信方式。光波是一种频率在 10^{14} Hz 左右的电磁波,波长范围在近红外区内,一般采用的 3 个通信窗口,波长分别为 0.85 μm、1.31 μm 和 1.55 μm。

光纤通信近几年来飞速发展,是由于它具有以下突出优点而决定的:

① 传输频带宽,通信容量大;

② 损耗低,尤其是 1.55 μm 附近,衰耗值可低至 0.2 dB/km,中继距离可达 50 km,甚至更长;

③ 光纤是非金属材料,因此不受电磁干扰、无串音,另外光纤还具有线径细、重量轻、资源丰富、成本低等优点。

4. 自由空间

自由空间又称理想介质空间,无线电波在地球外部的大气层中传播,可认为是在自由空间传播。

微波通信、卫星通信是利用微波频段(300 MHz～30 GHz)的电磁波来传输信息的通信。微波在空间沿直线视距范围传播,中继距离为 50 km 左右,适于地形复杂的情况下使用。

在自由空间传输信号易受大气变化等自然环境的影响,主要有大气折射引起的衰减、多径衰落、雨衰减等。卫星通信还存在线路长、时延大、衰耗较大等缺点。

3.1.2 传输网的基本概念

传输网是指由传输介质和具体的信号变换和处理的设备所组成的物理网络。业务交换网结构从本质上说是一个逻辑网络结构。传输网与交换网在网络上并无必然的联系,传输网的节点也不一定与交换网的节点建立一一对应的关系。

为一种业务提供传送功能的传输网,同时也可能为其他业务网服务。这就需要单独地、分别地研究这些网络的特性,以便对它们最大限度地加以利用。传输网是由固定电话网、移动通信网、数据网等各种业务网,电信支撑网、增值业务网直至未来各种宽带业务网所共享的,为这一系列业务网的业务信息流提供传输通路。因此,必须首先结束过去沿用多年的将传输网与单一的固定电话网捆绑,仅仅把传输网作为固定电话网的配套网络的历史。在确定传输网的结构、组织和规模时,必须将整个网络作为一个整体来规划、设计和优化。

传输网最重要的功能有传输、复用和交叉连接。目前主要应用的有:基于 PDH 的传输网和基于 SDH 的传输网。传输网在物理上可以划分为全国长途一级传输网、省内长途二级传输网、本地网内局间传输网和用户接入网 4 个层面。

3.2 传输网的可靠性

3.2.1 基本概念

有关传输网的可靠性已由无数专家作过大量的研究,提出了各种各样的理论和分析描述方法。这里只给出一些用来表示可靠性的术语及基本概念。

1. 可靠性

可靠性(Reliability)：一般是指部件或系统的正常使用时间，它可以由统计和预测确定。可靠性用可靠度来度量，具体指标常用失效率或者平均故障间隔时间 MTBF(小时)来表示，MTBF 表示两次相邻故障时间间隔的平均值。

2. 可用性

可用性(Availability)：指系统可用时间占全部总时间的百分比。可用性一般依赖于平均故障间隔时间和平均修复时间。可用性 A 可表示为

$$A = \frac{\text{MTBF}}{\text{MTBF} + \text{MTTR}}$$

其中：MTBF——平均故障间隔时间；

　　　MTTR——平均修复时间。

3. 生存性

生存性(Survivability)指系统的保护和恢复的能力。业务恢复时间和业务恢复的范围是度量生存性的最重要指标。

4. 网络生存性

网络生存性又称网络生存率，是指网络在正常使用环境下一旦出现故障时，能调用冗余的传送实体，完成预定的保护和恢复功能的能力。传统提高网络生存性的基本方法是通过提供冗余传送实体，一旦检测到缺陷或性能劣化时去替换这些失效或劣化的传送实体。最新的观点表明，要提高网络生存性最有效的方法是在网络中引入有自动交换能力的传送节点，这就是最新的自动交换传送网络(ASTN)，ITU-T 专为此推出一个 G.807 建议。

5. 保护

保护(Protection)就是用节点间预分配的容量，去取代失效或劣化的传送实体。网络保护可分为路径保护和子网连接保护两种方式。

6. 恢复

恢复(Restoration)就是识别出有故障的链路，并找出替代路由去恢复已有的业务。

7. 业务恢复时间

不同的业务对恢复时间有不同的要求，以目前的业务看，是介于 50 ms～30 min 两个极端之间。因此当中断在 50 ms 以内时，对任何业务影响都可忽略。例如，对话音呼叫可以忍受 150 ms 到 2 s 的中断；对数据业务在 2 s 到 300 s 之间；多数业务在 2 s 到 10 s 的中断则认为已受到严重影响。鉴于对恢复时间有不同的要求，已为此制定了几个等级标准：1 级为 50～200 ms；2 级为 200 ms～2 s；3 级为 2～10 s；4 级为 10 s～5 min。

8. 冗余度

冗余度(Redundancy)指系统提供部分冗余的容量，供一旦出现故障情况下调动使用。用这部分冗余的容量与总容量之比定义为冗余度作为衡量。

9. 抗侵害性

以上关于可靠性、生存性等概念都是假定网络是概率性网络，亦即节点或链路都是以一定概率生存或失效的网络。然而系统还常常遭受一些非概率性的侵害，如台风、洪水、人为切断光缆等。抗侵害性是指系统经受外界出现突发性异常状况或环境变化之后，能够部分或全部恢复工作的能力。

10. 自愈

自愈(Self-healing)是指网络一旦出现故障时，无须人为的干预，仅凭系统自身的智能便

能自动地调用冗余的容量,实现恢复部分或全部的功能。网络的自愈能力包括拓扑结构的选择、恢复方式、自愈算法、协议确定和执行逻辑等。当然,自愈并不能实现具体线路或设备的修复,还必须由人工来完成。

3.2.2 传输网的保护方式

传输网的保护方式可分为路径(复用段倒换)保护和子网连接(信道倒换)保护两种方式。

路径保护是当工作路径失效或劣化到一定程度时,工作路径被保护路径所取代,这过程是通过引进一个保护子层的方法来实现的。

子网连接保护是当工作子网连接失效或劣化到一定程度时,工作子网连接被保护子网连接所取代。子网连接保护可以应用于网络内的任何一层;被保护的子网连接可以进一步由较低等级的子网连接和链路连接的级联而成。

业务的恢复可以有 3 种方式:手工配置、预先存储的半自动恢复和通过动态路由计算进行的自动恢复。3 种方式的恢复时间分别在几小时内、几秒内和几分钟内。采用具体不同的网络业务恢复方法,其业务恢复的时间不同。基本上,所采用方法的成本越高,所用的恢复时间就越短。

3.3 基于 PDH 的传输系统

3.3.1 PDH 的基本概念及系列速率

在数字通信系统中,为了扩大传输容量和提高传输效率也常常需要把若干个低速数字信号流合并成一个高速数字信号流,以便在高速信道中传输、数字复接就是为解决 PCM 信号高次群合成问题而提出的。

数字复接系统包括数字复接器和数字分接器。数字复接器是把两个或两个以上支路的数字信号按时分复用方式合并成为单一的合路数字信号的设备;数字分接器是把一个合路数字信号分解为原来支路数字信号的设备。

数字复接和分接设备的构成框图如图 3.2 所示。

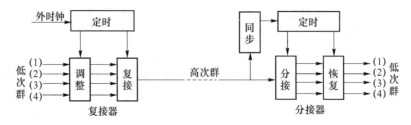

图 3.2 数字复接和分接设备的构成框图

数字复接设备由定时、码速调整和复接等功能单元组成;分接设备由定时、帧同步、分接和支路复原等功能单元组成,复接设备的定时单元给设备提供统一的基本时钟。码速调整单元是把时钟频率不同的各信息支路信号调整成与复接设备定时信号完全同步的数字信号,以便由复接单元把支路信号复接成复合信号流。另外,在复接时还需要插入接收端用来构成帧同步定位的帧同步信号,以便接收端按帧定位信号以使分接设备的帧定位信号与之保持准确的关系。分接设备中定时单元由接收信号序列中提取时钟,并分送给各个支路复原电路以使从复接信号流中正确地将各支路信号分开。

CCITT(ITU-T)已推荐了两类数字速率系列和数字复接等级。北美和日本等国采用 24 路系统,即 1.544 Mbit/s 作为第一级速率(即一次群或基群)的数字速率系列;欧洲和苏联等国则是采用 30 路系统,即 2.048 Mbit/s 作为第一级速率的数字速率系列。我国已决定统一采用以 2.048 Mbit/s 为一次群的数字速率系列。

两类基群速率系列和数字复接等级如表 3.1 所示。

表 3.1 两类基群速率系列和数字复接等级

	一次群	二次群	三次群	四次群
北美	24 路 1.544 Mbit/s	96 路 6.312 Mbit/s	672 路 44.736 Mbit/s	4 032 路 274.176 Mbit/s
日本	24 路 1.544 Mbit/s	96 路 6.312 Mbit/s	480 路 32.064 Mbit/s	1 440 路 97.728 Mbit/s
欧洲、中国	30 路 2.048 Mbit/s	120 路 8.448 Mbit/s	480 路 32.368 Mbit/s	1 920 路 139.264 Mbit/s

PDH 称为准同步数字系列。之所以称为准同步就是非完全同步的,以欧洲和中国所采用的标准为例来说明准同步的含义。一、二、三、四次群的各次群话路数都是以 4 倍的关系而递增的,而速率数并不是以 4 倍的关系而递增的,而是要比 4 倍关系的数再增加一些。增加的这些数值就是用脉中插入的方式进行码速调整而加入的,插入的这些脉冲主要用于帧同步、码速调整及必需的控制信号。正是由于各次群话路数都是以 4 倍的关系递增的,而速率数并不是以 4 倍的关系递增的,所以称之为准同步。

3.3.2 PDH 传输系统的构成及其弱点

最初采用电缆作媒质传输 PDH 信号。1970 年制造出可实用的光纤,不久便研制成功用光缆作媒质的 PDH 传输系统,它由 FDH 数字复用设备、光线路终端设备、再生器和光纤光缆线路组成,见图 3.3。

在 PDH 光缆传输系统中,电接口是标准化的,既是逻辑功能的分界点,又是物理实体的分界点,所以不同厂商生产的设备可以在电接口上互连互通。光接口是非标准化的,不同厂商生产的设备不能在光接口上互通,这就导致 PDH 光缆传输系统适合点对点的应用,而不适合独立联网应用,所以通常称 PDH 光缆传输系统为电信传输或传输系统,而不称为传输网。

数字微波传输系统的构成框图如图 3.4 所示。

从数字设备输出的高次群数字信号首先送到微波信道机中,微波信道机包括调制设备和微波发信设备,可完成调制、变频和放大等功能,然后经微波馈线由天线发射到空间传输。如果收、发共用同一天线和馈线系统,则收、发使用不同的微波射频频率,若采用收、发频率分开的两个天线和馈线系统,则收、发可采用相同的射频频率,但要采用不同的极化方式。

数字微波传输系统主要传输 PDH 三次群、四次群,可用于长途通信和地形复杂地区的短距离通信。这里有两点需要说明:

① 由电端机(数字设备)输出的高次群在微波信道机中(接口电路)先要进行码型变换转

换成 NRZ 码,然后扰码,再进行调制;

② 调制是分两步进行的,第一步先利用频率为 70 MHz 的中频载波进行调制,然后再利用射频载波(频率为几千兆赫兹)将其调到微波射频上。

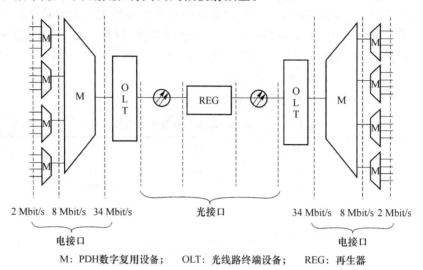

图 3.3 PDH 光缆传输系统

M:PDH数字复用设备; OLT:光线路终端设备; REG:再生器

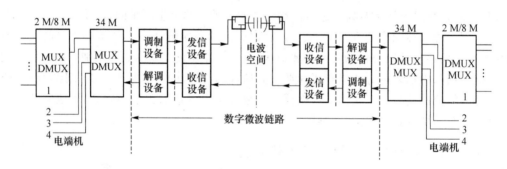

图 3.4 数字微波传输系统的构成框图

电信网的规模日渐扩大,通信业务也迅猛增加,而基于点对点传输的 PDH 系统不能适应现代通信网和各种新业务的需求。

PDH 的弱点和一些局限性表现如下。

① PDH 的 3 种不同系列彼此互不兼容,不利于国际通信的发展。

② PDH 系统采用准同步复用技术,随着速率的增高,实现高次群复用(五次群 565 Mbit/s 以上)的难度明显加大,所以进一步采用 PDH 复用方式已不能适应光纤数字通信大容量、超高速传送的要求。

③ PDH 的光纤线路系统和设备无统一、规范的光接口标准,使得不同厂商生产的设备无法在光纤上互通,线路系统不具有横向兼容性,限制了联网应用的灵活性,增加了网络联网的复杂性和运营成本。

④ 在 PDH 系统复用信号的帧结构中,由于开销比特的数量很少,不能提供足够的操作、维护和管理功能,因而不能满足现代通信网对监控和网管维护的需求。

⑤ PDH 通信系统只能建立点到点的传输系统,网络缺乏灵活性,无法提供信号的最佳路由选择和网络业务的自愈功能。

⑥ PDH 采用异步复接,使得上、下电路信号不透明,无法从高次群中一次识别和提取低速支路信号,必须逐级进行解复用。这样造成在转接点上要提取支路信号,需配置大量的背靠背复用设备,造成设备投资成本增大,且信号传送的可靠性降低。图 3.5 所示为 PDH 分出/插入一个 2 Mbit/s 支路的设备组成。

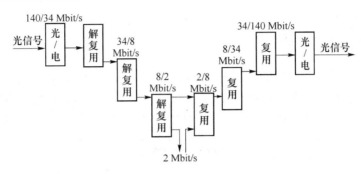

图 3.5　PDH 系统分出/插入一个 2 Mbit/s 支路的设备组成

鉴于 PDH 存在上述的弱点和局限性,想在原体制上修改完善解决这些问题已无济于事。唯一的解决方法是从技术体制上进行根本的改革,打破 PDH 的思维方式,制定一种全新的通用标准体制,以适应现代电信网的发展需求。1985 年美国贝尔通信研究所提出了一种能有机结合高速大容量光纤传输技术和智能网技术的新体制技术——光同步网络(SONET)概念,并实现光接口的标准化,以便于全世界各厂家生产的设备在光缆上能互通。另外,其组网的灵活性和可靠性得到充分证实,得到世人认同并扩展成为一个全新的传输网技术体制。

1988 年 ITU-T 经过讨论协商,接受了 SONET 概念,并对其进行研究修改和开发,建立起世界性的统一标准,重新命名为同步数字系列(SDH),使其成为不仅适用于光纤也适用于微波和卫星传送的通用技术体制。

3.4　基于 SDH 的传输网

3.4.1　SDH 的基本概念及 SDH 的速率等级

与 PDH(准同步数字系列)相对应的是 SDH(同步数字系列),SDH 是完全同步的复用方式。SDH 采用同步复用方式和灵活的复用映射结构,使低阶信号到高阶信号的复用/解复用一次到位,并且具有完全同步的统一的数字速率标准(STM-N,$N=1,4,16,64$)和统一的光网络节点接口以及强大的网络管理功能。SDH 标准速率等级如表 3.2 所示。

表 3.2　SDH 标准速率等级

速率等级	STM-1	STM-4	STM-16	STM-64
速率/Mbit·s^{-1}	155.520	622.080	2 488.320	9 953.280

同步数字体系信号的最基本、也是最重要的模块信号是 STM-1,其速率为 155.520 Mbit/s,相应的光接口线路信号只是 STM-1 信号经扰码后的电/光转换结果,因而速率不变。更高等级的 STM-N 信号是将基本模块信号 STM-1 按同步复用、经字节间插后的结果,其中 N 是正

整数。目前 SDH 只能支持一定的 N 值,即 N 为 1、4、16、64。

SDH 主要以光纤为主要传输媒介,在光缆长途干线上 SDH 的传输速率达 2.5 Gbit/s (STM-16),甚至在某些线路上达到 10 Gbit/s(STM-64);市内局间中继上,SDH 传输速率一般为 155 Mbit/s(STM-1)和 622 Mbit/s(STM-4)。在一些地形复杂的地区局部可采用微波或卫星传输 SDH 信号。

3.4.2 SDH 的帧结构

为了便于实现支路信号的同步复用、交叉连接(DXC)、分/插和交换,便于从高速信号中直接上/下低速支路信号,同时也希望支路信号在一帧中均匀分布、有规律,以便接入和取出,ITU-T 最终采纳了一种以字节(8 bit)为单位的矩形块状(或称页状)帧结构,如图 3.6 所示。

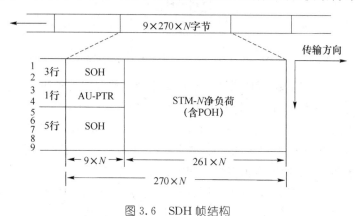

图 3.6 SDH 帧结构

从图 3.8 可以看出 STM-N 的信号是 9 行×270×N 列的帧结构。此处的 N 与 STM-N 的 N 相一致,取值范围为 1、4、16、64……表示此信号由 N 个 STM-1 信号通过字节间插复用而成。

STM-N 由 270×N 列 9 行组成,即帧长度为 270×N×9 个字节或 270×N×9×8 bit。帧周期为 125 μs(即一帧的时间)。

对于 STM-1 而言,帧长度为 270×9=2 430 byte,相当于 19 440 bit,帧周期为 125 μs,由此可算出其速率为 270×9×8/125×10^{-6}=155.520 Mbit/s。

由此可知,STM-1 信号的帧结构是 9 行×270 列的块状帧,当 N 个 STM-1 信号通过字节间插复用成 STM-N 信号时,仅仅是将 STM-1 信号的列按字节间插复用,行数恒定为 9 行。

SDH 的矩形块状帧在光纤上传输时是逐行传输的,在光发送端经并/串转换后逐行进行传输,而在光接收端经串/并转换后还原成矩形块状进行处理。在 SDH 帧中,字节的传输是从左到右按行进行的,首先由图中左上角第一个字节开始,从左向右按顺序传送,再由上而下按行进行,即从第 1 行最左边字节开始,从左向右传完第 1 行,再依次传第 2、3 行等,直至 9×270×N 个字节都传送完再转入下一帧,如此一帧一帧地传送,每秒共传 8 000 帧。

ITU-T 规定对于任何级别的 STM 等级,帧频是 8 000 帧/秒,也就是帧长或帧周期为恒定的 125 μs。这就是说信号帧中某一特定字节每秒被传送 8 000 次,那么该字节的比特速率是 8 000×8=64 kbit/s,即是一路数字电话的传输速率。

由于帧周期的恒定,使 STM-N 信号的速率有其规律性。例如,STM-4 的传输数速恒定等于 STM-1 信号传输数速的 4 倍,STM-16 恒定等于 STM-4 的 4 倍、STM-1 的 16 倍。而

PDH 中的 E2 信号速率不等于 E1 信号速率的 4 倍。SDH 信号的这种规律性使高速 SDH 信号直接分/插出低速 SDH 信号成为可能,特别适用于大容量的传输情况。

由图 3.8 可见,整个帧结构可分为 3 个主要区域:段开销(包括再生段开销 RSOH 和复用段开销 MSOH)、信息净负荷(Payload)和管理单元指针(AU-PTR)。

1. 段开销(SOH)区域

段开销是指 STM-N 帧结构中为了保证信息净负荷正常灵活传送所必需的附加字节,主要用于网络的运行、管理和维护。

SDH 帧中的第 1 至第 9×N 列中,第 1~3 行和第 5~9 行分配给段开销。段开销还可以进一步划分为再生段开销(RSOH)和复用段开销(MSOH)。第 1~3 行分给 RSOH,而第 5~9 行分给 MSOH。再生段开销(RSOH)和复用段开销(MSOH)分别对相应的段层进行监控。

再生段开销在 STM-N 帧中的位置是第 1~3 行的第 1~(9×N)列,共 3×9×N 个字节;复用段开销在 STM-N 帧中的位置是第 5~9 行的第 1~(9×N)列,共 5×9×N 个字节。与 PDH 信号的帧结构相比较,段开销丰富是 SDH 信号帧结构的一个重要特点。RSOH 既可在再生器接入,又可在终端设备接入,而 MSOH 将透明地通过再生器,只能在终端设备处终结。

RSOH、MSOH、POH(通道开销字节)提供了对 SDH 信号的层层细化的监控功能。例如 2.5 G 系统,RSOH 监控的是整个 STM-16 的信号传输状态;MSOH 监控的是 STM-16 中每一个 STM-1 信号的传输状态;POH 则是监控每一个 STM-1 中每一个打包了的低速支路信号(如 2 Mbit/s)的传输状态。这样通过开销的层层监管功能,可以方便地从宏观(整体)和微观(个体)的角度来监控信号的传输状态,便于分析、定位。可见段开销是相当丰富的,这是光同步传输网的重要特点之一。

2. 信息净负荷(Payload)区域

信息净负荷区域是 SDH 帧结构中用于存放各种业务信息的地方。横向第(10×N)~(270×N)列,纵向第 1~9 行都属于信息净负荷区域,在这里面还含有通道开销字节(POH),也作为净负荷的一部分并与之一起在网络中传送,主要用于通道性能的监视、管理和控制。

3. 管理单元指针(AU PTR)区域

AU PTR 是一种指示符,主要用来指示信息净负荷的第一个字节在 STM-N 内的准确位置,以便在接收端正确地进行信息分解。它位于 STM-N 帧结构中第 1~(9×N)列中的第 4 行。采用指针方式是 SDH 的重要创新,可使之在准同步环境中完成复用同步和 STM-N 信号的帧定位。

管理单元指针位于 STM-N 帧中第 4 行的第 9×N 列,共 9×N 个字节,SDH 能够从高速信号中直接分/插出低速支路信号(如 2 Mbit/s),就在于 SDH 帧结构中指针开销字节功能。AU-PTR 是用来指示信息净负荷的第一个字节在 STM-N 帧内的准确位置的指示符,以便收端能根据这个位置指示符的值(指针值)正确分离信息净负荷。

3.4.3 SDH 的同步复用与映射

1. 复用结构

PDH 中,话音信号通过脉冲编码调制(PCM)转换成 64 kbit/s 数字信号,由 32 个 64 kbit/s 信号复用成 2 048 kbit/s 基群信号,基群信号逐级复用成 8 448、34 368 和 13 9264 kbit/s 高次群信号,这就是所谓 PDH 的复用结构,又称复用路线。PDH 复用采用大量硬件配置来完成,灵活性差。SDH 中,复用是指将低阶通道层信号适配进高阶通道,或将多个高阶通道层信号适配进复用段的过程。SDH复用有标准化的复用结构,由硬件和软件结合来实现,非常灵活方便。

SDH的复用包括两种情况:一种是低阶SDH信号复用成高阶SDH信号,另一种是低速支路信号(如2 Mbit/s、34 Mbit/s、140 Mbit/s)复用成SDH信号STM-N。

第一种情况在前面已有所提及复用的方法,主要通过字节间插复用方式来完成,复用的个数是四合一,即4×STM-1合成1个STM-4,4×STM-4合成1个STM-16。

第二种情况用得最多的就是将PDH信号复用进STM-N信号中去。传统的时分复用将低速信号复用成高速信号的方法有以下两种。

(1)比特塞入法(码速调整法)

这种方法利用固定位置的比特塞入指示来显示塞入的比特是否载有信号数据,允许被复用的净负荷有较大的频率差异(异步复用)。因为存在一个比特塞入和去塞入的过程(码速调整),而不能将支路信号直接接入高速复用信号,或从高速信号中分出低速支路信号,即不能直接从高速信号中上/下低速支路信号,要一级一级地进行,这也就是PDH的复用方式。

(2)固定位置映射法

这种方法利用低速信号在高速信号中的特殊位置来携带低速同步信号,要求低速信号与高速信号同步,即帧频相一致,可方便地从高速信号中直接上/下低速支路信号,但当高速信号和低速信号间出现频差和相差、不同步时,要用125 μs(8 000帧/秒)缓存器来进行频率校正和相位对准,导致信号较大延时和滑动损伤。

从上面看出这两种复用方式都有一些缺陷:比特塞入法无法从高速信号中上/下低速支路信号,固定位置映射法引入的信号时延过大。

SDH网的兼容性要求SDH的复用方式既能满足异步复用(如将PDH信号复用进STM-N),又能满足同步复用(如STM-1、STM-4),而且能方便地由高速STM-N信号分/插出低速信号,同时不造成较大的信号时延和滑动损伤,这就要求SDH需采用自己独特的一套复用步骤和复用结构,在这种复用结构中通过指针调整定位技术来取代125 μs缓存器,用以校正支路信号频差和实现相位对准。

2. ITU-T规定的SDH复用结构

ITU-T规定了一整套完整的复用结构,也就是复用路线通过这些路线可将PDH的3个系列的数字信号以多种方法复用成STM-N信号。ITU-T规定的复用路线如图3.7所示。

如图3.7所示的ITU-T规定的一整套完整的复用路线,通过这些路线可将PDH的3个系列的数字信号以多种方法复用成STM-N信号。从图中可以看到此复用结构包括了一些基本的复用单元:C——容器、VC——虚容器、TU——支路单元、TUG——支路单元组、AU——管理单元、AUG——管理单元组,这些复用单元的下标表示与此复用单元相应的信号级别。

在图3.9中从一个有效负荷到STM-N的复用路线不是唯一的,有多条路线,也就是说有多种复用方法。尽管一种信号复用成SDH的STM-N信号的路线有多种,但是对于一个国家或地区则必须使复用路线唯一化。

3. 我国规定的SDH复用结构

我国为了使每种净负荷只有一条复用映射途径,规定了一个较为简单的复用映射结构,它是标准复用映射结构的一个子集,即以2 Mbit/s信号为基础的PDH系列作为SDH的有效负荷,并选用AU-4的复用路线,其结构如图3.8所示。

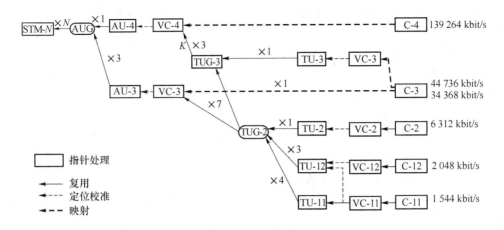

图 3.7 ITU-T 规定的 SDH 复用结构

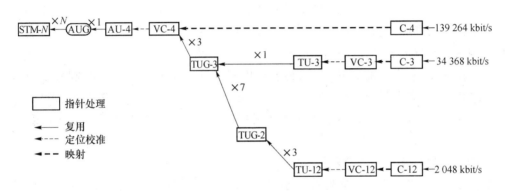

图 3.8 我国规定的 SDH 复用结构

各种信号装入 SDH 帧结构的净负荷区都需经过映射、定位校准和复用三个步骤。映射相当于一个对信号打包的过程,它使不同的支路信号和相应的 n 阶虚容器(VC-n)同步。定位较准即加入调整指针,用来校正支路信号频差和实现相位对准。复用即字节间插复用,用于将多个低阶通道层信号适配进高阶通道或将多个高阶通道层信号适配进复用段层。

首先,各种速率等级的数字流先进入相应的接口容器 C,这些容器 C 是一种用来装载各种速率业务信号的信息结构,主要完成适配功能(如速率调整),让那些最常使用的准同步数字体系信号能进入有限数目的标准容器,完成像速率调整这样的适配功能。例如,对于各路来的 2M 信号,由于各路的时钟精度不同,所以有的可能是 2.048 1 Mbit/s,有的可能是 2.048 2 Mbit/s,都将在 C 里作容差调整,适配成速率一致的标准信号。目前有 5 种标准容器:C-11、C-12、C-2、C-3 和 C-4。

我国定义 C-12 对应速率是 2.048 Mbit/s,C-3 对应速率是 34.368 Mbit/s,C-4 对应速率是 139.264 Mbit/s。由标准容器出来的数字流加上通道开销 POH 后就构成了虚容器(VC),这一过程就是映射。

VC 是 SDH 中最重要的一种信息结构,主要支持通道层连接。VC 的包封速率是与网络同步的,因而不同 VC 的包封是互相同步的,而包封内部却允许装载各种不同容量的准同步支路信号。除了在 VC 的组合点和分解点(即 PDH 网和 SDH 网的边界处)外,VC 在 SDH 中传输时总是保持完整不变的,所以 VC 可作为一个独立的实体在通道中任一点取出或插入,可以进行同步复用和交叉连接处理，十分灵活和方便。VC可分为低阶虚容器和高阶虚容器两类，这里，VC-12和VC-3为低阶虚容器，VC-4为高阶虚容器（AU-3中的VC-3为高阶虚容器，若通过TU-3把VC-3复用进VC-4，则VC-3应归于低阶虚容器）。由VC出来的数字流再按规定的路线进入管理单元(AU)或支路单元(TU)。在SDH帧中，VC-n是一个独立的整体，传送过程中不能分割，因此VC-n到TU-n和VC-n到AU-n的转换是一个速率适配的过程，也就是复用结构中的定位校准过程。

AU是一种为高阶通道层和复用段层提供适配功能的信息结构，它由高阶VC和AU-PTR组成。其中AU-PTR用来指明高阶VC在STM-N帧内的位置，因而允许高阶VC在STM-N帧内的位置是浮动的，但AU-PTR本身在STM-N帧内位置是固定的。一个或多个在STM-N帧内占有固定位置的AU组成管理单元组AUG，它由3个AU-3或单个AU-4按字节间插方式组成。

TU是一种为低阶通道层和高阶通道层提供适配功能的信息结构，它由低阶VC和TU-PTR组成。TU-PTR用于指明低阶VC在帧结构中的位置。一个或多个在高阶VC净负荷中占有固定位置的TU组成支路单元组TUG。最后，在N个AUG的基础上再加上附加段开销SOH便形成了最终的STM-N帧结构。

由图3.10可见，我国的SDH复用映射结构规范可有3个PDH支路信号输入口：一个139.264 Mbit/s可被复用成一个STM-1（155.520 Mbit/s）；63个2.048 Mbit/s可被复用成一个STM-1；3个34.368 Mbit/s也能被复用成一个STM-1。因后者信道利用率太低，所以在规范中加"注"（即较少采用）。

4. ITU-T 2000年提出的新复用结构

为了适应新的高速业务（即宽带业务）的需要，ITU-T于2000年4月通过了新修订的G.707建议，该建议提出的新复用结构见图3.9。新复用结构增加了STM-0、STM-64和STM-256等级，定义了更大的虚容器VC-4-Xc，相应地将AUG定义为5级与之适应。

5. 复用单元

SDH的基本复用单元包括标准容器(C)、虚容器(VC)、支路单元(TU)、支路单元组(TUG)、管理单元(AU)和管理单元组(AUG)。

（1）标准容器(C)

容器是一种用来装载各种速率的业务信号的信息结构，主要完成适配功能（如速率调整），以便让那些最常使用的准同步数字体系信号能够进入有限数目的标准容器。目前，针对常用的准同步数字体系信号速率，ITU-T建议G.707已经规定了5种标准容器：C-11、C-12、C-2、C-3和V-4，其标准输入比特率分别为1.544 Mbit/s、2.048 Mbit/s、6.312 Mbit/s、34.368 Mbit/s（或44.736 Mbit/s）和139.264 Mbit/s。

参与SDH复用的各种速率的业务信号都应首先通过码速调整等适配技术装进一个恰当的标准容器。已装载的标准容器又作为虚容器的信息净负荷。

（2）虚容器(VC)

虚容器是用来支持SDH的通道（通路）层是连接的信息结构，它由容器输出的信息净负荷加上通道开销(POH)组成。

VC的包封速率是与SDH网络同步的，因此不同VC是互相同步的，而VC内部却允许装载来自不同容器的异步净负荷。

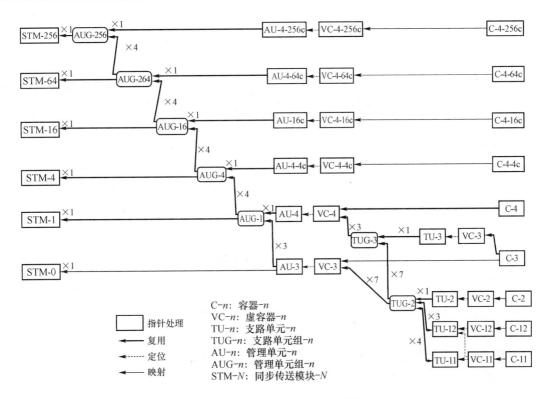

图 3.9　2000 年提出的新复用结构

除在 VC 的组合点和分解点(即 PDH/SDH 网的边界处)外,VC 在 SDH 网中传输时总是保持完整不变,因而可以作为一个独立的实体十分方便和灵活地在通道中任意点插入或取出,进行同步复用和交叉连接处理。

(3) 支路单元(TU)和支路单元组

支路单元(TU)是提供低阶通道层和高阶通道层之间适配的信息结构。有 4 种支路单元,即 TU-n($n=11,12,2,3$)。

(4) 管理单元(AU)和管理单元组(AUG)

管理单元(AU)是提供高阶通道层和复用段层之间适配的信息结构,有 AU-3 和 AU-4 两种管理单元。

在 STM-N 帧的净负荷固定地占有规定位置的一个或多个 AU 的集合称为管理单元组(AUG)。一个 AUG 由一个 AU-4 或 AU-3 按字节交错间插组合而成。

需要强调的是,在 AU 和 TU 中要进行速率调整,因而低一级数字流在高一级数字流中的起始点是浮动的。为了准确地确定起始点的位置,设置两种指针(AU-PTR 和 TU-PTR)分别对高阶 VC 在相应 AU 帧内的位置以及 VC-1、VC-2、VC-3 在相应 TU 帧内的位置进行灵活态地定位。另外,在 N 个 AUG 的基础上在附加段开销(SOH)便可形成最终的 STM-N 帧结构。

6. 映射

"映射"是数学上的一个术语,源于集合论。"映射"又称"变换",意思是两个集合中的元素有某种对应关系。

在 SDH 网络边界,一个业务信号(如 PDH 信号)映射进相应的虚容器,意思是指 PDH 信号的元素(比特)经变换关系(这里就是按排列顺序)成为虚容器中唯一位置上的元素(比特)。实际的变换关系包含更多的适配操作。例如,码速调整(将 PDH 信号的速率调整到相应容器 C-n 的速率再装入 C-n 之中);又如,加入通道开销构成虚容器 VC-n。

按照业务信号(支路信号)时钟和虚容器的时钟(SDH 网络时钟)是否同步,映射分为异步映射和同步映射两大类,异步映射采用码速调整进行速率适配,因此允许业务信号速率有一点偏差,且无须滑动缓存器,引入时延也很小,E-12 和 E-31 采用正/零/负码速调整,E-32 和 E-4 采用正码速调整。SDH 映射采用的码速调整概念、方法和 PDH 复用的码速调整完全相同。

同步映射要求业务信号和 SDH 时钟同步,无须速率适配,但需要至少一帧的缓存器,引入时延大于 $125~\mu s$。同步映射分为比特同步和字节同步。比特同步无实用意义,在网上很少使用,字节同步可再细分为浮动模式和锁定模式。所谓浮动和锁定是指业务信号和容器的相位关系。

3.4.4　SDH 传送网的概念及 SDH 的基本网络单元

1. 传送网的基本概念

传送网就是完成传送功能的手段,当然传送网也能传递各种网络控制信息。实际应用中还经常遇到另一个术语——传输(Transmission),两者的基本区别是描述对象不同。传送是从信息传递的功能过程来描述,而传输是从信息信号通过具体物理媒质传输的物理过程来描述。因而传送网主要指逻辑功能意义上的网络,即网络的逻辑功能的集合。而传输网具体到实际设备组成的网络。在不会发生误解的情况下,传输网(或传送网)也可以泛指全部实体网和逻辑网。在 SDH 体制使用传送网的概念。

2. SDH 的基本网络单元

所谓 SDH 网络是由一些基本网络单元(NE)组成,在光纤上可以进行同步信息传输、复用、分插和交叉连接的传送网络,它具有全世界统一的网络节点接口(NNI),从而简化了信号的互通以及信号的传送、复用、交叉连接和交换过程;有一套标准化的信息结构等级,称为同步传送块 STM-N(N=1,4,16,…);帧结构为页面式,具有丰富的用于维护管理的比特,所有网络单元都有统一的标准光接口;还有一套特殊灵活的复用结构和指针调整技术,允许现存准同步数字体系,同步数字体和 B-ISDN 信号都能进入其帧结构,因而有着广泛的适应性;大量采用软件进行网络配置和控制,使得新功能和新特性的增加比较方便,适用于将来的不断发展。

SDH 传输网是由不同类型的网元通过光缆线路的连接组成的,通过不同的网元完成 SDH 网的传送功能:上/下业务、交叉连接业务、网络故障自愈等。

SDH 网由一些基本网络单元构成,目前实际应用的基本网络单元有 4 种,即终端复用器(TM)、分插复用器(ADM)、再生中继器(REG)和数字交叉连接设备(SDXC),如图 3.10 所示。

3. SDH 网元功能

(1) 终端复用器(TM)

终端复用器(TM)位于 SDH 网的终端,其主要功能如下。

① 在发送端能将各 PDH 支路信号复用进 STM-N 帧结构,在接收端进行分解。这使得 TM 在 SDH 和 PDH 的边界处得到广泛的应用。

② 在发送端将若干 STM-N 信号复用为一个 STM-M(M>N)信号(如将 4 个 STM-1 复用成 1 个 STM-4),在接收端将 1 个 STM-M 信号分成若干个 STM-N (M>N)信号。

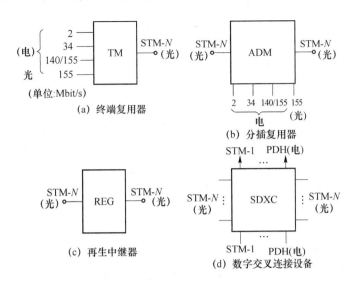

图 3.10　SDH 的基本网络单元

③ TM 还具有电/光(光/电)转换功能。

TM 用做线路终端设备,它的主要功能是将准同步电信号(2、34 或 140 Mbit/s)复接成 STM-N 信号并完成光/电转换及其逆过程。也可将准同步支路和同步支路(电的或光的)或将若干个同步支路(电的或光的)复接成 STM-N 信号并完成光/电转换及其逆过程。终端复用器用在网络的终端站点上,如一条链的两个端点,它是一个双端口器件,如图 3.11 所示。

TM 作用是将支路端口的低速信号复用到线路端口的高速信号 STM-N 中,或从 STM-N 的信号中分出低速支路信号。它的线路端口输入/输出一路

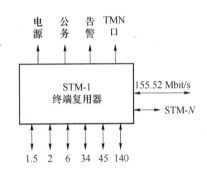

图 3.11　终端复用器模型图

STM-N 信号,而支路端口可以输出/输入多路低速支路信号。在将低速支路信号复用进线路信号的 STM-N 帧上时,支路信号在线路信号 STM-N 中的位置可任意指定。

在将低速支路信号复用进 STM-N 帧时有一个交叉的功能,例如,可将支路的一个 STM-1 信号复用进线路上的 STM-16 信号中的任意位置上,或支路的 2 Mbit/s 信号可复用到一个 STM-1 中 63 个 VC12 的任意位置上。

(2) 分插复用器(ADM)

分插复用器用于 SDH 传输网络的转接站点处,如链的中间节点或环上节点,是 SDH 网上使用最多、最重要的一种网元,它是一个三端口的器件,如图 3.12 所示。

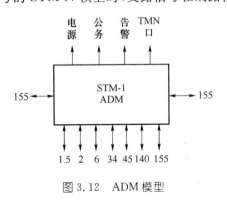

图 3.12　ADM 模型

ADM 有两个线路端口和一个支路端口。两个线路端口各接一侧的光缆,每侧收/发共两根光纤,为了描述方便将其分为西(W)向、东向(E)两个线路端口。ADM 的作用是将低速支路信号交叉复用进东或西向线路上去,或从东或西侧线路端口收的线路信号中拆分出低速支

路信号。另外,还可将东/西向线路侧的 STM-N 信号进行交叉连接,如将东向 STM-16 中的 3♯STM-1 与西向 STM-16 中的 15♯STM-1 相连接。ADM 是 SDH 中最重要的一种网元,通过它可等效成其他网元,即能完成其他网元的功能,例如,一个 ADM 可等效成两个 TM。

ADM 的输出和输入均为 STM-N 光信号,支路信号可以是准同步的,也可以是同步的。ADM 的特点是可从主流信号中分出一些信号并接入另外一些信号。与 TM 相同,ADM 既能连接不同的信号也能分支具有比主流信号更低容量的光信号,因此同步的 ADM 比准同步的 ADM 更为灵活有效。当需要分出的信号容量低于主流信号容量时,如从 STM-4 中分出一个 2 Mbit/s 和接入另一个 2 Mbit/s 时,该特点更为突出。

由于 ADM 具有灵活的分叉/复用电路的功能,当它用于两终端之间的一个中继点上时,可作为提取和插入准同步信号或同步信号的复用设备,因此常用于线型网和环型网。ADM 又可用做 TM,此时将它的两个 STM-N 接口用做主用和备用接口。

分插复用器(ADM)位于 SDH 网的沿途,其主要功能如下。

① 具有支路/群路(即上/下支路)能力,和分为部分连接和全连接,所谓部分连接是上/下支路仅能取自 STM-N 内指定的某一个(或几个)STM-1,而全连接可以从所有 STM-N 内的 STM-1 实现任意组合。ADM 可上/下的支路,既可以是 PDH 支路信号,也可以是较低等级的 STM-N 信号。ADM 同 TM 一样也具有电/光(光/电)转换功能。

② 具有群路/群路(即直通)的连接能力。

③ 可以具有数字交叉连接功能,即将 DXC 功能融于 ADM 中。

④ 用于环型网中。

图 3.13 给出了利用 ADM 设备组成环型网络的示意图,图中共有 4 个节点(A、B、C、D),每一节点配置一个 ADM,根据用户的业务要求,可方便、灵活地实现上/下支路,从而完成这 4 个节点间的通信任务。另外,采用 ADM 环型网的另一大好处是它的自愈性。

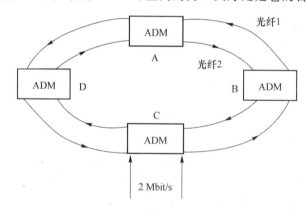

图 3.13　采用 ADM 的环型网

以上介绍了终端复用器和分插复用器,它们是 SDH 网的最重要的两个网络单元。由终端复用器和分插复用器组成的典型网络应用有多种形式,如点到点传输〔如图 3.14(a)所示〕、线型〔如图 3.14(b)所示〕、枢纽网〔如图 3.14(c)所示〕和环型网,实际应用中还可能出现别的形式。

(3) 再生中继器(REG)

再生中继器是光中继器,其作用是将光纤长距离传输后受到较大衰减及色散畸变的光脉冲信号,转换成电信号后进行放大整形、再定时,再生为规则的电脉冲信号,再调制光源变换为光脉冲信号送入光纤继续传输,以延长传输距离。

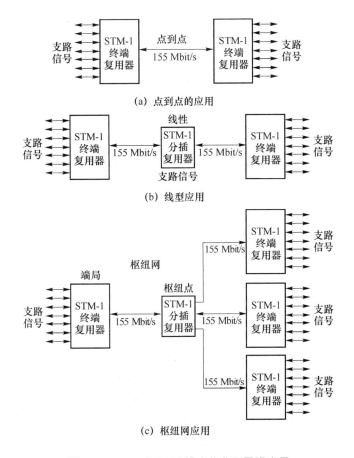

图 3.14 TM 或 ADM 组成的典型网络应用

光传输网的再生中继器有两种：一种是纯光的再生中继器，主要进行光功率放大以延长光传输距离；另一种是用于脉冲再生整形的电再生中继器，主要通过光/电变换、电信号抽样、判决、再生整形、电/光变换，以达到不积累线路噪声，保证线路上传送信号波形完好性的目的。此处讲的是后一种再生中继器，REG 是双端口器件，只有两个线路端口——w/e，如图 3.15 所示。

图 3.15 再生中继器

它的作用是将 w/e 侧的光信号经 O/E、抽样、判决、再生整形、E/O 在 e 或 w 侧发出。REG 与 ADM 相比仅少了支路端口，所以 ADM 若本地不上/下话路（支路不上/下信号）时完全可以等效一个 REG。

真正的 REG 只需处理 STM-N 帧中的 RSOH，且不需要交叉连接功能（w—e 直通即可），而 ADM 和 TM 因为要完成将低速支路信号分/插到 STM-N 中，所以不仅要处理 RSOH，而且要处理 MSOH；另外 ADM 和 TM 都具有交叉复用能力（有交叉连接功能）。

(4) 数字交叉连接设备(SXDC)

SDH 网络中的 DXC 设备称为 SDXC，它是一种具有一个或多个 PDH（G.702）或 SDH（G.707）信号端口并至少可以对任何端口速率(和/或其子速率信号)与其他端口速率(和/或其子速率信号)进行可控连接和再连接的设备。从功能上看，SDXC 是一种兼有复用、配线、保护/恢复、监控和网管的多功能传输设备，它不仅直接代替了复用器和数字配线架(DDF)，而且还可以为网络提供迅速、有效的连接和网络保护/恢复功能，并能经济有效地提供各种业务。

数字交叉连接设备(简称 DXC)完成的主要是 STM-N 信号的交叉连接功能，它是一个多端口器件，相当于一个交叉矩阵完成各个信号间的交叉连接，如图 3.16 所示。

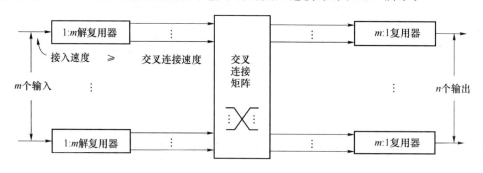

图 3.16　SDXC 功能图

DXC 可将不同种类、不同容量的业务信号进行交叉连接，兼有复用、配线(路由)、保持或恢复、监控、网管等多种功能。DXC 可对帧结构内的 VC 进行交叉连接，所以更加灵活、多用和方便。输入的 m 路 STM-N 信号交叉连接到输出的 n 路 STM-N 信号上，表示有 m 条入光纤和 n 条出光纤。DXC 的核心是交叉连接，功能强的 DXC 能完成高速(如 STM-16)信号在交叉矩阵内的低级别交叉(如 VC12 级别的交叉)。

DXC 也是 SDH 传输网的重要网络单元，它主要由交叉连接网、接入端口和监控单元三部分组成。交叉连接网的功能是在监控单元控制下完成接入端口信号间的交换功能，接入端口包括输入端口和输出端口，它们与传输系统相连。DXC 可以有一个或几个准同步信号或同步信号接入端口。一般参与交叉连接的信号速率等于或低于接入信号的速率，需要由复接和分接功能完成交叉连接速率和接入速率之间转换，即每个输入信号被分接成若干个交叉连接信号，然后交叉连接网按照预先存放的交叉连接图对这些交叉连接通道进行重新安排，最后将这些重新安排后的信号复接成高速信号输出。因此，DXC 具有复用、配线、网络连接和保护/恢复、监控、网络管理等功能。

通常用 DXCm/n 来表示一个 DXC 的类型和性能($m \geqslant n$)，m 表示可接入 DXC 的最高速率等级，n 表示在交叉矩阵中能够进行交叉连接的最低速率级别。m 越大表示 DXC 的承载容量越大，n 越小表示 DXC 的交叉灵活性越大。

目前工程上常用的三种 DXC 如下。

- DXC1/0:电路 DXC，为 PDH 提供快速连接;接入端口的最高速率为一次群 2 Mbit/s，而交叉连接速率为 64 kbit/s(0 次群)。
- DXC4/1:功能最全、多用途的 DXC;接入 H 为四次群或 STM-1，交叉 L 为一次群 2 Mbit/s;即允许 1、2、3、4 或 STM-1 进行接入和交叉连接。
- DXC4/4:宽带数字交叉连接设备;接入 H 为四次群或 STM-1，交叉 L 也是四次群或 STM-1;接入和交叉速率相同，主要用于长途网的保护/恢复。

DXC 的交换功能与数字交换机的区别如表 3.3 所示。

表 3.3　DXC 的交换功能与数字交换机的区别

项目	DXC	数字交换机
交换对象	电率群(通道)2~155 Mbit/s	电路 64 kbit/s
正常保持	半永久(数小时至数天)	暂时(n 分钟)
典型交换口数量	16~1 024	1 000~100 000
正常交换设计	无阻塞或低阻塞	有阻塞
交换控制	外部控制	用户(业务信号)控制
定时透明性	具备	不具备

3.4.5　SDH 传送网络结构及自愈保护

1. SDH 传送网的基本物理拓扑

网络的物理拓扑泛指网络的形状,即网络节点和传输线路的几何排列,它反映了物理上的连接。网络的效能、可靠性和经济性在很大程度上均与具体物理拓扑有关。

当通信只涉及两点(即点到点拓扑)时,常规的 PDH 系统和初期应用的 SDH 系统都是基于这种物理拓扑的,除这种简单情况外,SDH 传送网还有 5 种基本拓扑类型,如图 3.17 所示。

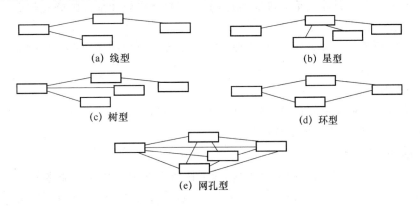

图 3.17　SDH 传送网基本物理拓扑类型

(1)线型

将通信网络中的所有点一一串联,而使首尾两点开放,这就形成了线性拓扑,有时也称为链型。这种拓扑的特点是其间所有点都应具有完成连接的功能(以便两个非相邻点之间完成连接)。这也是 SDH 早期应用的比较经济的网络拓扑形式。

(2)星型

这种拓扑是通信网络中某一特殊点与其他各点直接进行相连,而其他各点间不能直接连接,即星型拓扑。在这种拓扑结构中,特殊点之外两点通信应通过特殊点进行。特殊点为经过的信息流进行路由选择并完成连接功能,这种网络拓扑形式的优点是可以将多个光纤终端统一成一个终端,并利于分配带宽、节约投资和运营成本,但也存在着特殊点的安全保障问题和潜在瓶颈问题。

(3)树型

所谓树型拓扑可以看成是线型拓扑和星型拓扑的结合,即将通信网络的末端点连接到几个特殊点。这种拓扑形式可用于广播业务,但它不利于提供双向通信业务,同时,还存在瓶颈问题和光功率限制问题。

(4) 环型

环型拓扑实际上就是将线型拓扑的首尾再相互连接,从而任何一点都不对外开放,即为环型拓扑。这种环型网在 SDH 网中应用比较普遍,主要是因为它具有一个很大的优点,即很强的生存性,这在当今大容量光纤网络设计,维护中至关重要。

(5) 网孔型

当涉及通信的许多点直接互联时就形成了网孔型拓扑,若所有的点都彼此连接即称为理想的网孔型拓扑(网型网)。这种拓扑形式为两点间通信提供多种路由可选,可靠性高,生存性强,且不存在瓶颈问题和失效问题,但结构复杂,成本也高,适合于业务量很大的地区。

从上可看出,几种拓扑结构各有其优缺点。在作具体的选择时,应综合考虑网络的生存性,网络配置的容易性,同时网络结构应当适于新业务的引进等多种实际因素和具体情况。一般来说,用户网适于星型拓扑和环型拓扑,有时也可用线型拓扑;中继网适于采用环型和线型拓扑;长途网则适于树型和网孔型的结合。

2. SDH 的自愈网

自愈网就是无须人为干预,网络就能在极短时间内从失效故障中自动恢复所携带的业务,使用户感觉不到网络已出了故障。其基本原理就是使网络具备备用(替代)路由,并重新确立通信能力。自愈的概念只涉及重新确立通信,而不管具体失效元部件的修复与更换,而后者仍需人工干预才能完成。

自愈网的实现手段多种多样,目前主要采用的有线路保护倒换、环型网保护、DXC 保护及混合保护等。

(1) 线路保护倒换

线路保护倒换是最简单的自愈形式,其基本原理是当出现故障时,由工作通道(主用)倒换到保护通道(备用),用户业务得以继续传送。

① 线路保护倒换方式

- 1+1 方式。1+1 方式采用并发优收,即工作段和保护段在发送端永久地连在一起(桥接),信号同时发往工作段和保护段,在接收端择优选择接收性能良好的信号。
- $1:n$ 方式。所谓 $1:n$ 方式是保护段由 n 个工作段共用,当其中任意一个出现故障时,均可倒至保护段。$1:1$ 方式是 $1:n$ 方式的一个特例。

② 线路保护倒换的特点

- 业务恢复时间很快,可短于 50 ms 。
- 若工作段和保护段属同缆复用(即主用和备用光纤在同一缆芯内),则有可能导致工作段(主用)和保护段(备用)同时因意外故障而被切断,此时这种保护方式就失去作用了。解决的办法是采用地理上的路由备用,当主用光缆被切断时,备用路由上的光缆不受影响,仍能将信号安全地传输到对端。但该方案至少需要双份的光缆和设备,成本较高。

(2) 环型网保护

当把网络节点连成一个环形时,可以进一步改善网络的生存性和降低成本,这是 SDH 网的一种典型拓扑方式。环型网的节点一般用 ADM(也可以用 DXC),而利用 ADM 的分插能力和智能构成的自愈环是 SDH 的特色之一,也是目前研究和应用比较活跃的领域。采用环形网实现自愈的方式称为自愈环。

目前自愈环的结构种类很多,按环中每个节点插入支路信号在环中流动的方向来分,可以分为单向环和双向环;按保换倒换的层次来分,可以分为通道倒换环和复用段倒换环;按环中每一对节点间所用光纤的最小数量来分,可以分为二纤环和四纤环。下面分析几种常用的自愈环。

① 二纤单向通道倒换环

二纤单向通道倒换环如图 3.18(a)所示。

二纤单向通道保护环由两根光纤实现,其中一根用于传业务信号,称 S1 光纤,另一根用于保护,称 P1 光纤。基本原理采用 1+1 保护方式,即利用 S1 光纤和 P1 光纤同时携带业务信号并分别沿两个方向传输,但接收端只择优选择其中的一路。

例如,节点 A 至节点 C 进行通信(AC),将业务信号同时馈入 S1 和 P1,S1 沿顺时针将信号送到 C,而 P1 则沿逆时针将信号也送到 C。接收端分路节点 C 同时收到两个方向来的支路信号,按照分路通道信号的优劣决定选哪一路作为支路信号,正常情况下,以 S1 光纤送来信号为主信号,因此节点 C 接收来自 S1 光纤的信号。节点 C 至节点 A 的通信(CA)同理。

当 B、C 节点间光缆被切断时,两根光纤同时被切断,如图 3.18(b)所示。

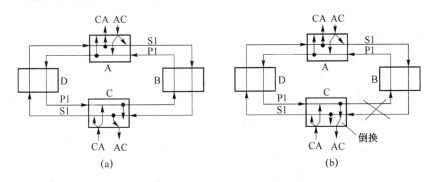

图 3.18　二纤单向通道倒换环

在节点 C,由于 S1 光纤传输的信号 AC 丢失,则按通道选优准则,倒换开关由 S1 光纤转至 P1 光纤,使通信得以维持。一旦排除故障,开关再返回原来位置,而 C 到 A 的信号 CA 仍经主光纤到达,不受影响。

② 二纤双向通道倒换环

二纤双向通道倒换环是近几年才发展的,其保护方式有两种:1+1 方式和 1:1 方式。

1+1 方式的二纤双向通道倒换环的原理与单向通道倒换环的基本相同(也是采用"并发优收",即往主用光纤和备用光纤同时发信号,收端择优选取),唯一不同的是返回信号沿相反方向(这正是双向的含义)。例如,节点 A 至节点 C(AC)的通信,主用光纤 S1 沿顺时针方向传信号,备用光纤 P1 沿逆时针方向传信号;而节点 C 至节点 A(CA)的通信,主用 S2 光纤沿逆时针方向(与 S1 方向相反)传信号,备用 P2 光纤沿顺时针方向传信号(与 P1 方向相反),如图 3.19(a)所示。

当 B、C 节点间两根光纤同时被切断时,如图 3.19(b)所示,AC 方向的信号在节点 C 倒换(即倒换开关由 S1 光纤转向 P1 光纤,接收由 P1 光纤传来的信号),CA 方向的信号在节点 A 也倒换(即倒换开关由 S2 光纤转向 S2 光纤,接收由 S2 光纤传来的信号)。

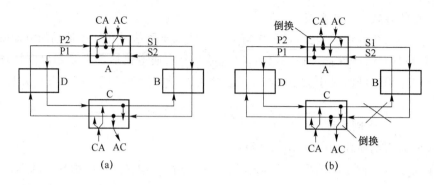

图 3.19　二纤双向通道倒换环

这种 1+1 方式的双向通道倒换环主要优点是可以利用相关设备在无保护或线性应用场合下具有通道再利用的功能，从而使总的分插业务量增加。

二纤双向通道倒换环如果采用 1∶1 方式，在保护通道中传额外业务量，只在故障出现时，才从工作通道转向保护通道。这种结构的特点是：虽然需要采用 APS 协议，但可传额外业务量，可选较短路由，易于查找故障等；尤其重要的是，可由 1∶1 方式进一步演变为 $M∶N$ 方式，由用户决定只对哪些业务保护，无须保护的通道可在节点间重新启用，从而大大提高了可用容量。缺点是需由网管系统进行管理，保护恢复时间大大增加。

③ 二纤单向复用段倒换环

二纤单向复用段倒换环如图 3.20(a)所示。

它的每一个节点在支路信号分插功能前的每一高速线路上都有一保护倒换。正常情况下，信号仅仅在 S1 光纤传输，而 P1 光纤是空闲的。例如，从 A 到 C 信号 S1 经过 B 到 C，从而 C 到 A 的信号 CA 也经过 S1 到 D 达到 A。

当 B、C 节点间光缆被切断时，如图 3.20(b)所示，则 B、C 两个与光缆切断点相连的两个节点利用 APS 协议执行环回功能。此时，从 A 到 C 的信号 AC 则先经 P1 或 A、D 到达 C，经 C 节点倒换开关环回到 S1 光纤并落地分路，而信号 CA 则仍经 S1 传输。这种环回倒换功能保证在故障下仍维持环的连续性，使传输的业务不会中断。故障排除后，倒换开关再返回原来位置。

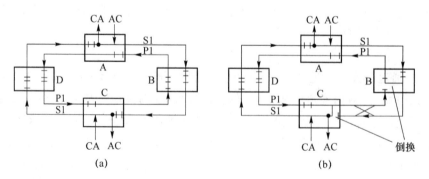

图 3.20　二纤单向复用段倒换环

④ 四纤双向复用段倒换环

四纤双向复用段倒换环如图 3.21(a)所示。

它有两根业务光纤 S1、S2 和两种保护光纤 P1、P2。S1 形成一顺时针业务信号环，P1 则为 S1 反方向的保护环；S2 是逆时针业务信号环，P2 则是 S2 反方向的保护信号环。四根光纤上都有一个倒换开关,起保护倒换作用。

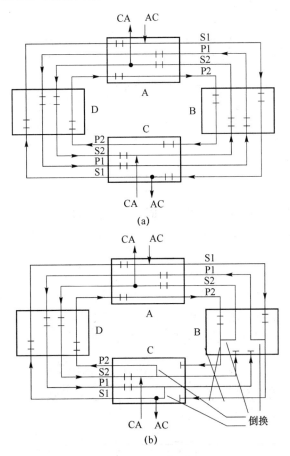

图 3.21　四纤双向复用段倒换环

正常情况下,从节点 A 进入节点 C 的低速支路信号沿 S1 传输,而从节点 C 进入环到节点 A 的信号沿 S2 传输,P1、P2 此时空闲。

当 B、C 之间四根光纤被切断,利用 APS 协议在 B 和 C 节点中各有两个执行环回功能,从而保护环的信号传输,见图 3.21(b)。在节点 B,S1 和 P1 连通,S2 和 P2 连通,节点 C 也同样完成这个功能。这样,由 A 到 C 的信号沿 S1 到达 B,再经 P1 到达 C,而由 C 至 A 的信号先经 P2 到达 B,再经 S2 传输至 A,等 B、C 恢复业务通信后,倒换开关再返回原来位置。

⑤ 二纤双向复用段倒换环

二纤双向复用段倒换环是在四纤双向复用段倒换环基础上改进得来的。它采用时隙交换 (TSI)技术,使 S1 光纤和 P2 光纤上的信号都置于一根光纤(称 S1/P1 光纤),利用 S1/P1 光纤的一半时隙(如时隙 $1\sim M$)传 S1 光纤的业务信号,另一半时隙($M+1\sim N$,其中 $M\leqslant N/2$)传 P2 光纤的保护信号。同样 S2 光纤和 P1 光纤上的信号也利用时隙交换技术置于一根光纤(称 S2/P1 光纤)上。由此,四纤环可以简化为二纤环,二纤双向复用段倒换环如图 3.22(a)所示。

当 B、C 节点间光缆被切断,与切断点相邻的节点 B 和节点 C 中的倒换开关将 S1/P2 光纤与 S2/P1 光纤沟通,如图 3.22(b)所示。利用时隙交换技术,通过节点 B 的倒换,将 S1/P2 光纤上的业务信号时隙($1\sim M$)移到 S2/P1 光纤上的保护信号时隙($M+1\sim N$);通过节点 C 的倒换,将 S2/P1 光纤上的业务信号时隙($1\sim M$)移到 S1/P2 光纤上的保护信号时隙($M+1\sim N$)。

当故障排除后,倒换开关将返回到原来的位置。

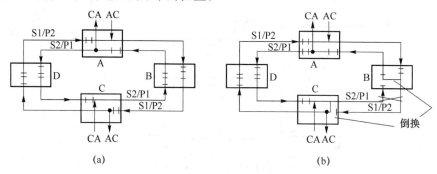

图 3.22 二纤双向复用段倒换环

由于一根光纤同时支持业务信号和保护信号,所以二纤双向复用段倒换环的容量仅为四纤双向复用段倒换环的一半。

（3）DXC 保护

DXC 保护是指利用 DXC 设备在网孔型网络中进行保护的方式。

在业务量集中的长途网中,一个节点有很多大容量的光纤支路,它们彼此之间构成互连的网孔型拓扑。若是在节点处采用 DXC4/4 的快速交叉连接特性,可以很快地找出替代路由,并且恢复通信,于是产生了 DXC 保护方式,如图 3.23 所示。

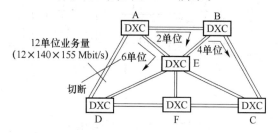

图 3.23 采用 DXC 为节点的保护

例如,假设从节点 A 到节点 D,本有 12 个单位的业务量(假设为 $12 \times 140/155$ Mbit/s),当 A、D 之间的光缆被切断后,DXC 可以从网络中发现图中所示的 3 条替代路由来共同承担这几个单位的业务量。从 A 经 E 到 D 分担 6 个单位,从 A 到 B 和 E 到 D 为 2 个单位,从 A 经 B、C 和 F 到 D 为 4 个单位。

（4）混合保护

所谓混合保护是采用环型网保护和 DXC 保护相结合,这样可以取长补短,大大增加网络的保护能力。混合保护结构如图 3.24 所示。

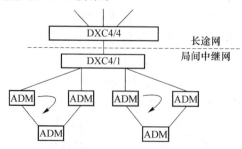

图 3.24 混合保护结构

（5）各种自愈网的比较

线路保护倒换方式（采用路由备用线路）配置容易，网络管理简单，而且恢复时间很短（50 ms 以内），但缺点是成本比较高，主要适用于两点间有稳定的大业务量的点到点应用场合。

环型网结构具有很高的生存性，故障后网络的恢复时间很短（一般小于 50 ms），具有良好的业务量疏导能力，在简单网络拓扑条件下，环型网的网络成本要比 DXC 低得多，环型网主要适用于用户接入网和局间中继网。其主要缺点是网络规划较困难，开始时很难准确预计将来的发展，因此在开始时需要规划较大的容量。

DXC 保护同样具有很高的生存性，但在同样的网络生存性条件下所需附加的空闲容量远小于网型网。通常，对于能容纳 15%～50% 增长率的网络，其附加的空闲容量足以支持 DXC 保护的自愈网，DXC 保护最适于高度互连的网孔型拓扑，如用于长途网中更显出 DXC 保护的经济性和灵活性，DXC 也适用于作为多个环型网的汇节点。DXC 保护的一个主要缺点是网络恢复时间长，通常需要数十秒到数分钟。

混合保护网的可靠性和灵活性较高，而且可以减小对 DXC 的容量要求，降低 DXC 失效的影响，改善了网络的生存性，另外环的总容量由所有的交换局共享。

3. SDH 网络结构

SDH 网是一种传送网，它为交换局之间提供高速、高质量的数字传送能力。

我国的 SDH 网络结构分为 4 个层面，如图 3.25 所示。

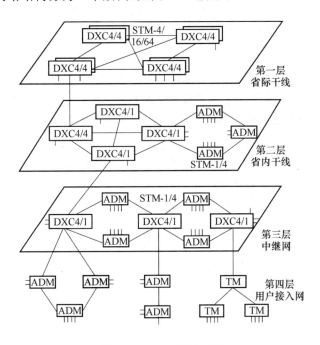

图 3.25　SDH 网络结构

最高层面为长途一级干线网，主要省会城市及业务量较大的汇节点城市装有 DXC4/4，其间由高速光纤链路 STM-4 或 STM-16 组成，形成了一个大容量，高可靠的网孔型国家骨干网结构，并辅以少量线型网。由于 DXC4/4 也具有 PDH 体系的 140 Mbit/s 接口，因而原有的 PDH 的 140 Mbit/s 和 565 Mbit/s 系统也能纳入由 DXC4/4 统一管理的长途干线网中。另外，该层面采用 DXC 选路加系统保护的恢复方式。

第二层面为二级干线网,主要汇接点装有 DXC4/4 或 DXC/1,其间由 STM-1 或 DXC-4 组成,形成省内网状或环型骨干网结构。由于 DXC4/1 有 2 Mbit/s、34 Mbit/s 或 140 Mbit/s 接口,因而原来 PDH 系统也能纳入统一管理的二级干线网中。另外,其具有灵活调度电路的能力。该层面采用 DXC 选路,自愈环及系统保护的恢复方式。

第三层面为中继网(即长途端局与市话局以及市话局之间的部分),可以按区域划分为若干个环,由 ADM 组成速率为 STM-1 或 STM-4 的自愈环,也可以是路由备用方式的两节点环,由 ADM 组成速率为 STM-1 或 STM-4 的自愈环,也可以是路由备用方式的两节点环。这些环具有很高的生存性,又具有业务量疏导功能。环型网中主要采用复用段倒换环方式,但究竟是四纤还是二纤取决于业务量和经济能力,环间由 DXC4/1 沟通,完成业务量疏导和其他管理功能。同时也可以作为长途网与中继网之间以及中继网和用户接入网之间的网关或接口,最后还可以作为 PDH 与 SDH 之间的网关。该层面采用自愈环或 DXC 选路(必要时)的恢复方式。

最低层面为用户接入网。由于处于网络的边界处,业务容量要求低,且大部分业务量汇集于一个节点(端局)上,因而通道倒换环和星型网都十分适合于该应用环境,所需设备除 ADM 外还有光用户环路载波系统(OLC),速率为 STM-1 或 STM-4,接口可以为 STM-1 光/电接口,PDH 体系的 2 Mbit/s、34 Mbit/s 或 140 Mbit/s 接口,小交换机接口,2B+D 或 30B+D 接口以及城域网接口等。该层面采用自愈环或无保护的恢复方式。

3.4.6 SDH 传输网的同步方式

1. 同步和网同步的概念

同步是指信号之间频率相同、相位上保持某种严格的特定关系。

在数字通信网中,传输链路和交换节点上流通和处理的都是数字信号的比特流,都具有特定的比特率。为实现链路之间和链路与交换节点之间的连接,最重要的是要使它们能协调地工作。这个协调最首要的就是相互连接的设备所处理的信号都应具有相同的时钟频率,所以,数字网同步就是使数字网中各数字设备内的时钟源相互同步,也称为数字网的网同步。

我国数字同步网是采用等级主从同步方式,按照时钟性能可划分为四级,其等级主从同步方式示意图如图 3.26 所示。

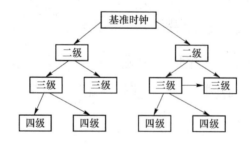

图 3.26 等级主从同步方式示意图

同步网的基本功能是应能准确地将同步信息从基准时钟向同步网内的各下级或同级节点传递,通过主从同步方式使各从节点的时钟与基准时钟同步,我国同步时钟等级如表 3.4 所示。

表 3.4　同步时钟等级

类型	第一级		基准时钟	
长途网	第二级	A 类	一级和二级长途交换中心,国际局的局内综合定时供给设备时钟和交换设备时钟	在大城市内有多个长途交换中心时,应按它们在网内的等级相应地设置时钟
		B 类	三级和四级长途交换中心的局内综合定时供给设备时钟和交换设备时钟	
本地网	第三级		汇接局时钟和端局的局内综合定时供给设备时钟和交换设备时钟	
	第四级		远端模块、数字用户交换设备、数字终端设备时钟	

第一级:基准时钟,是数字网中最高质量的时钟,是网内唯一的主控时钟源,它作为全网的基准时钟,采用铯原子钟组实现。

第二级:为具有保持功能的高稳定度时钟,由受控的铷钟或高稳定度晶体钟实现。分为 A 类和 B 类,设置于一级(C1)和二级(C2)长途交换中心的通信楼综合定时供给系统的时钟属于 A 类时钟,它通过同步链路直接与基准时钟相连并与之同步。设置于三级(C3)和四级(C4)长途交换中心的通信楼综合定时供给系统的时钟属于 B 类时钟,它通过同步链路受 A 类时钟控制,间接地与基准时钟同步。

第三级:具有保持功能的高稳晶体时钟,其频率稳定度可低于二级时钟,通过同步链路受二级时钟控制并与之同步。三级时钟设置于汇接局和本地网端局。

第四级:一般晶体时钟。它通过同步链路受第三级时钟控制并与之同步。第四级时钟设置在远端模块、数字用户交换设备和数字终端设备。

2. SDH 网同步方式

(1)同步方式

同步方式指在网中的所有时钟都能最终跟踪到同一个网络的基准主时钟。在同步分配过程中,如果由于噪声使得同步信号间产生相位差,由指针调整进行相位校准。同步方式是单一网络范围内的正常工作方式。

(2)伪同步方式

伪同步方式是在网中有几个都遵守 G.811 建议要求的基准主时钟,它们具有相同的标称频率,但实际频率仍略有差别。这样,网中的从时钟可能跟踪于不同的基准主时钟,形成几个不同的同步网。因为各个基准主时钟的频率之间有微小的差异,所以在不同的同步网边界的网元中会出现频率或相位差异,这种差异仍由指针调整来校准。伪同步方式是在不同网络边界以及国际网接口处的正常工作方式。

(3)准同步方式

准同步方式是同步网中有一个或多个时钟的同步路径或替代路径出现故障时,失去所有外同步链路的节点时钟,进入保持模式或自由运行模式工作。该节点时钟频率和相位与基准主时钟的差异由指针调整校准。但指针调整会引起定时抖动,一次指针调整引起的抖动可能不会超出规定的指标。当准同步方式时,持续的指针调整可能会使抖动累积到超过规定的指标而恶化同步性能,同时将引起信息净负荷出现差错。

(4)异步方式

异步方式是网络中出现很大的频率偏差,当时钟精度达不到 ITU-TG.813 所规定的数值时,SDH 网不再维持业务而将发送 AIS 告警信号。异步方式工作时,指针调整用于频率跟踪校准。

3.5 SDH 设备的定时工作方式

SDH 设备(即网元)在网中的不同应用配置,可以有下述 5 种不同的定时工作方式。

1. 外同步输入定时(简称外定时)

SDH 设备时钟的定时基准由外部定时源供给,可能有 3 种类型输入。

(1) 符合 G.703 建议的外同步接口

SDH 设备的外同步接口可以有两种选择,即 2 048 kHz 和 2 048 kbit/s,但优先选用 2 048 kbit/s,具体接口要求应符合 G.703 建议相关规定。如果需要同步状态消息字节 (SSMB),还应符合 G.704 和 G.706 建议有关 CRC4 帧的规定。

(2) 符合 G.703 建议的支路接口

通常为 2 048 kbit/s,符合 G.703 建议相关规定。某些应用场合,SDH 设备的 2 048 kbit/s 接收支路承载有可用的基准同步信号(如来自受 PRC 同步的程控交换机输出 2 048 kbit/s 信号),可以使用这种方式。

(3) STM-N 接口

随着 SDH 网的发展,STM-N 定时源接口的类型将逐渐增多,从而有条件采用这种接口输入。但目前很少采用这种接口。

如果 SDH 设备所在局内有 LPR 或 BITS,则优先选用来自 LPR 或 BITS 外同步输入定时信号,外同步输入定时方式示例见图 3.27(a)。

2. 通过定时

SDH 设备输出的 STM-N 信号的发送时钟从同方向终结的 STM-N 输入信号中提取,示例见图 3.27(b)。通常再生器采用通过定时方式。

3. 环路定时(自定时)

SDH 设备输出的 STM-N 信号的发送时钟从相应的 STM-N 接收信号中提取,示例见图 3.27(c)。术语"环路定时"容易和"定时环路"混淆,可采用术语"自定时"代替。这种简单的定时方式适用于没有外同步接口的星状网边沿网元配置。

4. 线路定时

SDH 设备所有输出的 STM-N(东)和 STM-N(西)信号的发送时钟都将同步于从某一特定的接收 STM-N 信号中提取的定时信号,示例见图 3.27(d)。通常没有条件采用外同步输入定时方式的 ADM 设备采用这种方式。

5. 内部定时

SDH 设备都具有内部定时源,当所有外同步源都丢失时,可使用内部定时方式,示例见图 3.27(e)。当内部定时源具有保持功能时,首先工作于保持模式,失去保持后,还可工作于自由运行(振荡)模式。当内部定时源无保持功能(如再生器)时,只能工作于自由运行(振荡)模式。

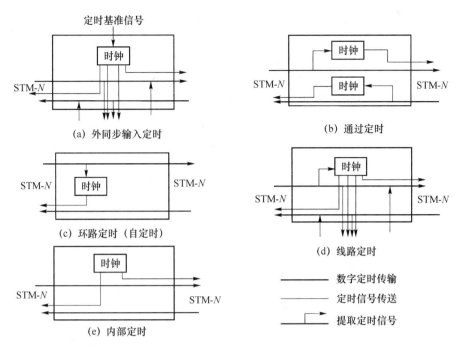

图 3.27　SDH 设备定时方式示例

小　　结

1. 传输链路的分类

按照有无复用及复用的方式,传输链路可分为三类:实线传输链路(无复用)、频分载波传输链路(FDM)和时分数字传输链路(TDM)。频分载波传输链路由于现在已不再使用,这里略去不讲。

(1) 实线传输链路

实线传输链路是指短距离内以模拟基带信号传输的链路。

(2) 时分数字传输链路

时分数字传输链路是指将模拟信号经过脉冲编码调制(PCM)之后变为数字信号,然后进行时分多路复用的传输链路。

① PDH(准同步数字体系)

PDH 采用异步复用方式,将 PCM 一次群信号逐步复用为二次群、三次群,…,最高可达六次群信号。

② SDH(同步数字体系)

SDH 采用同步复用方式和灵活的复用映射结构,使低阶信号到高阶信号的复用/解复用一次到位,并且具有统一的数字速率标准(STM-N,N=1,4,16,64)和统一的光网络节点接口以及强大的网络管理功能。

2. SDH 网的基本网络单元

SDH 网的基本网络单元有终端复用器(TM)、分插复用器(ADM)、再生中继器(REG)和同步数字交叉连接设备(SDXC)等。

终端复用器(TM)的主要任务是将低速支路信号纳入 STM-1 帧结构,并经电/光转换成为 SIM-1 光线路信号,其逆过程正好相反。

分插复用器(ADM)将同步复用和数字交叉连接功能综合于一体,具有灵活地分插任意支路信号的能力,在网络设计上有很大的灵活性。另外,ADM 也具有电/光转换、光/电转换功能。

再生中继器(REG)的作用是消除衰减和失真,以延长通信距离。

同步数字交叉连接设备(SDXC)的主要作用是实现支路之间的交叉连接。

3. SDH 的特点

主要体现在以下几个方面:

(1) 有全世界统一的数字信号速率和帧结构标准;

(2) 同步复用;

(3) 强大的网络管理能力;

(4) 有标准的光接口;

(5) 具有兼容性;

(6) 按字复用。

4. SDH 的主要不足之处

SDH 的主要不足之处是频带利用率不如传统的 PDH 系统。

SDH 的同步传递模块有 SIM-1、STM-4、STM-16 和 STM-64,其速率分别为 155.520 Mbit/s、622.080 Mbit/s、2 488.320 Mbit/s 和 9 953.280 Mbit/s。

5. SDH 的帧结构

SDH 的帧周期为 125 μs,帧长度为 $9 \times 270 \times N$ 字节(或 $9 \times 270 \times N \times 8$ bit)。其帧结构为页面式的,有 9 行,$270 \times N$ 列。主要包括三个区域:段开销(SOH)、信息净负荷区及管理单元指针。段开销区域用于存放 OAM 字节;信息净负荷区域存放各种信息负载;管理单元指针用来指示信息净负荷的第一字节在 sm 帧中的准确位置,以便在接收端能正确地分接。段开销(SOH)中包含定帧信息,用于维护与性能监视的信息以及其他操作功能。

6. 自愈网的概念

所谓自愈网是指无须人为干预网络就能在极短时间内从失效状态中自动恢复所携带的业务,使用户感觉不到网络已出现了故障。其基本原理是使网络具有备用路由,并重新确立通信能力。

7. 线路保护倒换

(1) 线路保护自愈形式有 $1:n$ 保护方式和 $1+1$ 保护方式。

(2) 线路保护的实现。

8. 环路保护

(1) 环路保护自愈形式包括:二纤单向复用段倒换环;四纤双向复用段倒换环;二纤双向复用段、通道倒换环;二纤单向通道倒换环。

(2) 环路保护的实现。

9. DXC 保护

DXC 保护形式是指利用 DXC 设备在网孔型网络中进行保护的方式。

10. 混合保护

混合保护形式是指采用环型网保护和 DXC 保护相结合的方式。

11. SDH 网同步方式

SDH 网同步通常采用主从同步方式。SDH 网内各网元(如终端复用器、分插复用器、数字交叉连接设备及再生中继器等)均应与基准主时钟保持同步。局间同步时钟分配采用树型结构,使 SDH 网内所有节点都能同步。局内同步分配一般采用逻辑上的星型拓扑。所有网元时钟都直接从本局内最高质量的时钟——综合定时供给系统(BITS)获取。SDH 网同步有以下 4 种工作方式。

(1) 同步方式

同步方式指在网中的所有时钟都能最终跟踪到同一个网络的基准主时钟。

(2) 伪同步方式

伪同步方式是在网中有几个都遵守 G.811 建议要求的基准主时钟,它们具有相同的标称频率,但实际频率仍略有差别。这样,网中的从时钟可能跟踪于不同的基准主时钟,形成几个不同的同步网。

(3) 准同步方式

准同步方式是同步网中有一个或多个时钟的同步路径或替代路径出现故障时,失去所有外同步链路的节点时钟,进入保持模式或自由运行模式工作。

(4) 异步方式

异步方式是网络中出现很大的频率偏差(即异步的含义),当时钟精度达不到 ITU-T G.813 所规定的数值时,SDH 网不再维持业务而将发送 AB 告警信号。

12. 对 SDH 网同步的要求

对 SDH 网同步的要求主要体现在以下两个方面:

(1) 同步网定时基准传输链——同步链的长度越短越好;

(2) 同步网的可靠性必须很高,避免形成定时环路。

SDH 网元时钟的定时方法有以下 3 种:

(1) 外同步定时源;

(2) 从接收信号中提取的定时,该方式又可分为通过定时、环路定时和线路定时 3 种;

(3) 内部定时源。

终端复用器一般采用环路定时,但在某些网络应用场合,TM 可能会遇到没有任何外部数字连接的情况,此时必须提供自己的内部时钟并处于自由运行模式。

分插复用器尽量选用外同步方式,当丢失定时基准时进入保持模式维持系统定时。ADM 根据需要也可选用通过定时和线路定时方式。

再生中继器采用通过定时方式。当基准定时丢失后,可以转向内部精度较低的时钟,处于自由振荡状态。

数字交叉连接设备(DXC)一般像其他网元一样同步于局内 BITS,有些情况下也可采用 DXC 时钟作局内同步分配网的主时钟,或者即使跟踪于局内的 BITS 但仍用其作进一步同步分配的安排。

13. SDH 传输网的结构

SDH 传输网是由一些 SDH 网络单元(NE)组成的,在光纤上进行同步信息传输、复用和交叉连接的网络。

14. 我国 SDH 传输网的网络结构

现阶段我国的 SDH 传输网分为 4 个层面:省际干线层面、省内干线层面、中继网层面、用户接入网层面。

DXC X/Y:X 表示接入端口数据流的最高等级;Y 表示参与交叉连接的最低级别。

复 习 题

1. 简述几种主要传输媒介的特点。
2. 目前电话网采用的传输链路有哪几种?
3. 什么是 SDH 传送网? SDH 的基本网络单元有哪些?
4. 我国 SDH 传送网的结构是怎样的?
5. SDH 的概念是什么?
6. 分插复用器的主要功能是什么?
7. SDH 帧结构分哪几个区域? 各自的作用是什么?
8. 由 SIM-1 帧结构计算出:①STM-1 的速率;②SOH 的速率;③AU-PTR 的速率;
9. 画出我国的 SDH 基本复用映射结构。
10. 映射的概念是什么?
11. 写出自愈网的概念,并举例进行说明。
12. 画出二纤双向复用段倒换的结构图,并说明其工作原理。
13. 简述 DXC 保护的原理。
14. SDH 的引入对网同步的影响体现在哪几方面?
15. SDH 网同步的工作方式有哪几种?
16. SDH 网元的定时方法有哪几种? 什么叫通过定时?

第4章

电信支撑网

现代电信网由电信业务网和电信支撑网两大部分构成。本章所讨论的电信支撑网部分主要包括以下方面内容。

(1) No.7 信令网的基本概念、网路组成以及我国 No.7 信令网的网络结构及组网原则。

(2) 数字同步网的基本概念、网同步的实现方式以及我国数字同步网的网络结构及组网原则。

(3) 电信管理网的基本概念及基本体系结构,我国电信网络管理实施系统以及如何向电信管理网过渡。

4.1 引　　言

一个完整的电信网路除了应有传递各种消息信号的业务网路之外,还需要有若干个起支撑作用的支撑网路,以支持业务网路更好地运行。现代电信业务网路需要先进的技术支撑和自动化管理手段,建立电信支撑网路和采用现代化管理手段已是势在必行。

业务网路是指向用户提供如电话、电报、图像、数据等电信业务的网络。在业务网中传递的是各类业务的信息信号。

支撑网路是指能使电信业务网路正常运行的、起支撑作用的网络。它能增强网络功能、提高全网服务质量,以满足用户要求。在支撑网中传送的是相应的控制、监测等信号。

现代电信网有以下 3 个支撑网。

- No.7 信令网:是发展智能业务和 ISDN 业务的必需。
- 数字同步网:是开放数据业务和信息服务业务的基础。
- 电信管理网:是对电信业务网的运行实现集中监控、实时调度的自动化管理手段。

4.2 No.7 信令网

4.2.1 No.7 信令系统简介

在电话自动交换网中完成通话用户的接续或转接需要有一套完整的控制信号和操作程

序,用以产生、发送和接收这些控制信号的硬件及相应执行的控制、操作等程序的集合体就称为电话网的信令系统。

图 4.1 所示为两个用户通过两地的交换机进行电话接续的基本信令流程。接续过程简单说明如下:

① 当主叫用户摘机时,用户摘机信号送到发端局交换机;

② 发端局交换机收到用户摘机信号后,立即向主叫用户送出拨号音;

③ 主叫用户拨号,将被叫用户号码送给发端局交换机;

④ 发端局交换机根据被叫用户号码选择局向及中继线,并把被叫用户号码送给终端局交换机;

⑤ 终端局交换机根据被叫号码,将呼叫连接到被叫用户,向被叫用户发送振铃信号,并向主叫用户送回铃音;

⑥ 当被叫用户摘机应答时,终端交换机接到应答摘机信号,并将应答信号转发给发端交换机;

⑦ 用户双方进入通话状态;

⑧ 话终挂机复原,传送拆线信号;

⑨ 终端交换机拆线后,回送一个拆线证实信号,一切设备复原。

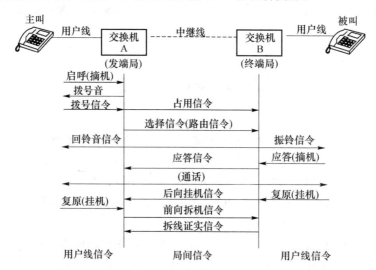

图 4.1   电话接续基本信令流程

从图 4.1 可以看出,按信令工作区域的不同,信令可分为以下两类。

- 用户线信令:是用户和交换机之间的信令,是在用户线上传输。
- 局间信令:是交换机之间的信令,是在中继线上传输的。局间信令按其传输技术的不同,又可分为随路信令方式和公共信道信令方式两种。本章重点介绍的是公共信道信令方式。

公共信道信令方式的主要特点是将信令通路与话音通路分开,将若干条电路的信令集中在一条专用于传送信令的通道上传送。这一条信令通道就叫做信令信道数据链路。

公共信道信令方式的功能示意框图如图 4.2 所示。

局间的公共信道信令链路由两端的信令信号终端设备和它们之间的数据链路组成。

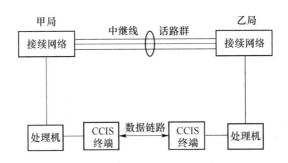

图 4.2 公共信道信令方式功能示意框图

4.2.2 No. 7 信令网的组成及网路结构

1. 信令网的组成

在电话交换机采用数字程控交换机并采用 No. 7 信令系统之后,除原有的电话网之外还有一个寄生、并存的起支撑作用的专门传送信令的 No. 7 信令网。该信令网除了传送电话的呼叫控制等电话信令之外,还可以传送其他如网络管理和维护等方面的信息,所以 No. 7 信令网实际上是个载送各种信息的数据传送系统。电话网与信令网的关系如图 4.3 所示。

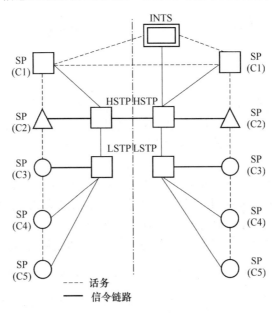

图 4.3 电话网与信令网的关系示意图

信令网由信令点(SP)、信令转接点(STP)以及连接它们的信令链路所组成。

(1)信令点(SP)

SP 是信令消息的源点和目的地点,它可以是各种交换局,也可以是各种特服中心,如运行、管理、维护中心等。

(2)信令转接点(STP)

STP 是将一条信令链路上的信令消息转发至另一条信令链路上去的信令转接中心。

- 独立信令转接点:只具有信令消息转递功能的信令转接点。
- 综合信令转接点:具有用户部分功能的信令转接点,即具有信令点功能的信令转接点。

（3）信令链路

信令链路是信令网中连接信令点的最基本部件,目前基本上是 64 kbit/s 数字信令链路。

信令网的连接方式:根据信令点之间连接方式的不同,所构成的信令网分为直联信令网和准直联信令网。

- 直联信令网:信令点间采用直联工作方式。由于直联信令网中未引入信令转接点,故也称为无级信令网。直联工作方式如图 4.4（a）所示。
- 准直联信令网:也称为分级信令网。准直联工作方式如图 4.4（b）所示,信令点之间的信令消息是需通过信令转接点转接的方式而构成的信令网称为准直联信令网。

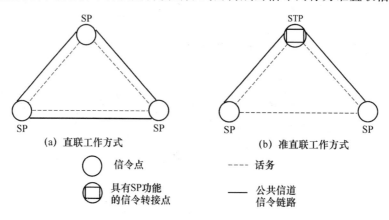

图 4.4　直联和准直联工作方式示意图

2. 信令网的结构

No.7 信令网与电话网一样,可分为无级信令网和分级信令网。

- 无级信令网:指未引入信令转接点的信令网,即全部采用直联工作方式的直联信令网。
- 分级信令网:指使用信令转接点的信令网,即使用一级或二级信令转接点的准直联方式信令网。

信令网的结构示意图如图 4.5 所示。

从对信令网的基本要求来看,信令网中每个信令点或信令转接点的信令路由尽可能多,信令接续中所经过的信令点和信令转接点的数量尽可能少。

无级网中的网状网虽可以满足上述要求,但当信令点的数量比较大时,网状网的局间信令链路数量会明显增加。如果有 N 个信令点,采用网状网连接时所需的信令链路数是 $\frac{N}{2}(N-1)$。可想而知,网状网具有信令路由多、信令消息传递时延短的优点,但限于技术上和经济上的原因,不能适应较大范围的信令网的要求,所以无级信令网未能得到实际的应用。

分级信令网是使用信令转接点的信令网。分级信令网按等级划分又可划分为二级信令网和三级信令网。

- 二级信令网:由一级 STP 和 SP 构成。
- 三级信令网:由两级信令转接点,即 HSTP(高级信令转接点)和 LSTP(低级信令转接点),以及 SP 构成。

二级信令网比三级信令网具有经过信令转接点少和信令传递时延短的优点,通常在信令网容量可以满足要求的条件下,都是采用二级信令网。但是对信令网容量要求大的国家,若信令转接点可以连接的信令链路数量受到限制不能满足信令网容量要求时,就必须使用三级信令网。

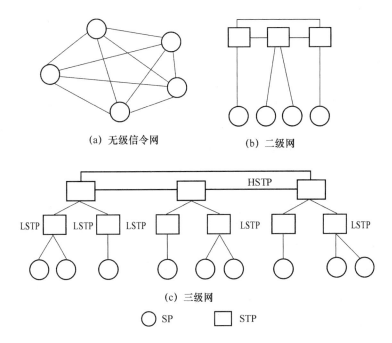

(a) 无级信令网　　　　(b) 二级网

(c) 三级网

○ SP　　　□ STP

图 4.5　信令网的结构示意图

分级信令网中,当信令点之间的信令业务量足够大时,可以设置直联信令链路,以使信令传递快、可靠性高,并可减少信令转接点的业务负荷。

3. 信令网结构的选择

目前,大多数国家都采用分级信令网,但具体是采用二级信令网还是采用三级信令网,主要取决于下述因素。

(1) 信令网容纳的信令点数量

应包括预测的各种交换局和特服中心的数量以及其他专用通信网纳入公用网时的交换局及各种节点。

(2) 信令转接点设备的容量

可用两个参数表示:

- 该信令转接点可以连接的信令链路的最大数量;
- 信令处理能力,即每秒可以处理的最大消息信令单元的数量(单位:MSU/s)。

(3) 冗余度

信令网的冗余度是指信令网的备份程度。为保证信令网的可靠性,信令网必须具有足够的冗余度,以保证信令链路路由组有足够高的可用性。

在信令点之间采用准直联工作方式时,当每个信令点连接到两个信令转接点,并且每个信令链路组内至少包含一条信令链路时,称为双倍冗余度,如图 4.6(a)所示。如果每个信令链路组内至少包含两条信令链路,则称为四倍冗余度,如图 4.6(b)所示。

4. 信令网中的连接方式

信令网中的连接方式是指信令转接点之间的连接方式及信令点与信令转接点之间的连接方式。

(1) STP 间的连接方式

对分级信令网都需设置 STP。二级信令网只设一级 STP,而三级信令网则需设置两级 STP,即 LSTP 和 HSTP。

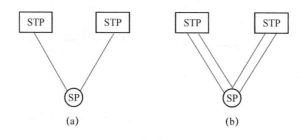

图 4.6 信令网冗余度示意图

对 STP 间的连接方式的基本要求是在保证信令转接点信令路由尽可能多的同时,信令连接过程中经过的信令转接点转接的次数尽可能的少。

符合这一要求且得到实际应用的连接方式有两种:网状连接方式和 A、B 平面连接方式。如图 4.7 所示。

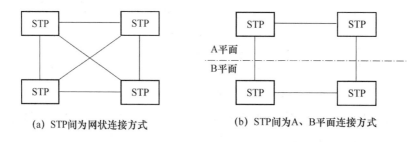

(a) STP间为网状连接方式 (b) STP间为A、B平面连接方式

图 4.7 TP 间连接方式示意图

① 网状连接方式

主要特点是各 STP 间都设置直达信令链路,在正常情况下 STP 间的信令连接可不经过 STP 的转接。但为了信令网的可靠,还需设置迂回路由。这种网状连接方式的安全可靠性较好,且信令连接的转接次数也少,但这种网状连接的经济性较差。例如,STP 的数量是,则 STP 间网状连接所需的信令链路数应是 $\frac{N}{2}(N-1)$。

② A、B 平面连接方式

A、B 平面连接方式是网状连接的简化形式。A、B 平面连接的主要特点是 A 平面或 B 平面内部的各个 STP 间采用网状相连,A 平面和 B 平面之间则成对的 STP 相连。在正常情况下,同一平面内的 STP 间信令连接不经过 STP 转接。在故障情况下需经由不同平面的 STP 连接时,要经过 STP 转接。这种方式除正常路由外,也需设置迂回路由,但转接次数要比网状连接时多。

我国从组网的经济性考虑,在保证信令网可靠性的前提下,HSTP 间连接是采用了 A、B 平面的连接方式。

(2) SP 与 STP 间的连接方式

SP 与 STP 间的连接方式分为两种方式:分区固定连接(或称配对连接)和随机自由连接(或称按业务量大小连接)。

① 分区固定连接方式

分区固定连接方式示意图如图 4.8 所示。

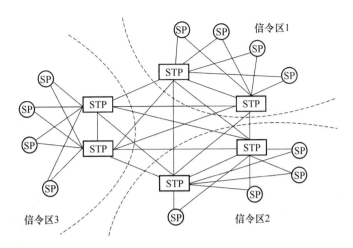

图 4.8　分区固定连接方式示意图

分区固定连接方式的主要特点如下。

- 每一信令区内的 SP 间的准直联连接必须经过本信令区的 STP 的转接。这种连接方式是每个 SP 需成对地连接到本信令区的两个 STP,这是保证信令可靠转接的双倍冗余。
- 两个信令区之间的 SP 间的准直联连接至少需经过两个 STP 的两次转接。
- 某一个信令区的一个 STP 故障时,该信令区的全部信令业务负荷都转到另一个 STP。如果某一信令区两个 STP 同时故障,则该信令区的全部信令业务中断。
- 采用分区固定连接时,信令网的路由设计及管理方便。

② 随机自由连接方式

随机自由连接方式示意图如图 4.9 所示。

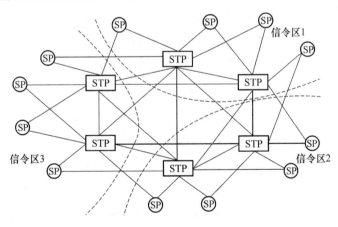

图 4.9　随机自由连接方式示意图

随机自由连接方式的主要特点如下。

- 随机自由连接是按信令业务负荷的大小采用自由连接的方式,即本信令区的 SP 根据信令业务负荷的大小可以连接其他信令区的 STP。
- 每个 SP 需接至两个 STP(可以是相同信令区,也可以是不同信令区),以保证信令可靠转接的双倍冗余。
- 当某一个 SP 连接至两个信令区的 STP 时,该 SP 在两个信令区的准直联连接可以只经过一次 STP 的转接。

随机自由连接的信令网中 SP 间的连接比固定连接时灵活,但信令路由比固定连接复杂,所以信令网的路由设计及管理较复杂。

(3) 我国国内电话网的具体情况

大、中城市的市内信令网原则上将汇接局设为信令转接点,因而本汇接区的交换局信令点有一条信令链路连接到汇接局的信令转接点,另一条信令链路则按信令业务量的大小自由连接到其他汇接区的信令转接点。这种连接方法具有一定的经济性,既可充分发挥信令转接点的负荷能力,又具有信令转接点发生故障时信令负荷分散的功能,这可使得信令网完全中断一个信令区业务的概率降低。这种连接方式就是随机自由连接。

对应于我国长途电话网的三级信令网,在 HSTP 间采用了 A、B 平面连接方式,因而适于采用分区固定连接方式。所以,我国长途三级信令网中的信令点和信令转接点的连接方式是采用固定连接方式。

4.2.3　我国信令网的网络结构及组网原则

1. 我国 No.7 信令网的网络结构及与电话网的对应关系

我国 No.7 信令网采用三级结构,如图 4.10 所示。第一级为 HSTP,第二级为 LSTP,第三级为 SP。

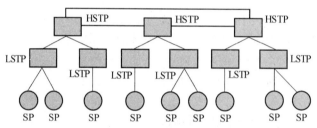

图 4.10　我国 No.7 信令网三级结构示意图

我国 No.7 信令网与电话网的对应关系如图 4.11 所示。

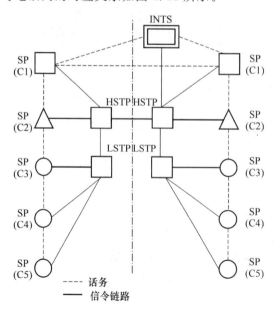

图 4.11　我国 No.7 信令网与电话网的对应关系

No.7 信令网是与电话网寄生和并存的网络,也就是说,物理实体是同一个网路,但从逻辑功能上又是两个不同的功能网路。

No.7 信令网是起支撑作用的网络,它们之间有着密切的关系。就五级结构的电话网而言,C1、C2、C3 及 C4 组成四级长途网,C5 为端局,所有这些交换中心都构成信令网的第三级 SP。

由于信令网是采用三级结构的网络,故它们之间存在着如何对应连接的问题。从信令连接的减少转接次数、信令转接点的负荷及容纳的信令点数量设计合理及其经济性,结合我国信令区的划分及整个信令网的网络管理等因素综合考虑:HSTP 设置在 C1 和 C2 交换中心所在地,汇集 C1 和 C2 级的信令点的信令业务及所属的 LSTP 的信令转接业务;LSTP 设置在 C3 交换中心所在地,汇接 C3、C4 及 C5 的信令点业务。

我国目前基本完成由长途网四级向二级的过渡。从上述的具体连接可以看出,这种电话网等级结构的演变不会影响信令网结构及连接方式的变化。

2. 我国 No.7 信令网中 HSTP、LSTP 及 SP 间的连接

如前所述,我国 No.7 信令网是采用三级信令网的信令网结构。我国的三级结构信令网由长途信令网和大、中城市本地信令网组成。其中,大、中城市本地信令网为二级结构信令网,相当于全国信令网的第二级(LSTP)和第三级(SP)。我国 No.7 信令网连接示意图如图 4.12 所示。

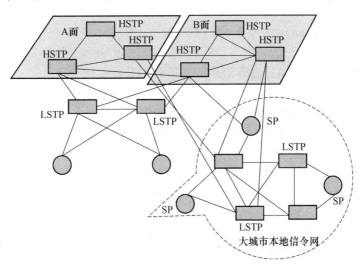

图 4.12　我国 No.7 信令网连接示意图

① HSTP 负责转接它所汇接的 LSTP 和 SP 的信令消息。由于 HSTP 的信令负荷较大,故应尽量采用独立的信令转接点方式。

② LSTP 负责转接本信令区各 SP 的信令消息,它既可采用独立的信令转接点方式,也可采用综合的信令转接点方式。如果信令区所对应的本地网较大,也应尽量采用独立的信令转接点方式。

各级信令转接点与信令点间的连接方式如下:

① HSTP 间采用 A、B 平面连接方式,这样既能保证一定的可靠性能,又能降低费用,A、B 平面间成对的 HSTP 相连;

② LSTP 与 HSTP 间采用分区固定的连接方式;

③ 各信令区内的 LSTP 间采用网状连接;

④ 各大、中城市的二级本地信令网中 SP 至 LSTP 的连接,根据情况可以采用随机自由连接方式,也可采用分区固定连接方式;

⑤ 未采用二级信令网结构的中、小城市的信令网中的 SP 至 LSTP 间的连接采用分区固定连接方式;

⑥ 信令网的连接中,每个信令链路组至少应包括两条信令链路;

⑦ 近期各信令点采用直联方式为主,待 No.7 信令网具备监控手段后逐步增加准直联比例。

3. 信令链路组织

信令链路组织方案如图 4.13 所示。

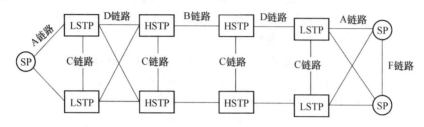

图 4.13　信令链路组织方案

No.7 信令网中各类链路的定义如下。

① A 链路(Access Link):为 SP 至所属 STP(HSTP 或 LSTP)间的信令链路。

② B 链路(Bridge Link):为两对 STP(HSTP 或 LSTP)间的信令链路。

③ C 链路(Cross Link):为一对 STP(HSTP 或 LSTP)间的信令链路。

④ D 链路(Diagonal Link):为 LSTP 至所属 HSTP 间的信令链路。

⑤ F 链路(Fully Associated Link):为 SP 间的直连信令链路。

4. 我国信令网中信令区的划分及信令转接点的设置

我国信令网中信令区的划分与我国三级信令网的结构相对应,在我国信令网中信令区的划分分为三级:主信令区、分信令区和信令点。

我国信令网划分为 33 个主信令区,每个主信令区内又划分为若干个分信令区。

各主信令区和分信令区及信令转接点的设置原则如下。

① 主信令区按中央直辖市、省和自治区设置,其 HSTP 一般设在直辖市、各省省会、自治区首府。一个主信令区内一般只设一对 HSTP。如果某些主信令区内信令业务量较大,一对 HSTP 不能满足信令点容量的要求,也可设置两对及两对以上的 HSTP。

② 分信令区的划分原则上是以一个地区或一个地级市为单位来划分。一个分信令区通常设置一对 LSTP。

4.3　数字同步网

4.3.1　数字同步网的基本概念及实现网同步方式

1. 数字网网同步的必要性

同步是指信号之间频率相同、相位上保持某种严格的特定关系。

在数字通信网中,传输链路和交换节点上流通和处理的都是数字信号的比特流,都具有特定的比特率。为实现链路之间和链路与交换节点之间的连接,最重要的是要使它们具有相同的时钟频率,所以,数字网同步就是使数字网中各数字设备内的时钟源相互同步,也称为数字网的网同步。

图 4.14 说明了用数字传输设备把两个数字交换系统互联起来的情况。

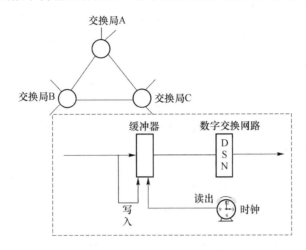

图 4.14　数字网示意图

图 4.14 中每个交换局都装有数字交换机,该图是将其中一个加以放大来说明其内部简要结构的。图中每个数字交换机都以等间隔数字比特流将消息送入传输系统,经传输链路传入另一个数字交换机,经转接后再传送给被叫用户。在每个交换机中数字信息流是以其流入的比特率接收并存储在缓冲器中,即以流入信息流的比特率作为缓冲器的写入时钟,而进入数字交换网路(DSN)的信息流的比特率又必须与本局的时钟速率一致,故缓冲器的读出时钟应是本局时钟。很明显,缓冲器的写入时钟速率和读出时钟速率必须相同,否则,将会产生以下两种传输信息差错的情况:

① 写入时钟速率大于读出时钟速率,将会造成存储器溢出,致使输入信息比特丢失;

② 写入时钟速率小于读出时钟速率,可能会造成某些比特被读出两次,即重复读出。产生以上两种情况都会造成帧错位,这种帧错位的产生就会使接收的信息流出现滑动。

由上述原因可知,在数字通信网中,输入各交换节点的数字信息流的比特速率必须与交换设备的时钟速率一致,否则在进行存储和交换处理时将会产生滑动。滑动将使所传输的信号受到损伤,影响通信质量,若速率相差过大,还可能使信号产生严重误码,直至中断通信。

2. 实现网同步的方式

目前提出的数字网的网同步方式主要有:准同步方式、主从同步方式和互同步方式。

(1)准同步方式

准同步方式工作时,各局都具有独立的时钟,且互不控制,为了使两个节点之间的滑动率低到可以接受的程度,应要求各节点都采用高精度与高稳定度的原子钟。

优点:比较简单,也容易实现,对网路的增设与改动都较灵活,发生故障也不会影响全网。

缺点:对时钟源性能要求高、价格昂贵;另外,准同步方式工作时由于没有时钟的相互控制,节点间的时钟总会有差异,故准同步方式工作时总会发生滑动,为此,应根据网中所传输业务的要求规定一定的滑动率。

目前,国际数字网的连接是采用准同步方式运行,在 ITU 的 G.811 建议中已规定了所有国际数字连接的国家出口数字交换局时钟稳定度指标为 1×10^{-11},这意味着在国际数字连接中两出口交换机之间每隔 70 天才可能出现一次滑动。

(2) 主从同步方式

主从同步方式是在网内某一主交换局设置高精度和高稳定度的时钟源,并以其作为主基准时钟的频率控制其他各局从时钟的频率,也就是数字网中的同步节点和数字传输设备的时钟都受控于主基准同步信息。

主从同步方式中同步信息可以包含在传送信息业务的数字比特流中,采用时钟提取的办法提取,也可以用指定的链路专门传送主基准时钟源的时钟信号。在从时钟节点及数字传输设备内,通过锁相环电路使其时钟频率锁定在主时钟基准源的时钟频率上,从而使网内各节点时钟都与主节点时钟同步。

主从同步网主要由主时钟节点、从时钟节点及传送基准时钟的链路组成。各从时钟节点内通过锁相环电路将本地时钟信号锁定于主时钟源的基准时钟频率上,其连接方式如图 4.15 所示。

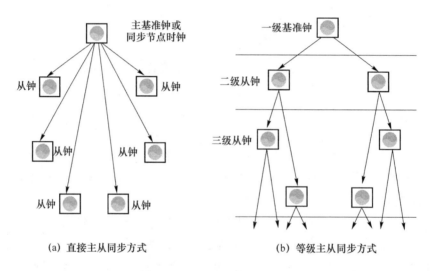

(a) 直接主从同步方式　　　　　　　(b) 等级主从同步方式

图 4.15　主从同步的连接方式

① 直接主从同步方式

图 4.15(a)所示为直接主从同步方式,各从时钟节点的基准时钟都由同一个主时钟源节点获取。这种方式一般用于在同一通信楼内设备的主从同步方式。

② 等级主从同步方式

图 4.15(b)所示是等级主从同步的连接方式,基准时钟是通过树状时钟分配网路逐级向下传输。在正常运行时通过各级时钟的逐级控制就可以达到网内各节点时钟都锁定于基准时钟,从而达到全网时钟统一。

等级主从同步方式的优点:

- 各同步节点和设备的时钟都直接或间接地受控于主时钟源的基准时钟,在正常情况下能保持全网的时钟统一,因而在正常情况下可以不产生滑动;
- 除作为基准时钟的主时钟源的性能要求较高之外,其余的从时钟源与准同步方式的独立时钟相比,对性能要求都较低,故而可以降低网路的建设费用。

等级主从同步方式的缺点：

- 在传送基准时钟信号的链路和设备中,如有任何故障或干扰,都将影响同步信号的传送,而且产生的扰动会沿传输途径逐段累积,产生时钟偏差;
- 当等级主从同步方式用于较复杂的数字网路时必须避免形成时钟传送的环路,尤其是在 SDH 系统的环型网或网型网的传输网时,由于有保护倒换和主备用定时信号的倒换,使同步网的规划和设计变得更为复杂。

我国的国内数字同步网就是采用等级主从同步方式。

（3）互同步方式

采用互同步方式实现网同步时,网内各局都设置自己的时钟,但这些时钟源都是受控的。在网内各局相互连接时,它们的时钟是相互影响、相互控制的,各局设置多输入端加权控制的锁相环电路,在各局时钟的相互控制下,如果网路参数选择适当,则全网的时钟频率可以达到一个统一的稳定频率,实现网内时钟的同步。

采用互同步方式的网络示意图如图 4.16所示。

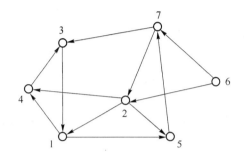

图 4.16　互同步网示意图

4.3.2　基准时钟源及受控时钟源

1. 基准时钟源

（1）基准时钟源

在数字同步网中,高稳定度的基准时钟是全网的最高级时钟源。符合基准时钟指标的基准时钟源可以是铯原子钟组和美国卫星全球定位系统(GPS)。

我国目前采用分布式多基准时钟源方式。北京设一个铯原子钟组,向北方地区提供基准时钟源,武汉设一个铯原子钟组,向中南地区提供基准时钟源。

铯原子钟,即铯束原子频率标准。它是一种高准确度、高稳定度的频率发生器,在各种频率系统中是作为标准频率源使用的。

由铯原子钟组构成的基准时钟源的简单框图如图 4.17 所示。

该基准时钟源是以铯时钟作为频率基准使用。为了安全可靠,实用的基准时钟系统一般由三套铯原子钟及相应的 2 048 kHz 处理器、频率转换装置、转换开关和频率测量单元组成。各套铯钟可以独立工作,也可以互相调换。振荡源产生具有良好的频率偏移率的频率标准,2 048 kHz 处理器和频率变换单元把频率基准变换成规定频率的定时信号,为了满足对基准时钟源可靠性、稳定性的要求,三套铯钟组独立工作,由频率测量单元进行比较或采用三中取二的大数判决方式选一套铯钟组为基准时钟。标准输出为 2 048 kHz,也可根据应用需要配置64 kHz、1 MHz、5 MHz 及 10 MHz 等信号。

（2）全球定位系统(GPS)

GPS(Globe Positioning System)是美国海军天文台设置的一套高精度全球卫星定位系统,提供的时间信号对世界协调时跟踪精度优于 100 ns。收到的信号经处理后可作为本地基准频率使用。

GPS 设备体积较小，其天线可装架在楼顶上，通过电缆引至机架上的接收器，可用来提供 2.048 Mbit/s 的基准时钟信号。

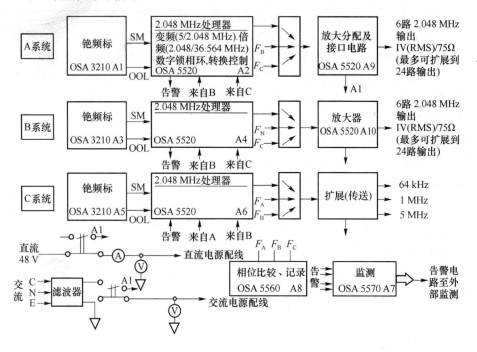

图 4.17　基准时钟构成框图

GPS 发送及接收系统示意图如图 4.18 所示。

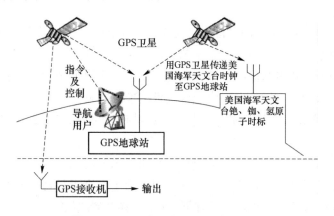

图 4.18　GPS 发送及接收系统示意图

2. 受控时钟源

数字同步网中的受控时钟源是指输出时钟信号频率和相位都被锁定在更高等级的时钟信号上，也就是受控时钟源输出的时钟是受高等级的时钟信号所控制的。在主从同步网中，受控时钟源也称为从钟。

（1）受控时钟源的构成

在主从同步数字网中，从节点的时钟源都是受控时钟源，它们都是受高一级的基准时钟或从输入的数字流中提取的基准时钟信息所控制，受控时钟源的核心部件是锁相环路，受控时钟源的构成框图如图 4.19 所示。

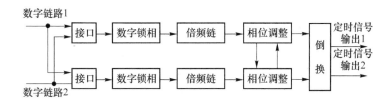

图 4.19　受控时钟源构成框图

　　为了保证从节点时钟的可靠性和准确性,通常由 2～3 个锁相环路构成时钟系统。对这 2～3 个锁相环路的输出是通过频率监测或采用大数判决方式选择准确度最好的经倒换开关倒换输出。

　　(2) 锁相环路

　　锁相环路又称锁相振荡器,基本构成如图 4.20 所示。

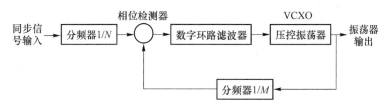

图 4.20　锁相振荡器构成框图

　　锁相振荡器主要由相位检测器、环路滤波器以及压控振荡器组成。为了配合外同步频率和压控振荡器的频率变换,使输入相位检测器的两个信号频率相等,还需要设置分频器,如图中 $1/N$、$1/M$ 分频器。

4.3.3　我国同步网的网络结构及组网原则

1. 同步网的组网方式及等级结构

　　我国数字同步网是采用等级主从同步方式,按照时钟性能可划分为四级,其等级主从同步方式示意图如图 4.21 所示。

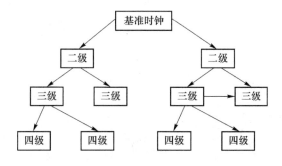

图 4.21　等级主从同步方式示意图

　　同步网的基本功能是应能准确地将同步信息从基准时钟源向同步网内的各下级或同级节点传递,通过主从同步方式使各从节点的时钟与基准时钟同步。我国同步时钟等级如表 4.1 所示。

表 4.1 我国同步时钟等级

类型	第一级		基准时钟	
长途网	第二级	A 类	一级和二级长途交换中心,国际局的局内综合定时供给设备时钟和交换设备时钟	在大城市内有多个长途交换中心时,应按它们在网内的等级相应地设置时钟
		B 类	三级和四级长途交换中心的局内综合定时供给设备时钟和交换设备时钟	
本地网	第三级		汇接局时钟和端局的局内综合定时供给设备时钟和交换设备时钟	
	第四级		远端模块、数字用户交换设备、数字终端设备时钟	

第一级:基准时钟。是数字网中最高质量的时钟,是网内唯一的主控时钟源,它作为全网的基准时钟,采用铯原子钟组实现。

第二级:为具有保持功能的高稳定度时钟,由受控的铷钟或高稳定度晶体钟实现。分为 A 类和 B 类,设置于一级(C1)和二级(C2)长途交换中心的通信楼综合定时供给系统的时钟属于 A 类时钟,它通过同步链路直接与基准时钟源相连并与之同步。设置于三级(C3)和四级(C4)长途交换中心的通信楼综合定时供给系统的时钟属于 B 类时钟,它通过同步链路受 A 类时钟控制,间接地与基准时钟源同步。

第三级:具有保持功能的高稳晶体时钟,其频率稳定度可低于二级时钟,通过同步链路受二级时钟控制并与之同步。三级时钟设置于汇接局和本地网端局。

第四级:一般晶体时钟。它通过同步链路受第三级时钟控制并与之同步。第四级时钟设置在远端模块、数字终端设备和数字用户交换设备。

为了加强管理,全国的同步网划分成若干个同步区,如图 4.22 所示。

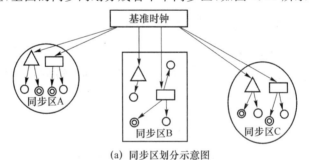

(a) 同步区划分示意图

(b) 邻近同步区备用时钟链路连接示意图

—— 主要基准传输链路
--- 备用基准传输链路(接受与其相邻近的另一个同步区的基准)
△ 有二级(A类)时钟的交换中心C2
◎ 有二级(B类)时钟的交换中心C3
○ 有二级(B类)时钟的交换中心C4

图 4.22 同步网分区示意图

同步区是同步网的子网,可以作为一个独立的实体对待。在不同的同步区内,按同步时钟等级也可以设置同步链路传递同步基准信息以作为备用。目前我国的同步区是以省和自治区来划分的,各省和自治区中心设二级基准时钟源作为省内和自治区内的基准时钟源组成省内和自治区内的数字同步网。

全国数字同步网的构成如图 4.23 所示。

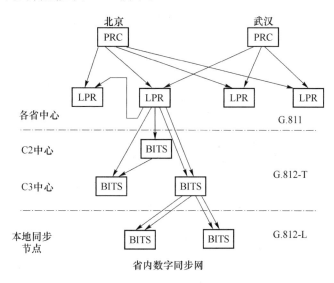

图 4.23　全国数字同步网的构成

同步网的主要特点如下。

(1) 国家数字同步网在北京、武汉各设置了一个铯原子钟组以作为高精度的基准时钟源,称为 PRC。

(2) 各省中心和自治区首府以上城市都设置可以接收 GPS 信号和 PRC 信号的地区基准时钟,称为 LPR。LPR 作为省、自治区内的二级基准时钟源。

(3) 当 GPS 信号正常时,各省中心的二级时钟以 GPS 信号为主构成 LPR,作为省内同步区的基准时钟源。

(4) 当 GPS 信号故障或降质时,各省的 LPR 则转为经地面数字电路跟踪北京或武汉的 PRC,实现全网同步。

(5) 各省和自治区的二级基准时钟 LPR 均由通信楼综合定时供给系统(BITS)构成。

(6) 局内同步时钟传输链路一般采用 PDH 2.048 Mbit/s 链路,因为 PDH 传输系统对于 2.048 Mbit/s 信号传输具有定时透明和损伤小的特点,而成为局间同步时钟传输链路的首选链路。在缺乏 PDH 链路而 SDH 已具备传送同步时钟的条件下,可以采用 STM-N 线路码流传送同步时钟信号。

2. 我国同步网的组网原则

在规划和设计数字同步网时必须考虑地域和网路业务情况,一般应遵循下列原则。

(1) 在同步网内应避免出现同步定时信号传输的环路。所谓定时信号传输环路如图 4.24 所示。

如图 4.24 所示,在三级同步网络中,当 5 局和 8 局或者 5 局和 9 局的主用定时链路发生故障,倒换至备用定时链路时,将在 5、8、9、7 和 10 局之间,或者在 5、9、7 和 10 局之间形成定时信号传输环路。

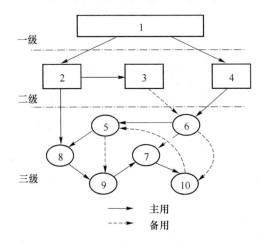

图 4.24　在同步网中出现定时信号传输环路示意图

定时环路的出现所造成的影响有:

① 定时信号传输发生环路后,环路内的定时时钟都脱离了上一级基准时钟的同步控制,影响了时钟输出信号的准确度;

② 环路内时钟形成自反馈,会造成频率不稳。

(2) 选择可用度最高的传输系统传送同步定时基准信号,并应尽量缩短同步定时链路的长度,以提高可靠性。

(3) 主、备用定时基准信号的传输应设置在分散的路由上,以防止主、备用定时基准传输链路同时出现故障。

(4) 受控时钟应从其高一级设备或同级设备获取定时基准时钟,不能从下一级设备中获取定时基准时钟。

(5) 同步网中同步性能的高低的决定因素之一就是通路上介入时钟同步设备的数量,因此,应尽量减少定时链路中介入时钟同步设备的数量。

3. 基准时钟信号的传送方式

(1) 采用 PDH 2.048 Mbit/s 专线,即在上、下级综合定时供给系统之间用 PDH 2.048 Mbit/s 专用链路传送同步基准信号。

(2) 采用 PDH 2.048 Mbit/s 传输业务信息的链路,利用上、下级交换机之间的 2.048 Mbit/s 传送业务信息流的中继电路传送同步定时基准信号,这时的同步定时基准信号是经时钟提取电路提取的。

(3) 在采用 SDH 传输系统时,是利用 SDH 线路码传送定时基准信号的。上级 SDH 设备已同步于该局的 BITS,通过 STM-N 线路码传送下级 SDH 设备,从信息码流中提取 2.048 Mbit/s 时钟信号作为本级 BITS 的同步基准信号。

4.4　电信管理网

4.4.1　电信管理网的基本概念

1. 电信网络管理

（1）网络管理的含义及演变

网络管理是实时或近实时地监视电信网路的运行，必要时采取控制措施，以达到在任何情况下，最大限度地使用网络中一切可以利用的设备，使尽可能多的通信得以实现。

电信网络管理的目标是最大限度地利用电信网路资源，提高网路的运行质量和效率，向用户提供良好的服务。

广义地说，网络管理包括业务管理、网路控制和设备监控，通常统称为网管系统。

网路管理系统可设置不同级别的网络管理中心，如可按本地网为范围建立一个网管中心，这个网管中心负责该本地网的管理，按它的管理范围和功能可以称为本地网管中心；也可以按一个省的长途网建立一个网管中心，负责本省长途网的管理，这个网管中心称为省网管中心。

（2）网管中心的构成

网路管理系统由多个网络管理中心和相应的传输线路组成，网管中心设备按作用可以分为三个部分：计算机系统、显示告警设备和操作终端。如图 4.25 所示。

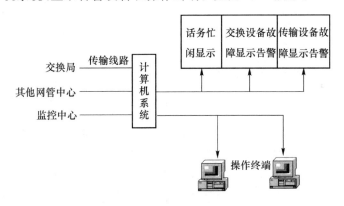

图 4.25　网管中心的构成

① 计算机系统

计算机系统是网管中心设备的核心，备有网路监测、控制的程序软件和数据库，存储了有关网路结构、路由数据、设备配置、交换局容量、迂回路由顺序等有关数据以及交换局和电路群负荷忙闲等级的门限值等。

网管中心接收从其他网管中心、监控中心和所辖区域的各交换局送来的话务数据和设备利用数据（如交换局处理机占用率、各电路群的话务量、电路群中开放使用的电路数等），进行汇总、处理，与门限值比较，判断设备和电路群的忙闲等级。一方面将忙闲等级送给显示设备，显示出网络中各交换局、各路由的忙闲状况，以供管理人员直观地监视；另一方面将信息存储起来，按主管部门要求进行话务统计，制成各种汇总表，作为网络规划和电路调整的基础数据。

② 显示告警设备

可显示出网络中交换局和局间中继电路的负荷忙闲等级，传输设备、交换设备等发生重大故障时显示故障部位并发出告警,以供管理人员监视。

③ 操作终端

由管理人员操作,当发生不正常情况或操作人员需要时,操作人员可以通过键盘操作跟踪,调查详细数据,分析产生不正常的原因,并在需要时对网路实行控制以输入控制指令。

(3) 电信网络管理技术的发展

电信网络管理的思想随着电信网路的发展而不断演进。

传统的网络管理思想是将整个电信网路分成不同的"专业网"进行管理,如分成用户接入网、信令网、交换网、传输网等分别进行管理,如图 4.26 所示。

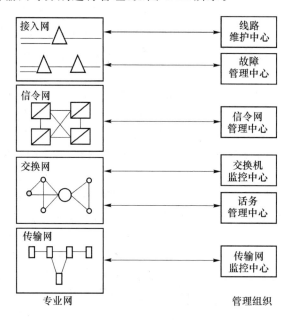

图 4.26　传统网络管理结构

这种管理结构是对不同的"专业网路"设置不同的监控管理中心,这些监控管理中心只对本专业网路中的设备及运行情况监控和管理。

由于这些监控管理中心往往属于不同部门,缺乏统一的管理目标;另外这些专业网路往往又使用了仅用于其专业网内的专用管理系统,有时还可能在同一专业网内由于设备制式不同而采用不同的管理系统,故这些系统之间很难互通,因此造成各中心不能共享数据和管理信息。同时,在一个专业网中出现的故障或降质还可能影响到其他专业网的性能。

采用这种专业网路管理方式会增加对整个网路故障分析和处理的难度,导致故障排除缓慢和效率低下。

为解决传统网路管理方法的缺陷,现代网路管理思想采用系统控制的观点:将整个电信网路看成是一个由一系列传送业务的互相连接的动态系统构成的模型。

网络管理的目标就是通过实时监视和控制各子系统资源,以确保端到端用户业务的质量。

为了适应电信网络及业务当前和未来发展的需要,人们提出了电信管理网(TMN)的概念。

2. TMN 的基本定义及其应用

国际电信联盟(ITU)在 M.3010 建议中指出:电信管理网的基本概念是提供一个有组织的网络结构,以取得各种类型的操作系统之间、操作系统与电信设备之间的互联,如图 4.27 所示。

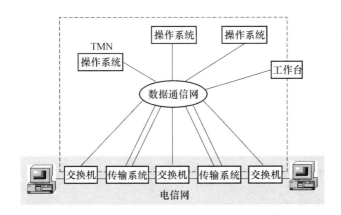

图 4.27 TMN 与电信网的总体关系

数据通信网(DCN)提供管理系统与被管理的网元之间的数据通信能力,DCN 装有 Q3 接口,它采用 X.25 规程实现 OSI 的一、二及三层功能。

TMN 的应用可以涉及电信网及电信业务管理的许多方面,从业务预测到网络规划,从电信工程、系统安装到运行维护、网路组织,从业务控制和质量保证到电信企业的事务管理等,都是它的应用范围。

TMN 可进行管理的比较典型的电信业务和电信设备有:

① 公用网和专用网(包括 ISDN、移动网、数据网、电话网、虚拟专用网以及智能网等);

② TMN 本身;

③ 各种传输终端设备(复用器、交叉连接、ADM 等);

④ 数字和模拟传输系统(电缆、光纤、无线、卫星等);

⑤ 各种交换设备(电话交换机、数据交换机、ATM 交换机);

⑥ 承载业务及电信业务;

⑦ PBX 接入及用户终端;

⑧ ISDN 用户终端;

⑨ 相关的电信支撑网(No.7 信令网、数字同步网)。

TMN 通过监测、测试和控制这些实体还可用于管理下一级的分散实体和业务,如电路和由网元组提供的业务。

4.4.2 TMN 的功能

与 TMN 相关的功能一般可分为两部分:TMN 的一般功能和 TMN 的应用功能。

1. TMN 的一般功能

TMN 的一般功能是传送、存储、安全、恢复、处理及用户终端支持等,是对 TMN 应用功能的支持。

2. TMN 的应用功能

指 TMN 为电信网及电信业务提供的一系列管理功能,主要划分为以下 5 种。

(1)性能管理

性能管理是提供对电信设备的性能和网路或网路单元的有效性进行评价,并提出评价报告的一组功能,网路单元由电信设备和支持网路单元功能的支持设备组成,并有标准接口。

典型的网络单元是交换设备、传输设备、复用器、信令终端等。

ITU-T 对性能管理已经有定义的功能,包括以下 3 个方面。

① 性能监测功能:指连续收集有关网路单元性能的数据。

② 负荷管理和网络管理功能:TMN 从各网路单元收集负荷数据,并在需要时发送命令到各网路单元重新组合电信网或修改操作,以调节异常的负荷。

③ 服务质量观察功能:TMN 从各网路单元收集服务质量数据并支持服务质量的改进。

(2) 故障(或维护)管理

故障管理是对电信网的运行情况异常和设备安装环境异常进行监测、隔离和校正的一组功能。

ITU-T 对故障(或维护)管理已经有了定义的功能,包括以下 3 个方面。

① 告警监视功能:TMN 以近实时的方式监测网路单元的失效情况。当这种失效发生时,网路单元给出指示,TMN 确定故障性质和严重程度。

② 故障定位功能:当初始失效信息对故障定位不够用时,就必须扩大信息内容,由失效定位例行程序利用测试系统获得需要的信息。

③ 测试功能:这项功能是在需要时或提出要求时或作为例行测试时进行。

(3) 配置管理功能

配置管理功能包括提供状态和控制及安装功能。对网路单元的配置、业务的投入、开/停业务等进行管理,对网路的状态进行管理。

配置管理功能包括以下 3 个方面。

① 保障功能:包括设备投入业务所必需的程序,但是它不包括设备安装。一旦设备准备好,投入业务,TMN 中就应该有它的信息。保障功能可以控制设备的状态,如开放业务、停开业务、处于备用状态或者恢复等。

② 状况和控制功能:TMN 能够在需要时立即监测网路单元的状况并实行控制。例如,校核网路单元的服务状态,改变网路单元的服务状况,启动网路单元内的诊断测试等。

③ 安装功能:这项功能对电信网中设备的安装起支持作用。例如,增加或减少各种电信设备时,TMN 内的数据库要及时把设备信息装入或更新。

(4) 计费管理功能

计费管理功能可以测量网络中各种业务的使用情况和使用的费用,并对电信业务的收费过程提供支持。计费功能是 TMN 内的操作系统能从网路单元收集用户的资费数据,以便形成用户账单。这项功能要求数据传送非常有效,而且要有冗余数据传送能力,以便保持记账信息的准确。对大多数用户而言,必须经常地以近实时方式进行处理。

(5) 安全管理功能

安全管理主要提供对网路及网络设备进行安全保护的能力。主要有接入及用户权限的管理,安全审查及安全告警处理。

4.4.3 电信管理网的体系结构

1. TMN 的应用功能与逻辑分层

TMN 主要从 3 个方面界定电信网路的管理:管理层次、管理功能和管理业务。这一界定方式也称为 TMN 的逻辑分层体系结构,具体划分如图 4.28 所示。

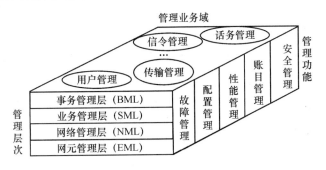

图 4.28　TMN 的层次、功能和业务域

　　TMN 采用分层管理的概念,将电信网路的管理应用功能划分为 4 个管理层次:事务管理层、业务管理层、网路管理层和网元管理层。

　　TMN 同时采用 OSI 系统管理功能定义,提出在前一节中所讨论的电信网络管理的基本功能包括:性能管理、配置管理、账目管理、故障管理和安全管理

　　从网路经营和管理角度出发,为支持电信网路的操作维护和业务管理,TMN 定义了多种管理业务,包括:用户管理、用户接入网管理、交换网管理、传输网管理和信令网管理等。

　　TMN 管理分层的 4 个层次的主要功能如下。

　　① 事务管理:由支持整个企业决策的管理功能组成,如产生经济分析报告、质量分析报告、任务和目标的决定等。

　　② 业务管理:包括业务提供、业务控制与监测以及与业务相关的计费处理,如电话交换业务、数据通信业务、移动通信业务等。

　　③ 网络管理:提供网上的管理功能,如网路话务监视与控制,网路保护路由的调度,中继路由质量的监测,对多个网元故障的综合分析、协调等。

　　④ 网元管理:包括操作一个或多个网元的功能,交换机、复用器等的远端操作维护,设备软件、硬件的管理等。

2. TMN 的主要特点及使用效益

　　TMN 是一个高度强调标准化的网络,这种标准化体现在 TMN 的体系结构和接口标准上。基于 TMN 标准的电信管理网中,每一个系统的设计都遵循开放体系标准,系统的内部功能实现是面向对象的,因此系统软件具有良好的重用性,可以克服传统管理网路的弊端。

　　TMN 是一个演进的网络,它是在各专业网络管理的基础上发展起来的统一的、综合的管理网路。TMN 的出发点是建立一个各种网路管理系统互联的网络,管理各种各样的电信网路,包括监视、调整、减少人工的干预,解决接口的标准化问题,实现管理不同厂家的设备,减少由于新技术的引进对管理系统带来的根本性改变,以达到一种逐渐演进的目的。

小　　结

1. 电信支撑网

　　支撑网路是指能使电信业务网路正常运行的、起支撑作用的网络。它能增强网络功能、提高全网服务质量,以满足用户要求。在支撑网中传送的是相应的控制、监测等信号。

No.7 信令网、数字同步网、电信管理网是现代电信网的三个支撑网。

2. No.7 信令网的组成及网路结构

(1)信令网的组成

信令网由信令点(SP)、信令转接点(STP)以及连接它们的信令链路组成。

SP 是信令消息的源点和目的地点,它可以是各种交换局,也可以是各种特服中心,如运行、管理、维护中心等。

STP 是将一条信令链路上的信令消息转发至另一条信令链路上去的信令转接中心。在信令网中,信令转接点可以是只具有信令消息转递功能的信令转接点,称为独立信令转接点,也可以是具有用户部分功能的信令转接点,即具有信令点功能的信令转接点,称为综合信令转接点。

信令链路是信令网中连接信令点的最基本部件,目前基本上是 64 kbit/s 数字信令链路。

(2)信令网的结构

No.7 信令网可分为无级网和分级网。无级信令网是指未引入信令转接点的信令网,分级信令网是指使用信令转接点的信令网。

分级信令网是使用信令转接点的信令网。分级信令网按等级划分又可划分为二级信令网和三级信令网。二级信令网是由一级 STP 和 SP 构成,三级信令网是由两级信令转接点,即HSTP(高级信令转接点)和 LSTP(低级信令转接点),以及 SP 构成。

3. 信令网结构的选择

主要取决于下述因素。

(1)信令网容纳的信令点数量

(2)信令转接点设备的容量

信令转接点设备容量可用两个参数来表示:一是该信令转接点可以连接的信令链路的最大数量;二是信令处理能力,即每秒可以处理的最大消息信令单元的数量(单位:MSU/s)。

(3)冗余度

信令网的冗余度是指信令网的备份程度。

4. STP 间的连接方式

对 STP 间的连接方式的基本要求是在保证信令转接点信令路由尽可能多的同时,信令连接过程中经过的信令转接点转接的次数尽可能的少。符合这一要求并且得到实际应用的连接方式有网状连接方式和 A、B 平面连接方式。

网状连接的主要特点是各 STP 间都设置直达信令链路,在正常情况下 STP 间的信令连接可不经过 STP 的转接。这种网状连接方式的安全可靠性较好,且信令连接的转接次数也少,但这种网状连接的经济性较差。

A、B 平面连接方式是网状连接的简化形式。A、B 平面连接的主要特点是 A 平面或 B 平面内部的各个 STP 间采用网状相连,A 平面和 B 平面之间则成对的 STP 相连。

我国从组网的经济性考虑,在保证信令网可靠性的前提下,HSTP 间连接也是采用了 A、B 平面的连接方式。

5. SP 与 STP 间的连接方式

SP 与 STP 间的连接方式分为分区固定连接(或称配对连接)和随机自由连接(或称按业务量大小连接)两种方式。

6. 我国信令网的网络结构及组网原则

我国 No. 7 信令网采用三级结构,第一级为 HSTP,第二级为 LSTP,第三级为 SP。

我国的三级结构信令网是由长途信令网和大、中城市本地信令网组成。其中,大、中城市本地信令网为二级结构信令网,相当于全国信令网的第二级(LSTP)和第三级(SP)。

HSTP 负责转接它所汇接的 LSTP 和 SP 的信令消息。由于 HSTP 的信令负荷较大,故应尽量采用独立的信令转接点方式。LSTP 负责转接本信令区各 SP 的信令消息,它既可采用独立的信令转接点方式,也可采用综合的信令转接点方式。如果信令区所对应的本地网较大,也应尽量采用独立的信令转接点方式。

各级信令转接点与信令点间的连接方式如下:

(1) HSTP 间采用 A、B 平面连接方式,A、B 平面间成对的 HSTP 相连;

(2) LSTP 与 HSTP 间采用分区固定的连接方式;

(3) 各信令区内的 LSTP 间采用网状连接;

(4) 各大、中城市的二级本地信令网中 SP 至 LSTP 的连接,根据情况可以采用随机自由连接方式,也可采用分区固定连接方式;

(5) 未采用二级信令网结构的中、小城市的信令网中的 SP 至 LSTP 间的连接采用分区固定连接方式;

(6) 信令网的连接中,每个信令链路组至少应包括两条信令链路;

(7) 近期各信令点采用直联方式为主,待 No. 7 信令网具备监控手段后逐步增加准直联比例。

7. 数字同步网的基本概念及实现网同步方式

(1) 数字网网同步的必要性

同步是指信号之间频率相同、相位上保持某种严格的特定关系。

在数字通信网中,传输链路和交换节点上流通和处理的都是数字信号的比特流,都具有特定的比特率。为实现链路之间和链路与交换节点之间的连接,最重要的是要使它们能协调地工作。这个协调最首要的就是相互连接的设备所处理的信号都应具有相同的时钟频率,所以,数字网同步就是使数字网中各数字设备内的时钟源相互同步,也称为数字网的网同步。

在数字通信网中用数字传输设备把两个数字交换系统互联起来。

在每个交换机中数字信息流是以其流入的比特率接收并存储在缓冲器中(即以流入信息流的比特率)作为缓冲器的写入时钟,而进入数字交换网路(DSN)的信息流的比特率又必须与本局的时钟速率一致,故缓冲器的读出时钟应是本局时钟。很明显,缓冲器的写入时钟速率和读出时钟速率必须相同,否则,将会产生以下两种传输信息差错的情况:

① 写入时钟速率大于读出时钟速率,将会造成存储器溢出,致使输入信息比特丢失;

② 写入时钟速率小于读出时钟速率,可能会造成某些比特被读出两次,即重复读出。

产生以上两种情况都会造成帧错位,这种帧错位的产生就会使接收的信息流出现滑动。

(2) 实现网同步的方式

日前提出的数字网的网同步方式主要有:准同步方式、主从同步方式和互同步方式。

① 准同步方式

准同步方式工作时,各局都具有独立的时钟,且互不控制,为了使两个节点之间的滑动率低到可以接受的程度,应要求各节点都采用高精度与高稳定度的原子钟。这种方法的优点是比较简单,也容易实现,对网路的增设与改动都较灵活,发生故障也不会影响全网。缺点是对时钟源性能要求高、价格昂贵;另外,准同步方式工作时由于没有时钟的相互控制,节点间的时钟总会有差异,故准同步方式工作时总会发生滑动,为此,应根据网中所传输业务的要求规定一定的滑动率。

目前,国际数字网的连接是采用准同步方式运行,在 ITU 的 G.811 建议中已规定了所有国际数字连接的国家出口数字交换局时钟稳定度指标为 1×10^{-11} 这就意味着在国际数字连接中两出口交换机之间每隔 70 天才可能出现一次滑动。

② 主从同步方式

主从同步方式是在网内某一主交换局设置高精度和高稳定度的时钟源,并以其作为主基准时钟的频率控制其他各局从时钟的频率,也就是数字网中的同步节点和数字传输设备的时钟都受控于主基准的同步信息。包括:直接主从同步方式;等级主从同步方式。

③ 互同步方式

采用互同步方式实现网同步时,网内各局都设置自己的时钟,但这些时钟源都是受控的。在网内各局相互连接时,它们的时钟是相互影响、相互控制的,各局设置多输入端加权控制的锁相环电路,在各局时钟的相互控制下,如果网路参数选择适当,则全网的时钟频率可以达到一个统一的稳定频率,实现网内时钟的同步。

8. 我国同步网的网络结构

我国数字同步网是采用等级主从同步方式,按照时钟性能可划分为四级。

9. 我国同步网的组网原则

(1) 在同步网内应避免出现同步定时信号传输的环路。

(2) 选择可用度最高的传输系统传送同步定时基准信号,并应尽量缩短同步定时链路的长度,以提高可靠性。

(3) 主、备用定时基准信号的传输应设置在分散的路由上,以防止主、备用定时基准传输链路同时出现故障。

(4) 受控时钟应从其高一级设备或同级设备获取定时基准时钟,不能从下一级设备中获取定时基准时钟。

(5) 同步网中同步性能的高低(即同步时钟的稳定度和准确度)的决定因素之一就是通路上介入时钟同步设备的数量,因此,应尽量减少定时链路中介入时钟同步设备的数量。

10. 基准时钟信号的传送方式

(1) 采用 PDH 2.048 Mbit/s 专线,即在上、下级综合定时供给系统之间用 PDH 2.048 Mbit/s 专用链路传送同步基信号。

(2) 采用 PDH 2.048 Mbit/s 传输业务信息的链路,即上、下级交换机已同步于该楼内的 BITS 时,利用上、下级交换机之间的 2.048 Mbit/s 传送业务信息流的中继电路传送同步定时基准信号,这时的同步定时基准信号是经时钟提取电路提取的。

(3) 在采用 SDH 传输系统时,是利用 SDH 线路码传送定时基准信号的。上级 SDH 设备已同步于该局的 BITS,通过 STM-N 线路码传送下级 SDH 设备,从信息码流中提取 2.048 Mbit/s 时钟信号作为本级 BITS 的同步基准信号。

11. 网络管理的含义

网络管理是实时或近实时地监视电信网路的运行,必要时采取控制措施,以达到在任何情况下,最大限度地使用网络中一切可以利用的设备,使尽可能多的通信得以实现。

电信网络管理的目标是最大限度地利用电信网路资源,提高网路的运行质量和效率,向用户提供良好的服务。

12．网管中心的构成

网路管理系统由多个网络管理中心和相应的传输线路组成，网管中心设备按作用可以分为计算机系统、显示告警设备和操作终端三个部分。

计算机系统是网管中心设备的核心，备有网路监测、控制的量程序软件和数据库，存储了有关网路结构、路由数据、设备配置、交换局容量、迂回路由顺序等有关数据以及交换局和电路群负荷忙闲等级的门限值等。

显示告警设备可显示出网中交换局和局间中继电路的负荷忙闲等级，传输设备、交换设备等发生重大故障时显示故障部位并出告警，以供管理人员监视。

操作终端由管理人员操作，当发生不正常情况或操作人员需要时，操作人员可以通过键盘操作跟踪，调查详细数据，分析产生不正常的原因，并在需要时对网路实行控制以输入控制指令。

13．TMN 的基本定义

国际电信联盟(ITU)在 M.3010 建议中指出：电信管理网的基本概念是提供一个有组织的网络结构，以取得各种类型的操作系统之间、操作系统与电信设备之间的互联。

电信网络管理的目标是要最大限度地利用电信网路资源，提高网路的运行质量和效率，向用户提供良好的电信服务。电信管理网是建立在基础电信网路和业务之上的管理网路，是实现各种电信网路与业务管理功能的载体。建设电信管理网的目的，就是要加强对电信网及电信业务的管理，实现运行、维护、经营、管理的科学化和自动化。

14．TMN 的功能

(1) 性能管理

ITU-T 对性能管理有定义的功能，包括以下 3 个方面。

① 性能监测功能

指连续收集有关网路单元性能的数据。

② 负荷管理和网路管理功能

TMN 从各网路单元收集负荷数据，并在需要时发送命令到各网路单元重新组合电信网或修改操作，以调节异常的负荷。

③ 服务质量观察功能

TMN 从各网络单元收集服务质量数据并支持服务质量的改进。

(2) 故障(或维护)管理

故障管理是对电信网的运行情况异常和设备安装环境异常进行监测、隔离和校正的一组功能。ITU-T 对故障(或维护)管理已经有了定义的功能，包括以下 3 个方面。

① 告警监视功能

TMN 以近实时的方式监测网路单元的失效情况。当这种失效发生时，网路单元给出指示，TMN 确定故障性质和严重程度。

② 故障定位功能

当初始失效信息对故障定位不够用时，就必须扩大信息内容，由失效定位例行程序利用测试系统获得需要的信息。

③ 测试功能

这项功能是在需要时或提出要求时或作为例行测试时进行。

（3）配置管理功能

配置管理功能包括提供状态和控制及安装功能。对网路单元的配置、业务的投入、开/停业务等进行管理，对网路的状态进行管理。

配置管理功能包括以下 3 个方面。

① 保障功能

保障功能包括设备投入业务所必需的程序，但是它不包括设备安装。一旦设备准备好，投入业务，TMN 中就应该有它的信息。保障功能可以控制设备的状态，如开放业务、停开业务、处于备用状态或者恢复等。

② 状况和控制功能

TMN 能够在需要时立即监测网路单元的状况并实行控制。例如，校核网路单元的服务状态，改变网路单元的服务状况，启动网路单元内的诊断测试等。

③ 安装功能

这项功能对电信网中设备的安装起支持作用。例如，增加或减少各种电信设备时，TMN 内的数据库要及时把设备信息装入或更新。

（4）计费管理功能

计费功能可以测量网络中各种业务的使用情况和使用的费用，并对电信业务的收费过程提供支持。计费功能是 TMN 内的操作系统能从网路单元收集用户的资费数据，以便形成用户账单。这项功能要求数据传送非常有效，而且要有冗余数据传送能力，以便保持记账信息的准确。对大多数用户而言，必须经常地以近实时方式进行处理。

（5）安全管理功能

安全管理主要提供对网络及网路设备进行安全保护的能力。主要有接入及用户权限的管理，安全审查及安全告警处理。

复 习 题

1. 简述公共信道信令系统的基本概念及主要特点。

2. 概述 No.7 信令网的组成及基本概念。

3. No.7 信令网有哪几种基本结构？其主要特点是什么？

4. 信令网结构的选择应考虑哪些因素？

5. 分级信令网的容量与哪些因素有关？

6. 简述信令网中的连接方式。

7. 简述我国 No.7 信令网的网络结构及与电话网的对应关系。

8. 简述我国 No.7 信令网的组网原则。

9. 什么是信令路由？信令路由分哪几类？

10. 什么是数字网的网同步？在数字网中为什么需要网同步？

11. 在数字通信网中，滑动是如何产生的？对通信有什么影响？

12. 实现网同步有哪几种方式？我国数字网同步采用哪种方式？

13. 简要说明准同步方式和主从同步方式的基本概念。

14. 受控时钟源自哪几个部分构成？各部分主要功能是什么？

15. 受控时钟源的技术性能参数有哪几项？其含义是什么？

16. 说明 BITS 的基本构成及各构成部分的基本功能。

17. 简要说明我国数字同步网的网络结构及同步等级。

18. 什么是电信网络管理？电信网络管理的目的是什么？

19. 网管中心由哪几个部分构成？各构成部分的主要功能是什么？

20. 简要说明 TMN 的基本概念。

21. TMN 的主要管理功能是什么？简要说明其含义。

第 5 章

用户接入网技术

近些年来,国际电信联盟标准部(ITU-T)已正式采用用户接入网(简称接入网)的概念。本章的主要内容就是讨论接入网及其相关技术,包括:

(1) 接入网的基本概念、定义、功能模型及接入网的分类;

(2) 有线接入网,包括铜线接入网、光纤接入网、混合光纤/同轴接入网;

(3) 无线接入网,包括固定无线接入网、移动无线接入网。

5.1 接入网的基本概念

5.1.1 接入网的演变及发展

传统的电信网一直是以电话网为基础的,电话业务占整个电信业务的主要地位。多年来电话网一直是以交换为中心,干线传输和中继传输为骨干构成的分级电话网结构。

电话网从整体结构上,分为长途网和本地网。在本地网中,本地交换机到每个用户的业务分配是通过铜双绞线来实现的。这一分配网路称为用户线或称为用户环路,具体结构示例如图 5.1 所示。

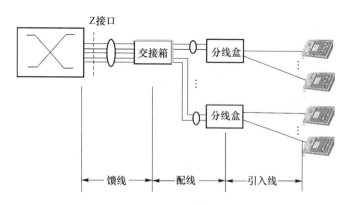

图 5.1 传统电话网用户环路结构示例

如图 5.1 所示,一个交换机可以连接许多不同的用户,对应不同用户的多条用户线就可组成树状结构的本地用户网。

　　进入 20 世纪 80 年代后,随着经济的发展和人们生活水平的提高,整个社会对信息的需求日益增加,传统的电话通信已不能满足要求。为了满足社会对信息的需求,相应地出现了多种非话音业务,如数据、可视图文、电子信箱、会议电视等。

　　新业务的出现促进了电信网的发展,传统电话网的本地用户环路已不能满足要求。因此,为了适应新业务发展的需要,用户环路也要向数字化、宽带化等方向发展,并要求用户环路能灵活、可靠、易于管理等。

　　近几年来各种用户环路新技术的开发与应用发展较快,复用设备、数字交叉连接设备、用户环路传输系统,如光环路传输等的引入,也都增强了用户环路的功能和能力。在这种情况下,提出了接入网的概念。

　　接入网是由传统的用户环路发展而来,是用户环路的升级,是电信网的一部分,接入网在电信网中的位置如图 5.2 所示。

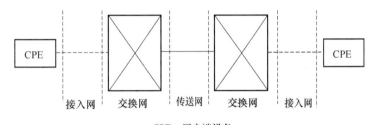

CPE:用户端设备

图 5.2　接入网在整个电信网中的位置

　　接入网是电信网的组成部分,负责将电信业务透明地传送到用户,即用户通过接入网的传输,能灵活地接入到不同的电信业务节点上。

　　接入网处于电信网的末端,为本地交换机与用户终端之间的连接部分,它包括本地交换机与用户终端设备之间的所有实施设备与线路,通常由用户线传输系统、复用设备、交叉连接设备等部分组成。

　　对多种业务的连接及功能示意如图 5.3 所示。

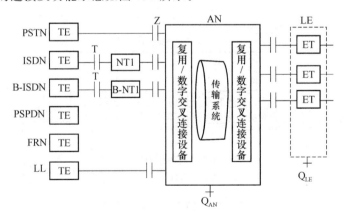

图 5.3　接入网对多种业务的接入连接及功能示意

　　图 5.3 中:PSTN 为公用电话网;ISDN 为综合业务数字网;B-ISDN 为宽带综合业务数字网;PSPDN 为分组交换数据网;FRN 为帧中继网;L.L 为租用线;LE 为本地交换设备;TE 为终端设备;ET 为交换设备;AN 为接入网。

　　引入接入网的目的就是为通过有限种类的接口,利用多种传输媒介,灵活地支持各种不同接入类型的业务。

5.1.2 接入网的定义及功能模型

1. 接入网的定义与定界

ITU-T13 组于 1995 年 7 月通过了关于接入网框架结构方面的新建议 G.902,其中对接入网的定义是:接入网由业务节点接口(SNI)和用户网络接口(UNI)之间的一系列传送实体(如线路设施和传输设施)组成,为供给电信业务而提供所需传送承载能力的实施系统。

接入网所覆盖的范围由 3 个接口定界,如图 5.4 所示。

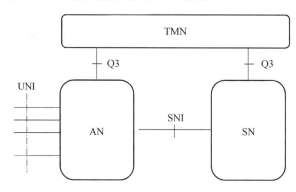

图 5.4 接入网的定界

网络侧经业务节点接口(SNI)与业务节点(SN)相连;用户侧经用户网络接口(UNI)与用户相连;管理方面则经 Q3 接口与电信管理网(TMN)相连。

2. 接入网的功能模型

接入网的功能结构分成 5 个基本功能组:用户口功能(UPF)、业务口功能(SPF)、核心功能(CF)、传送功能(TF)和 AN 系统管理功能(SMF)。

接入网功能结构示意图如图 5.5 所示。

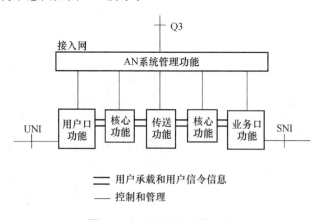

图 5.5 接入网功能结构示例

(1) 用户口功能

用户口功能的主要作用是将特定的 UNI 要求与核心功能和管理功能相适配。它的主要功能是:

- 终结 UNI 功能;
- A/D 转换和信令转换;

- UNI 的激活/去激活；
- UNI 承载通路/承载能力的处理；
- UNI 的测试和 UPF 的维护；
- 管理和控制功能。

（2）业务口功能

业务口功能的主要作用是将特定 SNI 规定的要求与公用承载通路相适配以便核心功能处理，也负责选择有关的信息以便在 AN 系统管理功能中进行处理。它的主要功能是：

- 终结 SNI 功能；
- 将承载通路的需要和即时的管理及操作需要映射进核心功能；
- 对特定的 SNI 所需要的协议作协议映射；
- SNI 的测试和 SPF 的维护；
- 管理和控制功能。

（3）核心功能

核心功能模块处于 UPF 和 SPF 之间，其主要作用是负责将个别用户承载通路或业务口承载通路的要求与公用传送承载通路相适配。其主要功能还包括了对 AN 传送所需要的协议适配和复用所进行的对协议承载通路的处理。核心功能可以在 AN 内分配。具体的核心功能是：

- 接入承载通路的处理；
- 承载通路集中；
- 信令和分组信息复用；
- ATM 传送承载通路的电路模拟；
- 管理和控制功能。

（4）传送功能

传送功能是为 AN 中不同地点之间公用承载通路的传送提供通道，也为所传输媒介提供媒介适配功能。它的主要功能是：

- 复用功能；
- 交叉连接功能；
- 管理功能；
- 物理媒介功能。

（5）AN 系统管理功能（AN-SMF）

AN-SMF 的主要作用是协调 AN 内 UPF、SPF、CF 和 TF 的指配、操作和维护，也负责协调用户终端（经 UNI）和业务节点（经 SNI）的操作功能。它的主要功能是：

- 配置和控制功能；
- 指配协调功能；
- 故障检测和指示功能；
- 用户信息和性能数据收集功能；
- 安全控制功能；
- 对 UPF 和 SN 协调的即时管理和操作功能；
- 资源管理功能。

AN-SMF 经 Q3 接口与 TMN 通信，以便接受监视/或接受控制，同时为了实时控制的需要也经 SNI 与 SN-SMF 进行通信。

3. 接入网接口的类型

接入网有以下 3 种主要接口：

- 用户网络接口（UNI）；
- 业务节点接口（SNI）；
- 维护管理接口（Q3）。

① 用户网络接口

用户网络接口主要包括：

- 模拟 2 线音频接口；
- 64 kbit/s 接口；
- 2.048 Mbit/s 接口；
- ISDN 基本速率接口（BRI）；
- 基群速率接口（PRI）等。

② 业务节点接口

业务节点接口是接入网（AN）和业务节点（SN）之间的接口。

业务节点 SN 是提供业务的实体，是一种可以接入各种交换型/或半永久连接型电信业务的网元，可提供规定业务的 SN 可以是本地交换机、租用线业务节点或特定配置情况下的点播电视和广播电视业务节点等。

AN 允许与多个 SN 相连，这样 AN 既可以接入分别支持特定业务的单个 SN，又可以接入支持相同业务的多个 SN，而且如果 AN-SNI 侧和 SN-SNI 侧不在同一地方，可以通过透明传送通道实现远端连接。

业务节点接口主要有两种：

- 模拟接口（Z 接口），它对应于 UNI 的模拟 2 线音频接口，提供普通电话业务或模拟租用线业务。
- 数字接口（V5 接口），它又包含 V5.1 接口和 V5.2 接口，以及对节点机的各种数据接口或各种宽带业务接口。

目前广泛应用的是数字接口（V5 接口），下面具体介绍 V5 接口。

V5 接口作为一种标准化的、完全开放的接口，用于接入网数字传输系统和数字交换机之间的配合。根据接口容纳的链路数目和有无集线功能的不同，V5 接口又分为 V5.1 和 V5.2 接口：V5.1 接口由一个 2.048 Mbit/s 链路组成，这种情况下 AN 不含集线功能；V5.2 支持 1～16 个 2.048 Mbit/s 链路，这时 AN 具有集线功能。V5 接口的连接示意图如图 5.6 所示。

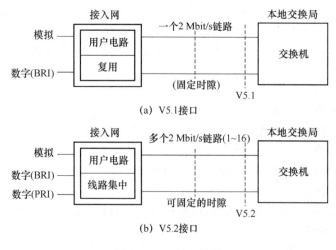

图 5.6　V5 接口连接

V5 接口的接入方式如下。

- 电话网用户的接入——V5 接口支持一个模拟用户的接入,也支持用户交换机的接入,其中的用户信令可以是双音多频信号或是线路状态信号,并且对用户的附加业务没有影响。
- ISDN 的接入——ISDN 用户能以 2B＋D 方式接入,即 BRI 接入;也可以使用 30B＋D 方式接入,即 PRI 接入。B 通路的承载业务和补充业务均不受限制,D 通路的分组业务和补充业务也不受限制。
- 专线——用于没有带外信令的半永久租用线路或永久租用线路,可以是模拟用户,也可以是数字用户。半永久租用线路通过 V5 接口,永久租用线路旁通 V5 接口。

图 5.7 给出了 V5 接口的功能描述,表示通过 V5 接口需传递的信息及所实现的控制功能。

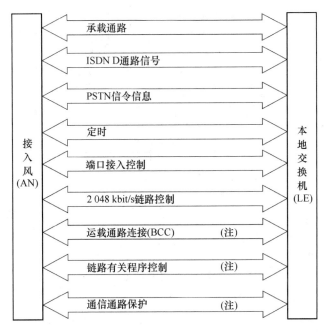

注: 仅适用于V5.2接口

图 5.7　V5 接口的功能描述

- 承载通路——为 ISDN-BRA 和 ISDN-PRA 用户端口分配 B 通路,或为 PSTN 用户端口的 PCM 64 kbit/s 通路信息提供双向的传输能力。
- ISDN 的 D 通路信息——为 ISDN-BRA 和 ISDN-PRA 用户端口的 D 通路信息提供双向的传输能力。
- PSTN 信令信息——为 PSTN 用户端口的信令信息提供双向的传输能力。
- 端口接入控制——提供每一用户端口状态和控制信息双向的传输能力。
- 2.048 Mbit/s 链路的控制——对 2.048 Mbit/s 链路的帧定位、复帧同步、告警指示和 CRC 信息进行管理控制。
- 链路控制协议信息——支持 V5.2 接口上的 2.048 Mbit/s 链路的管理功能。
- 定时——提供比特传输、字节识别和帧同步必要的定时信息。这种定时信息可以用来处理处于同步工作状态的本地交换机和接入网之间的同步。
- 承载通路连接——用来在本地交换设备控制下分配承载通路。

• 通信通路保护——支持在适合的物理 C 通路之间交换逻辑 C 通路。

③ 维护管理接口

维护管理接口是电信管理网(TMN)与电信网各部分的标准接口。接入网作为电信网的一部分,也是通过 Q3 接口与 TMN 相连,便于 TMN 实施管理功能。

5.1.3 接入网的传输技术及分类

1. 接入网的传输技术

接入网可利用铜线、光纤、微波、卫星等多种传输媒介,以及采用多种多样的传输方式、传输技术及手段。

图 5.8 所示就是采用铜线、光纤、无线等多种传输媒介和传输技术构成接入网的示意图。

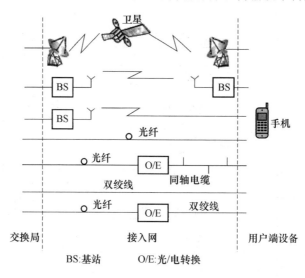

图 5.8　多种传输技术构成接入网示意图

其传输技术可概括如图 5.9 所示。

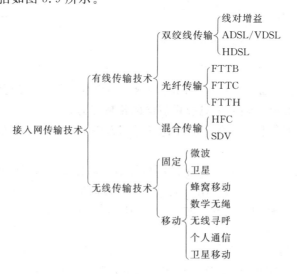

图 5.9　接入网传输技术

2. 接入网的分类

接入网根据所采用的传输媒介和传输技术分类如图 5.10 所示。

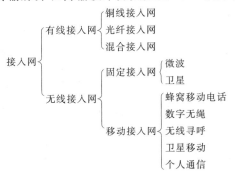

图 5.10　接入网分类

5.2　有线接入网

5.2.1　铜线接入网

多年来,电信网主要采用铜线(缆)用户线向用户提供电信业务,即从本地端局至各用户之间的传输线主要是双绞铜线对,而且这种以铜线接入网为主的状况还将持续相当长的一段时间。因此应充分利用这些资源,满足用户对高速数据、视像业务日益增长的需求。

充分利用这些铜缆的手段是采用数字化传输技术,近年来为提高铜线传输速率,又开发了两种新技术:高速率数字用户线技术和不对称数字用户线技术。

1. 高速率数字用户线(HDSL)技术

(1) 概念及系统结构

HDSL 是在两对或三对用户线上,利用 2B1Q(2 Binary 1 Quarternary)或 CAP(Carrierless Amplitude Phase)编码技术、回波抵消技术以及自适应均衡技术等实现全双工的 2 Mbit/s 数字传输。

HDSL 应用的系统结构及配置如图 5.11 所示。

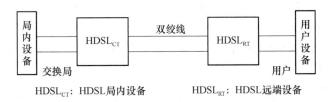

$HDSL_{CT}$: HDSL局内设备　　　　$HDSL_{RT}$: HDSL远端设备

图 5.11　HDSL 系统构成

图 5.11 中,HDSL 局端设备提供交换机与系统网络侧的接口,并将来自交换机的信息流透明地传送给远端用户侧设备。图中的 HDSL 远端设备提供用户侧接口,它将来自交换机的下行信息经接口传送给用户设备,并将用户设备的上行信息经接口传向业务节点。

HDSL 系统中局端设备和远端设备的组成框图,如图 5.12 所示。

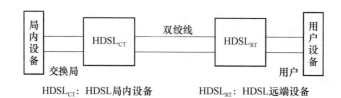

图 5.12   HDSL 设备构成原理图

在发送端,E1 控制器将经接口送入的 E1 信号(2.048 Mbit/s)进行 HDB3 码解码和帧调整后输出,然后经 HDSL 通道控制器变换。

通道控制器的主要功能是进行串/并变换,它是在保留 E1 原有帧结构及时隙的基础上分成二路或三路:

- 对使用二对双绞线的应用,则变为二路,每路码速率为 1 168 kbit/s;
- 对使用三对双绞线的应用,则变为三路,每路码速率为 768 kbit/s。

图 5.12 中的 D/A 转换器实际上是线路传输码型的编码器,所使用的线路传输码型可以是 2B1Q 码,也可以是 CAP 码。经 D/A 转换的线路编码之后,经差动变量器接口送至双绞铜线对传至对端。

由于在 HDSL 系统中采用的是全双工传输方式,即每一线对都同时发送和接收信号,这种收、发信号的混合和分路就由差动变量器构成的混合接口电路实现。

在接收端,来自线路上的信号经混合电路后,由 A/D 转换器进行线路码解码,即转换为二进制脉冲信号;由收、发信器对其进行回波抵消、数字滤波与自适应均衡,以消除回波、噪声及各种干扰。经上述处理后的信号再经通道控制器进行并/串变换、帧调整和 HDB3 编码,即可送出 E1 信号(2.048 Mbit/s)。

(2) 特点及应用系统配置方式

HDSL 系统可在现有的无加感线圈的双绞铜线对上以全双工方式传输 2.048 Mbit/s 的信号。系统可实现无中继传输 3~6 km(线径 0.4~0.6 mm)。

HDSL 系统采用高速自适应滤波与均衡、回波抵消等先进技术,配合高性能数字信号处理器,可均衡各种频率的线路损耗,降低噪声,减少串扰;适应多种电缆条件,包括不同线径的电缆互连,无须拆除桥接抽头。在一般情况下,HDSL 系统可提供接近于光纤用户线的性能,采用 2B1Q 编码,可保证误码率低于 1×10^{-7}。

HDSL 系统应用配置方式主要有 3 种。

① 点到点全容量配置

对这种应用的 HDSL 系统相当于纯线路传输设备,局端设备成为线路终端(LT),远端设备成为网络终端(NT)。

可支持的主要业务包括:ISDN 的 PRA 接入、2 Mbit/s 帧结构租用线、2 Mbit/s 无帧结构租用线等。

它可用于连接局域网(LAN)和广域网(WAN),传送数据、图文及视像等信息,也可用于无线通信系统和网络管理系统中。

② 点到点部分容量配置

当点到点部分容量配置时,HDSL 系统允许部分时隙的信号经 2 Mbit/s 信号格式传送。

可支持的业务包括:部分利用的租用线、$N \times 64$ kbit/s 业务以及部分利用的 ISDN PRA

业务等。

　　HDSL 系统可以提供多种数据接口,以便用户按需租用,同时可使用一条 El 线路为多用户服务,提高线路利用率。

　　③ 点到多点配置

　　对这种应用,HDSL 系统必须处在部分容量配置方式,再结合内部的交叉连接功能,可以使一个局端设备与多个(最多 3 个)远端设备相连,每个远端设备的容量分配可以通过控制和分配时隙来实现。远端设备可处于不同地点,但要求不同线对的信号时延不超过一定的限制。

2. 不对称数字用户线(ADSL)技术

　　ADSL 系统与 HDSL 系统一样也是采用双绞铜线对作为传输媒介,但 ADSL 系统可提供更高的传输速率,可向用户提供单向宽带业务、交互式中速数据业务和普通电话业务。

　　ADSL 与 HDSL 相比,最主要的优点是它只利用一对铜双绞线对就能够实现宽带业务的传输,为只具有一对普通电话线又希望具有宽带视像业务的分散用户提供服务。

　　ADSL 系统应用结构如图 5.13 所示。

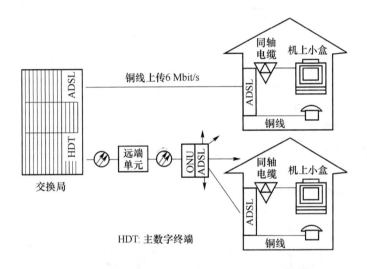

图 5.13　ADSL 系统应用结构

图 5.13 中列出两种应用方式:
- 在局端和用户端各加装一个 ADSL 收发信机经一对普通铜双绞线对传输;
- 经过一段光纤通路传输到远端光网络单元(ONU)进行光/电变换和分路,而后经 AD-SL 和铜双绞线对接入用户。

图中所示的双绞线对上的频谱可分为 3 个频带(对应于 3 种类型的业务):
- 双向普通电话业务(POTS);
- 上行信道,144 kbit/s 或 384 kbit/s 的数据或控制信息(如 VOD 的点播指令);
- 下行信道,传送 6 Mbit/s 的数字信息(如 VOD 的电视节目信号)。

　　ADSL 系统信道的频谱分配如图 5.14 所示。

　　ADSL 系统中所说的"不对称"是指上行和下行信息速率的不对称,即一个是高速,一个是低速,高速视频信号沿下行传输到用户,低速控制信号从用户传输到交换局。

　　图 5.15 给出了 ADSL 收发信机的基本结构。

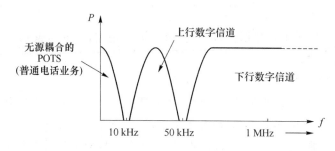

图 5.14　ADSL 系统信息频谱

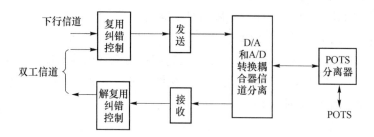

图 5.15　ADSL 收发信机

从图 5.15 中可见,普通电话业务(POTS)是通过一种特殊的装置——POTS 分离器(含有无源低通滤波器和变量器式分隔器)插入到 ADSL 通路中,因此,如果 ADSL 系统出现设备故障或电源中断,都不会影响电话通信。

在 ADSL 系统中既采用了正交幅度调制(QAM)、无载波幅度相位调制(CAP)和离散多音频调制(DMT)等调制技术,也采用了数字相位均衡及回波抵消等传输技术。

目前,ADSL 设备多用于用户接入 Internet,接入模型如图 5.16 所示。一般开通速率是384 kbit/s 或 512 kbit/s,传输距离 3 km 以内。

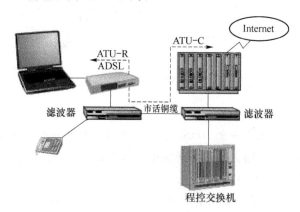

图 5.16　ADSL 接入模型

5.2.2　光纤接入网

1. 基本概念及参考配置

光纤接入网(OAN,Optical Access Network)是指在接入网中用光纤作为主要传输媒介来实现信息传送的网络形式。或者说是本地交换机或远端模块与用户之间采用光纤通信或部分采用光纤通信的接入方式。接入方式如图 5.17 所示。

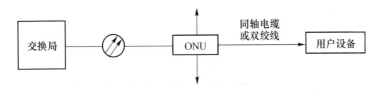

图 5.17　光纤接入示意图

光纤接入传输系统可以看成是一种使用光纤的具体实现手段,用以支持接入链路。光纤接入网的功能参考配置如图 5.18 所示。

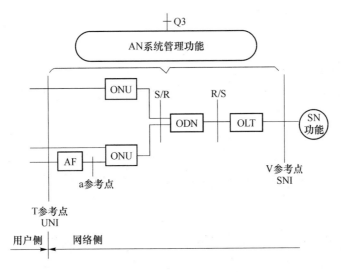

图 5.18　光纤接入网功能参考配置

图 5.18 中包括了 4 种基本功能块:光线路终端(OLT)、光配线网(ODN)、光网络单元(ONU)以及适配功能块(AF)。

主要参考点包括:光发送参考点 S、光接收参考点 R、业务节点间参考点 V、用户终端间参考点 T 及 AF 与 ONU 之间参考点 a。

接口包括:网络管理接口 Q3、用户与网络间接口 UNI 及业务节点接口 SNI。

根据上述功能参考配置可将光纤接入网定义为共享同样网络侧接口,且由光接入传输系统支持的一系列接入链路,并由 OLT、ODN、ONU 及 AF 所组成的网络。

各功能块的基本功能分述如下。

(1) OLT 功能块

OLT 的作用是为光接入网提供网络侧与本地交换机之间的接口,并经过一个或多个 ODN 与用户侧的 ONU 通信,OLT 与 ONU 的关系为主从通信关系。OLT 对来自 ONU 的信令和监控信息进行管理,从而为 ONU 和自身提供维护与供给功能。

OLT 的内部由核心部分、业务部分和公共部分组成,如图 5.19 所示。

① 业务部分功能

业务部分主要是指业务端口,对它的要求是至少能携带 ISDN 的基群速率接口,并能配置成至少提供一种业务或能同时支持两种以上不同的业务。

② 核心部分功能

• 数字交叉连接功能。

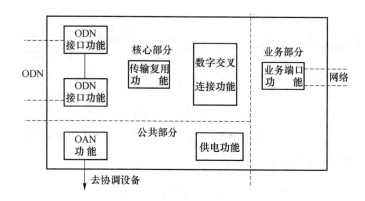

图 5.19 OLT 功能的组成

- 传输复用功能。
- ODN 接口功能。该功能是根据 ODN 的各种光纤类型而提供一系列的物理光接口,并实现电/光和光/电变换。

③ 公共部分功能

- 供电功能。
- OAM 功能。该功能通过相应的接口实现对所有功能块的运行、管理与维护,以及与上层网管的连接。

(2) ONU 功能块

ONU 位于 ODN 和用户之间,ONU 的网络侧具有光接口,而用户侧为电接口,因此需要具有光/电和电/光变换功能,并能实现对各种电信号的处理与维护管理功能。

图 5.20 给出了 ONU 的基本功能组成。

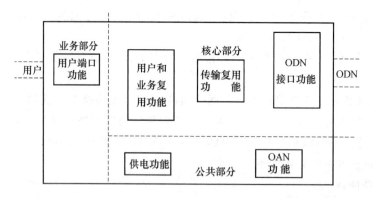

图 5.20 ONU 功能块组成

① 核心部分功能

- ODN 接口功能。该功能提供一系列物理光接口,与 ODN 相连接,并完成光/电和电/光变换。
- 传输复用功能。该功能用于相关信息的处理和分配。
- 用户和业务复用功能。该功能可对来自或送给不同用户的信息进行组装或拆卸。

② 业务部分功能

业务部分功能主要提供用户端口功能(A/D、D/A),包括 $N \times 64$ kbit/s 适配、信令转换等。

③ 公共部分功能

公共部分功能主要用于供电和 OAM,它与 OLT 中公共部分功能性质相同。

(3) ODN 功能块

ODN 为 ONU 和 OLT 提供光传输媒介作为其间的物理连接。多个 ODN 可以通过与光纤放大器结合起来延长传输距离和扩大服务用户数目。

ODN 是由无源光元件组成的无源光分配网。主要的无源光元件有:光纤、光连接器、无源分路元件(又称光分路器 OBD)和光纤接头等。

ODN 的配置通常为点到点(即一个 ONU 与一个 OLT 相连)和点到多点方式。

点到多点方式是指多个 ONU 通过 ODN 与一个 OLT 相连,具体结构可有星型和树型等,如图 5.21 所示。

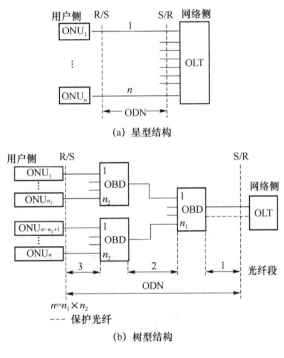

图 5.21 ODN 结构示例

(4) AF 功能块

AF(Adaptation Function)为适配功能块,主要为 ONU 和用户设备提供适配功能,在具体物理实现时,它既可以包含在 ONU 之内,又可以完全独立。

2. 基本结构和应用类型

(1) 基本结构

一般来讲,通信网有三种基本结构,即星型、总线型和环型。在光纤接入网的具体应用上可以是上述 3 种基本结构,也可以是上述 3 种基本结构的复合或变形,其 3 种基本结构类型如图 5.22 所示。

各种结构类型的特点分述如下。

① 星型结构

这里的星型指的是单星型结构,是传统的电话网结构,是点到点的连接方式。

- 优点:用户之间互相独立,保密性好,易于升级扩容。
- 缺点:由于光纤和光电设备无法共享,初装成本高。

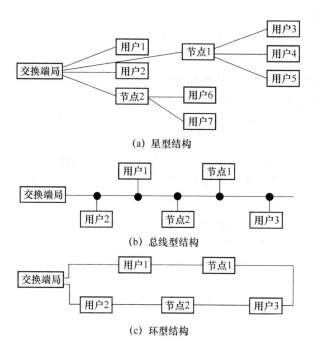

图 5.22 光纤接入网的 3 种基本结构

② 总线型结构

总线型结构以光纤作为公共总线,各用户终端通过某种耦合器与总线直接连接所构成的网络结构,这种结构属串联型结构。

- 特点:共享主干光纤,节省线路投资,增删节点容易,彼此干扰较小。
- 缺点:损耗累积,用户接收机的动态范围要求较高。

③ 环型结构

环型结构是所有节点共用一条光纤链路,光纤链路首尾相接自成封闭回路的网络结构。当接入网引入 SDH 技术后,由于速率的提高,网络可靠性将成为首先需要考虑的因素,此时环型结构将占重要地位。

- 优点:可实现自愈,即无须外界干预,网络就可在较短的时间内自动从失效故障中恢复所传业务。
- 缺点:单环所挂用户数量有限。

④ 树型结构

树型结构是类似于树枝形状的分级结构,可采用多个光分路器将信号逐级向下分配,最高级的端局具有较强的控制和协调能力。这种结构可以看成是总线型结构和星型结构的结合。它主要适于广播性业务,双向通信难度较大。

⑤ 双星型结构

双星型结构的主要特点是在单星型结构的每一条线路中设置远端分配节点,在该节点上设置远端分配单元完成一定的分配或交换功能,并将信息分别送入各个用户。

若远端分配单元是由无源光器件(如光分路器)组成,则称无源双星网络;若远端分配单元是由有源器件(如电复用/分路器)组成,则称有源双型网络。

双星型结构由于可使各用户共享部分线路及设备,因而大大降低了网络造价,并且易于维护,便于升级,具有较好应用前景。

⑥ 环型-星型结构

它是一种混合型结构,可以兼有环型结构和星型结构的特点,在接入网中引入 SDH 技术之后,这种结构形式具有较好的应用前景。

(2) 应用类型

按照光纤接入网的参考配置,根据光网络单元(ONU)设置的位置不同,光纤接入网又可分成若干种专门的传输结构,主要包括:

- 光纤到路边(FTTC);
- 光纤到大楼(FTTB);
- 光纤到家(FTTH)或光纤到办公室(FTTO)等。

图 5.23 所示为 3 种不同应用类型。

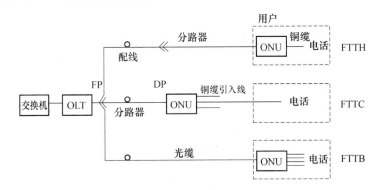

图 5.23　光纤接入网的应用类型

① 光纤到路边(FTTC)

在 FTTC 结构中,ONU 设置在路边的入孔或电线杆上的分线盒处,即 DP 点。从 ONU 到各用户之间的部分仍用铜双绞线对。若要传送宽带图像业务,则除距离很短的情况之外,这一部分可能会需要同轴电缆。

FTTC 结构主要适用于点到点或点到多点的树型分支拓扑结构,用户为居民住宅用户和小企事业用户,一个 ONU 支持的典型用户数在 128 个以下(少数厂家的 ONU 可支持 200 个以上的用户)。

② 光纤到大楼(FTTB)

FTTB 也可以看成是 FTTC 的一种变形,不同之处在于将 ONU 直接放到楼内(通常为居民住宅公寓或小企事业单位办公楼),再经多对双绞铜线将业务分送给各个用户。

FTTB 是一种点到多点结构,通常不用于点到点结构。FTTB 的光纤化进程比 FTTC 更进一步,光纤已敷设到楼,因而更适合于高密度用户区,也更接近于长远发展目标。

③ 光纤到家(FTTH)或光纤到办公室(FTTO)

在前述的 FTTC 结构中,如果将设置在路边的 ONU 换成无源光分路器,然后将 ONU 移到用户房间内,即为 FTTH 结构。如果将 ONU 放置在大企事业用户的大楼终端设备处并能提供一定范围的灵活的业务,则构成所谓的光纤到办公室(FTTO)结构。

FTTO 主要用于大型企事业用户,业务量需求大,因而结构上适于点到点或环型结构;而 FTTH 用于居民住宅用户,业务量需求很小,因而经济的结构必须是点到多点方式。

(3) 光纤接入网应用实例——HONET 综合业务接入网

HONET 系统以光纤接入网为主使用铜缆和同轴电缆接入用户,它在每个 ONU 处可以为用户提供电话业务、数据业务(分组、帧中继、DDN)及图像(如 CATV 等),其系统结构如图 5.24 所示。

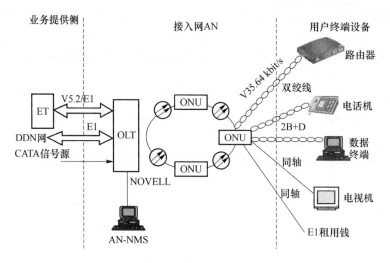

图 5.24　HONET™接入系统示意图

5.3　无线接入网

无线接入网是指从业务节点接口到用户终端部分全部或部分采用无线方式,即利用卫星、微波及超短波等传输手段向用户提供各种电信业务的接入系统。

无线接入网分为两大类:固定无线接入网和移动无线接入网。

5.3.1　固定无线接入网

主要为固定位置的用户或仅在小区内移动的用户提供服务,其用户终端主要包括电话机、传真机或数据终端(如计算机)等。

固定无线接入网的实现方式主要包括一点多址固定无线接入系统、无线本地环路一点多址系统、甚小型天线地球站系统等。

1. 一点多址固定无线接入系统

一点多址固定无线接入系统连接示意图如图 5.25 所示。

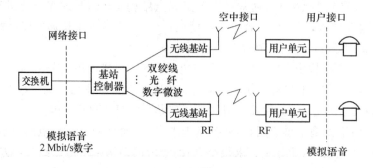

图 5.25　一点多址固定无线接入系统示意图

如图 5.25 所示,所谓固定无线接入系统(FWA,Fixed Wireless Access)是指从业务节点接口到用户终端部分全部或部分采用无线方式,所连网络一般是指接入到 PSTN。因此,FWA 实际上是 PSTN 的无线延伸,其目标是为用户提供透明的 PSTN 业务。

由图 5.25 可以看出,一个典型的无线本地环路系统配置由三个主要部分组成:

- 网络侧的基站控制器;
- 无线基站;
- 用户单元。

由交换机传来的语音数字信号经信号集中、呼叫处理等传给无线基站,再经时分复用、调制和射频传输后经天线传给用户单元。用户单元通常有单用户单元和多用户单元两种。

目前,无线本地环路系统尚无专用的国际标准使用频段,其频段可占用任何现有无线设备的频段,即在 450 MHz~4 GHz 范围内。对于 1 GHz 以下频段已十分拥挤,多为蜂窝移动通信所占用。因此在这一频段范围内,无线本地环路只能在尚无蜂窝移动通信的地区使用或采用兼容措施。

2. 无线本地环路一点多址系统(DRMASS)

DRMASS 是在交换机与电话用户(或数据终端)之间用无线方式连接的点到多点的通信系统,其结构如图 5.26 所示。

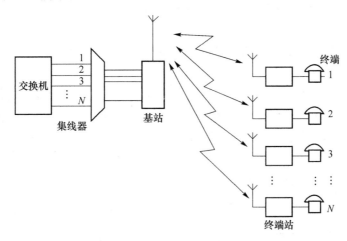

图 5.26　DRMASS 系统结构

DRMASS 系统由三部分组成:

- 基站;
- 中继站;
- 终端站。

基站与交换机相连,基站与中继站、中继站与中继站、中继站与终端站之间采用 1.5/2.4/2.6 GHz 波段的微波连接。

(1)基站

基站由以下三部分组成。

① 集线器:最多可提供 1024 个 2 线接口,它把 1024 个用户端口线集中,以 16∶1 集中到 64 个时隙,即两路 2 Mbit/s 数字流,其中有 60 个时隙用来传送电话或数据。

② 基站控制单元:提供监视、测试、控制功能。

③ TDM 控制单元：下行发送路径中，TDM 控制单元将集线器输出的两路 2.048 Mbit/s 数字流转换成 2.496 Mbit/s 的无线 TDM 信号；上行接收过程则相反。公务线和监测维护信号也在 TDM 控制单元中复用。

（2）中继站

中继站对上下行信号进行双向再生中继传输，以扩大服务区范围，使用中继站延伸后其服务区半径最大可达 540 km。

（3）终端站

终端站包括下话单元和用户单元，用户单元中用户线可通过加装用户线路板单元（LC）来增加。

DRMASS 的应用范围较广，由于是采用较灵活的无线通信方式，可以为边远地区用户提供经济的通信业务。这些地区远离城区，用户也比较分散，如果以有线方式连接是非常昂贵的，而且地理环境的不利常会给线路的维护工作带来极大困难。与有线通信方式相比，RMASS 系统投资少，维护工作量和维护费用比较低，它可为用户提供经济的语音、数据传输服务。

3. 小型天线地球站(VSAT)系统

VSAT 通常是指天线口径小于 2.4 m，G/T 值低于 19.7 dB/K，由高度软件控制的智能化小型地球站。

VSAT 系统主要由卫星、枢纽站和许多小型地球站组成，系统示意图如图 5.27 所示。

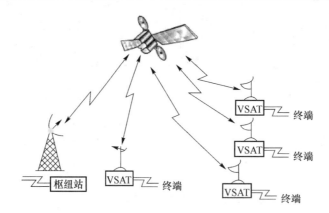

图 5.27　VSAT 系统的基本组成

枢纽站起主控作用，整个卫星的传输线路由地球站至卫星的上行链路和卫星至地球站的下行链路组成。各用户终端之间以及枢纽站与用户终端站之间的联系，可通过各自的 VSAT 沿上、下行链路并依靠卫星的中继加以实现。

（1）VSAT 系统的传输技术

VSAT 系统采用了信源编码、信道编码、相移键控调制等多种数字传输技术。

① 信源编码

在 VSAT 系统中，话音编码普遍采用自适应差分脉码调制（ADPCM），信号速率为 32 kbit/s，ADPCM 的话音质量已能达到公众电话网的质量要求。

② 信道编码

VSAT 系统希望尽量减小小站天线尺寸、降低成本，因而接收信噪比较低。为保证传输质量,在传输过程中需采用前向纠错的信道编码。针对卫星信道以突发性误码为主的特点,采用分组码编码方式较为合适。目前,VSAT 系统中普遍采用卷积编码和维特比译码。

③ 调制/解调

理论证明,目前所采用的几种调制方式中,在相同误码率条件下,相移键控(PSK)解调要求的信噪比较其他方式要小。目前 VSAT 系统通常采用 2PSK(或 4PSK)方式。

(2) VSAT 系统多址接入技术

所谓接入方式是指系统内多个地球站以何种方式接入卫星信道或从卫星上接收信号。

卫星通信中常用的多址接入方式有:

- 频分多址接入;
- 时分多地址接入;
- 码分多址接入等。

① 频分多址接入(FDMA)

FDMA 是一种传统的多址接入方式,其基本概念是不同的地球站用不同的频率(即不同的载波),即在 TDMA 方式中传输信道是采用频分复用方式。

② 时分多地址接入(TDMA)

TDMA 是一种适用于大容量通信的多址方式,系统中各通信站均使用同一载波,仅在发射时间上错开。其优点是各站发射的信道数和通信路由的改变十分灵活,是实现按需分配地址(DAMA)的最佳方式之一。

通常的应用形式如下。

- 预分配 TDMA(TDMA/PA):最基本的 TDMA 方式,预先分配给各站一定的信道数及路由,各站按预定的时间发送。但一般也可做到按需重分配,由网络控制中心设定各站信道数及路由,并指定时刻切换改变。
- 动态分配 TDMA(TDMA/DA):各站仅在有发送业务时向控制中心申请时隙,由控制中心实时分配时隙。

③ 码分多址接入(CDMA)

CDMA 方式的基本思想是不同的地球站占用同一频率和同一时间段,各站信号仅以编码的正交性来区别。其主要优点是抗干扰性强。采用 CDMA 方式的系统中各站在同一时间使用同一频率,且发射功率不需进行严格控制,因此整个系统不需要复杂的网络控制。CDMA 的最主要缺点是频率利用率低,一般仅为百分之十几。因此,CDMA 适用于传输速率较低的业务及较小的系统。

5.3.2　移动无线接入网

接入网的另一个发展方向是“移动性”。20 世纪 80 年代发展起来的蜂窝移动通信实现了人们随时随地进行通信联系的愿望。移动通信是指移动体与固定体之间或者一个移动体与另一个移动体之间的信息交换,它可以使用户“不受时间和空间的限制,随时随地都能交换信息”。

随着接入网中业务的不断发展,移动接入网也成为无线接入网的一个种类。移动接入网是为移动体用户提供各种电信业务。由于移动接入网服务的用户是移动的,因而其网路组成要比固定网复杂,需要增加相应的设备和软件等。

移动接入网使用的频段范围很宽,其中有高频、甚高频、特高频和微波等。

例如,我国陆地移动电话通信系统通常采用 160 MHz、450 MHz、800 MHz 及 900 MHz 频段;地空之间的航空移动通信系统通常采用 108(136 MHz 频段;岸站与航站的海上移动通信系统通常采用 150 MHz 频段。

1. 蜂窝移动电话系统

实现移动通信的方式有许多种类,其中蜂窝移动通信系统是目前应用较广的一种方式。一个典型的蜂窝移动通信系统结构如图 5.28 所示。

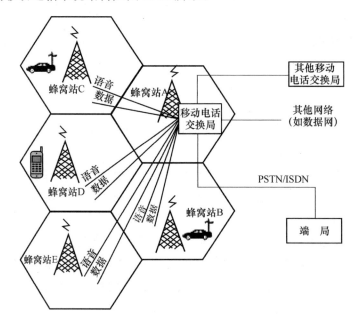

图 5.28　蜂窝移动通信系统结构

移动通信区由多个相邻接的小区(称蜂窝)组成,每一个蜂窝区内由一个蜂窝基站和一群用户移动台(移动台是收发合一的)如车载移动台、便携式手机等组成。

每个用户移动台与基站通信,蜂窝基站负责射频管理并经中继线或微波通道与移动电话交换中心(MSC)相连。MSC 控制呼叫信令和处理、协调不同蜂窝区间的越区切换。如果被叫用户是移动终端,则可经由 MSC 与被叫用户相连;如果被叫用户是固定公用电话网用户,则 MSC 与 PSTN 或 ISDN 的端局相连,再接入被叫用户。MSC 也可以与其他公用数据网相连提供数据业务。

2. 卫星移动通信系统

卫星移动通信系统是利用通信卫星作为中继站为移动用户之间或移动用户与固定用户之间提供电信业务的系统,系统组成如图 5.29 所示。

卫星移动通信系统由通信卫星、关口站、控制中心、基站及移动终端组成,与蜂窝移动电话系统相比,卫星移动通信系统增加了卫星系统作为中继站,因而可延长通信距离,扩大用户的活动范围。

控制中心是系统的管理控制中心,负责管理和控制接入到卫星信道的移动终端通信过程,并根据卫星的工作状况控制移动终端的接入。

关口站是卫星通信系统与公用电话网间的接口,它负责移动终端同公用电话网用户通信的相互连接。

基站是在移动通信业务中为小型网路的各个用户提供业务连接的控制点。

在该系统中接入网的范畴是指从卫星至用户的这一部分。比较著名的卫星移动通信方案是 Motorola 公司的全球数字移动个人通信卫星系统,又称"铱"系统。"铱"系统原计划采用 77 颗低轨道小型卫星均匀分布于 7 条极地轨道上,通过微波链路构成一个全球性移动个人通信系统。因卫星数量与铱元素外层电子数相等,故称为"铱"系统。后经改进采用 66 颗低轨道卫星和 6 条极地轨道即可覆盖全球,但仍称为"铱"系统。

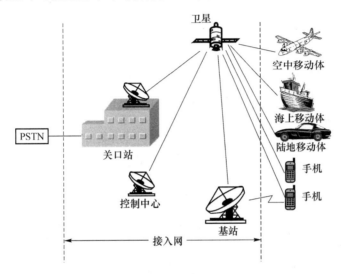

图 5.29　卫星移动通信系统

"铱"系统主要由卫星、地面控制中心、关口站与移动用户单元组成,与前述卫星移动通信系统的主要差别是不需地面基站,移动用户单元可以直接与上空卫星进行通信。"铱"系统与 PSTN 间的接口站是关口站,它可使"铱"系统用户单元与公众电话网中的任何电话、传真或数据终端进行通信。

"铱"系统采用时分复用和频分复用相结合的数字传输方式,由地面控制中心完成卫星控制、监视和控制网络各节点及控制卫星的通信资源等。

"铱"系统在实现"越区"和"漫游"功能时与地面蜂窝移动通信系统有很大的不同。在地面蜂窝移动通信系统中,各基站及小区覆盖是固定的,交换局覆盖的服务区也是固定的。当移动用户从一个小区进入另一个小区时发生越区切换,从一个交换服务区进入另一个交换服务区时则发生漫游切换。但是在"铱"系统中,卫星相对于地面移动用户作高速运动,而地面移动用户相对静止,因此,不论地面用户是否在移动,都存在越区及漫游问题。

在"铱"系统中的越区切换和漫游可能有 3 种情况:

① 在同一颗卫星覆盖区内,由于卫星或用户的移动,移动用户从一个小区移入相邻小区时发生信道切换,相当于越区切换;

② 移动用户从一颗卫星覆盖区内的小区移入另一颗卫星覆盖区内的小区发生的信道切换,称为越星切换;

③ 当以地面关口站作为交换局时,由于卫星的移动而引起卫星对应关口站间的链路切换,称为越关口地球站切换,相当于漫游切换。

小　　结

1. 接入网在电信网中的位置与作用

接入网是电信网的组成部分,负责将电信业务透明地传送到用户,即用户通过接入网的传输,能灵活地接入到不同的电信业务节点上。接入网处于电信网的末端,为本地交换机与用户之间的连接部分,它包括本地交换机与用户端设备之间的所有实施设备与线路,通常它由用户线传输系统、复用设备、交叉连接设备等部分组成。

2. 接入网的定义与定界

接入网是由业务节点接口(SNI)和用户网络接口(UNI)之间的一系列传送实体(如线路设施和传输设施)组成,为供给电信业务而提供所需传送承载能力的实施系统。

接入网所覆盖的范围由 3 个接口定界,即 UNI、SNI 和 Q3 接口。

3. 接入网的功能模型

接入网的功能结构分成用户口功能(UPF)、业务口功能(SPF)、核心功能(CF)、传送功能(TF)和 AN 系统管理功能(SMF)这 5 个基本功能组。

4. 铜线接入网

(1) 高速率数字用户线(HDSL)技术

HDSL 是在两对或三对用户线上,利用 2B1Q(2 Binary 1Quarternary)或 CAP(Carrierless Amplitude Phase)编码技术,以及回波抵消和自适应均衡技术等实现全双工的 2 Mbit/s 数字传输。HDSL 局端设备提供交换机与系统网络侧的接口,并将来自交换机的信息流透明地传送给远端用户侧设备。HDSL 远端设备提供用户侧接口,它将来自交换机的下行信息经接口传送给用户设备,并将用户设备的上行信息经接口传向业务节点。

(2) 不对称数字用户线(ADSL)技术

ADSL 系统也是采用双绞铜线对作为传输媒介,但 ADSL 系统可提供更高的传输速率,可向用户提供单向宽带业务、交互式中速数据业务和普通电话业务。ADSL 与 HDSL 相比,最主要的优点是它只利用一对铜双绞线对就能够实现宽带业务的传输,为只具有一对普通电话线又希望具有宽带视像业务的分散用户提供服务。

5. ADSL 系统信道的频谱分配

ADSL 系统信道的频谱分配有 3 个频段:10 kHz 以下用于传输普通电话业务;10~50 kHz 用于上行数字信道传输;50 kHz 以上用于下行数字信道传输。

ADSL 系统中所说的"不对称"是指上行和下行信息速率的不对称,即一个是高速,一个是低速,高速视频信号沿下行传输到用户,低速控制信号从用户传输到交换局。

6. 光纤接入网基本概念

光纤接入网(OAN,Optical Access Network)是指在接入网中用光纤作为主要传输媒介来实现信息传送的网络形式。或者说是本地交换机或远端模块与用户之间采用光纤通信或部分采用光纤通信的接入方式。

光纤接入传输系统可以看成是一种使用光纤的具体实现手段,用以支持接入链路。

7. 光纤接入网的功能参考配置

光纤接入网的功能参考配置中包括了 4 种基本功能块,即光线路终端(OLT)、光配线网

(ODN)、光网络单元(ONU)以及适配功能块(AF)。主要参考点包括:光发送参考点 S、光接收参考点 R、业务节点间参考点 V、用户终端间参考点 T 及 AF 与 ONU 之间参考点 a。接口包括:网络管理接口 Q3、用户与网络间接口 UNI 及业务节点接口 SNI。

8. 光纤接入网的基本结构

光纤接入网的具体应用上可以是星型、总线型和环型 3 种基本结构,也可以是上述 3 种基本结构的复合或变形。

9. 光纤接入网的应用类型

按照光纤接入网的参考配置,根据光网络单元(ONU)设置的位置不同,光纤接入网又可分成若干种专门的传输结构,主要包括:光纤到路边(FTTC)、光纤到大楼(FTTB)、光纤到家(FTTH)或光纤到办公室(FTTO)等。

10. 无线接入网

无线接入网是指从业务节点接口到用户终端部分全部或部分采用无线方式,即利用卫星、微波及超短波等传输手段向用户提供各种电信业务的接入系统。无线接入网分为固定无线接入网和移动无线接入网两大类。

11. 固定无线接入网

固定无线接入网主要为固定位置的用户或仅在小区内移动的用户提供服务,其用户终端主要包括电话机、传真机或数据终端(如计算机)等。

固定无线接入网的实现方式主要包括一点多址固定无线接入系统、无线本地环路一点多址系统、甚小型天线地球站系统等。

(1) 一点多址固定无线接入系统

所谓固定无线接入系统(FWA,Fixed Wireless Access)是指从业务节点接口到用户终端部分全部或部分采用无线方式,所连网络一般是指接入到 PSTN。因此,FWA 实际上是 PSTN 的无线延伸,其目标是为用户提供透明的 PSTN 业务。

(2) 无线本地环路一点多址系统(DRMASS)

DRMASS 是在交换机与电话用户(或数据终端)之间用无线方式连接的点到多点的通信系统。

(3) 甚小型天线地球站(VSAT)系统

VSAT 通常是指天线口径小于 2.4 m,G/T 值低于 19.7 dB/K,由高度软件控制的智能化小型地球站。VSAT 系统主要由卫星、枢纽站和许多小型地球站组成。

12.移动无线接入网

移动通信是指移动体与固定体之间或者一个移动体与另一个移动体之间的信息交换,它可以使用户"不受时间和空间的限制,随时随地都能交换信息"。随着接入网中业务的不断发展,移动接入网也成为无线接入网的一个种类。移动接入网是为移动体用户提供各种电信业务。由于移动接入网服务的用户是移动的,因而其网路组成要比固定网复杂,需要增加相应的设备和软件等。

(1) 蜂窝移动电话系统

实现移动通信的方式有许多种类,其中蜂窝移动通信系统是目前应用较广的一种方式。

(2) 卫星移动通信系统

卫星移动通信系统是利用通信卫星作为中继站为移动用户之间或移动用户与固定用户之间提供电信业务的系统。

卫星移动通信系统由通信卫星、关口站、控制中心、基站及移动终端组成,与蜂窝移动电话系统相比,卫星移动通信系统增加了卫星系统作为中继站,因而可延长通信距离,扩大用户的活动范围。

复 习 题

1. 简述接入网的基本定义及主要功能。
2. 简述 HDSL 系统基本概念及系统构成。
3. 简述 ADSL 系统基本概念及系统构成。
4. 简述光纤接入网的基本概念并画出光纤接入网的构成示意图。
5. 简述光纤接入网中 OLT 的基本功能。
6. 简述光纤接入网中 ONU 的基本功能。

第6章

综合业务数字网及ATM宽带网

6.1 综合业务数字网

6.1.1 综合业务数字网的基本概念

1. IDN

在介绍综合业务数字网(ISDN)的概念之前,首先要了解综合数字网(IDN)。IDN 是数字传输与数字交换的综合,在两个或多个规定点之间提供数字连接,以实现彼此间通信的一组数字节点(指交换节点)与数字链路。IDN 实现从本地交换节点至另一端本地交换节点间的数字连接,但并不涉及用户接续到网络的方式。IDN 概念示意图如图 6.1 所示。

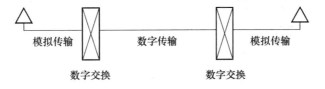

图 6.1　IDN 概念示意图

IDN 尚不能提供多种业务的综合,不同的业务需用不同的 IDN 传输。IDN 有电话 IDN、电报 IDN、传真 IDN、数据 IDN 等。由此可见,随着新业务种类的不断增多,要建各种不同的 IDN,所以 IDN 的缺点是:网络投资大,电路利用率低,资源不能共享,不便于管理。

为了克服 IDN 的上述缺点,必须从根本上改变网络的分立状况,用一个单一的网络来提供各种不同类型的业务,由此发展了综合业务数字网(ISDN)。

2. ISDN

ISDN 是以电话 IDN 为基础发展演变而成的通信网,能够提供端到端的数字连接,支持包括话音和非话音在内的多种电信业务,用户能够通过一组有限的标准的多用途用户-网络接口接入网内。

首先应该明确一点,ISDN 不是一个新建的网络,而是在电话 IDN 的基础上加以改进而形成的。传输线路仍然采用电话 IDN 的线路,ISDN 交换机是在电话 IDN 的程控数字交换机上增加几个功能块,另外一个关键的问题是在用户-网络接口处要加以改进更新。

从 ISDN 的定义可以看出,它有 3 个基本特性。

（1）端到端的数字连接

所谓端到端的数字连接指的是发端用户终端送出的已经是数字信号，接收端用户终端输入的也是数字信号。也就是说，ISDN 中，无论是中继线还是用户线上传输的都是数字信号（当然网中交换的也是数字信号）。

电话 IDN 是由程控数字交换机和交换机之间的数字中继线组成的电话通信网，它将数字传输和数字交换技术综合起来实现了网络内部的数字化，但在用户入网接口上仍然采用模拟传输，即用户线上传输的是模拟话音信号。因此，从电话 IDN 向 ISDN 过渡的第一件重要工作就是实现用户线的数字化，以提供端到端的数字连接。

（2）综合的业务

ISDN 支持包括话音、数据、文字、图像在内的各种综合业务。任何形式的原始信号，只要能够转变成数字信号，都可以利用 ISDN 来进行传送和交换，实现用户之间的通信。ISDN 的业务不仅覆盖了现有各种通信网的全部业务，而且包括了多种多样的新型业务。

（3）标准的多用途用户-网络接口

ISDN 的第三个基本特性就是向用户提供一组标准的多用途用户-网络接口（即入网接口）。这个特性可以从以下几个要点来理解：

① 不同的业务和不同的终端可以经过同一接口接入网内。

② 在 ISDN 用户-网络接口上，所有的信息（包括话音、数据、文字、图像以及信令）都以数字复用的形式出现在接口上，而同一接口可以连接多个终端（最多可以连接 8 台终端，有 3 台终端可同时工作）。也就是说，同一接口上存在多个时间分割的信道，每个信道都可独立地传送信息，向用户提供业务。

③ 为了保证 ISDN 用户-网络接口的通用性，必须定义一整套接口的标准（即协议），使不同业务类型、不同厂家生产的设备都能按照这些标准连接。用户-网络接口的标准化促成了终端设备的可携性，简化了网络的管理工作。

6.1.2 ISDN 的网络功能及 ISDN 业务

1. ISDN 的网络功能体系结构

ISDN 包含了 7 个主要功能：

① 本地连接功能；

② 64 kbit/s 电路交换功能；

③ 64 kbit/s 专线功能；

④ 中高速电路交换功能；

⑤ 分组交换功能；

⑥ 中高速专线功能；

⑦ 公共信道信令功能。

2. ISDN 业务

（1）ISDN 业务的概念

所谓 ISDN 业务，是指由 ISDN 网络和接在 ISDN 上的终端提供的用户可能利用的通信能力。也就是说，ISDN 业务除了 ISDN 网络向用户提供的通信能力之外，还包括了利用这种能力（即数字连接和网络智能）的终端的能力。

（2）ISDN 业务的分类

CCITT 将 ISDN 业务划分为以下三大类。

① 承载业务

承载业务（Bearer Service）是单纯的信息传送业务，由网络提供，具体说，是在用户-网络接口处提供。网络用电路交换方式或分组交换方式将信息从一个用户-网络接口透明地传送到另一个用户-网络接口（即不作任何处理）。

承载业务是 ISDN 网络所具有的信息传递能力，与终端的类型无关，它包含了 OSI 参考模型 1～3 层的功能。

按网络所采用的交换方式不同，承载业务可以分为电路交换方式的承载业务、分组交换方式的承载业务以及帧方式（帧中继和帧交换）的承载业务三种。

② 用户终端业务

用户终端业务（Teleservice）指各种面向用户的应用业务，它在人和终端的接口上提供，既反映了网络的信息传递能力，又包含了终端设备的功能。这类业务包含了 OSI 参考模型的 1～7 层全部功能。

用户终端业务包括电话、电报、传真、可视图文业务等。

值得注意的是，承载业务和用户终端业务是从不同的角度定义的。承载业务是从网络所具有的信息传递或交换能力的角度进行定义的，而用户终端业务则是从用户所需传递的信息种类来进行定义的。图 6.2 所示为承载业务和用户终端业务的范围及功能。

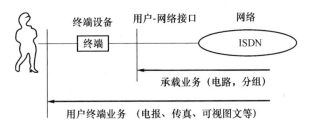

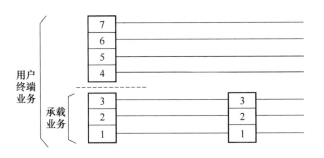

图 6.2　ISDN 承载业务和用户终端业务

③ 补充业务

补充业务也叫附加业务，是由网络提供的，在承载业务和用户终端业务基础上附加的业务性能。补充业务不能单独存在，即不能独立向用户提供，必须随基本业务一起提供。

6.1.3　ISDN 用户-网络接口及信道类型和接口结构

1. ISDN 用户-网络接口的参考配置

CCITT 的 I.411 建议中采用功能群和参考点的概念规定了 ISDN 用户-网络接口的参考

配置(即 ISDN 用户系统标准结构),是制定 ISDN 用户出入口的根据,如图 6.3 所示。

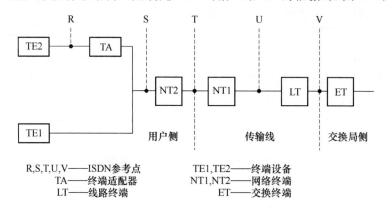

R,S,T,U,V——ISDN参考点　　　TE1,TE2——终端设备
TA——终端适配器　　　NT1,NT2——网络终端
LT——线路终端　　　ET——交换终端

图 6.3　ISDN 用户-网络接口的参考配置

功能群——用户接入 ISDN 所需的一组功能,这些功能可以由一个或多个物理设备来完成。

参考点——不同功能群的分界点,在不同的实现方案中一个参考点可以对应也可以不对应于一个物理接口。

根据图 6.3 的参考配置,用户接入 ISDN 的功能可以划分成以下功能群。

(1) 1 类终端设备 TE1

TE1 用于 ISDN 中的声音、数据或其他业务的输入或输出。TE1 是符合 ISDN 接口标准(即 S 参考点上的标准)的终端设备,也叫 ISDN 终端,如数字电话机和 4 类(G4)传真机等。

(2) 2 类终端设备 TE2

TE2 是不符合 ISDN 接口标准的终端设备,也叫非 ISDN 终端,如 X.21 或 X.25 数据终端、模拟话机等。TE2 需要经过终端适配器 TA 的转换,才能接入 ISDN 的标准接口(S 参考点)。

(3) 终端适配器 TA

TA 完成适配功能(包括速率适配及协议转换),使 TE2 能接入 ISDN 的标准接口,TA 具有用户-网络接口处第 1 层的功能以及高层功能。

(4) 网络终端 NT1

完成用户-网络接口功能的主要部件是网络终端(NT,Network Termination)1,它的功能是把用户终端设备连接到用户线,为用户信息和信令信息提供透明的传输通道。更重要的一点是,用户通过网络终端可以得到综合业务的数字接续能力,从而享用网络的交换及信号传递功能。应用最为广泛的网络终端是 NT1,它完成用户-网络接口处网络侧第 1 层的功能,在 NT1 中实现线路传输、线路维护和性能监控功能,以及完成定时、馈电、多路复用及接口等功能,以达到用户线传输的要求。

(5) 网络终端 NT2

NT2 完成用户-网络接口处的 1～3 层全部功能(交换和集中等功能)。NT2 的例子有用户小交换机(PBX)、集中器和局域网(LAN)。PBX 和 LAN 可以将一定数量的终端设备连接成局部地区的专用网络,提供本地交换功能,并经过 T 参考点和 NT1,将局部网络与 ISDN 沟通。集中器不能进行本地交换,它的作用是将一群本地终端的通信业务量集中起来,再和 IS-DN 相连,以提高用户-网络接口上信道的利用率。

（6）线路终端设备 LT

LT（Line Terminal）是用户环路和交换局的端接接口设备，实现交换设备和线路传输端接的接口功能。

图 6.3 中，R、S、T、U、V 均为参考点，CCITT 规定 T 为用户与网络的分界点。某些情况（如用户比较分散）时可以不用 PBX 等装置，也就是说没有 NT2，此时 S 和 T 参考点合并成一个点，称为 S/T 点。

2. 信道类型和接口结构

（1）信道类型

信道是提供业务用的具有标准传输速率的传输信道，它表示接口信息传送能力。信道根据速率、信息性质以及容量可以分成几种类型，称为信道类型。CCITT 建议，在用户-网络接口处向用户提供的信道有以下类型。

① B 信道

B 信道用来传送用户信息，传输速率为 64 kbit/s。B 信道上可以建立 3 种类型的连接：电路交换连接、分组交换连接、半固定连接（等效于租用电路）。

② D 信道

D 信道的速率是 16 kbit/s 或 64 kbit/s，它有两个用途：第一，它可以传送公共信道信令，而这些信令用来控制同一接口上的 B 信道上的呼叫；第二，当没有信令信息需要传送时，D 信道可用来传送分组数据或低速的遥控、遥测数据。

③ H 信道

H 信道用来传送高速的用户信息，如高速传真、图像、高速数据、高质量音响及分组交换信息等。H 信道有三种标准速率：

- H0 信道——384 kbit/s；
- H11 信道——1536 kbit/s；
- H12 信道——1920 kbit/s。

（2）接口结构

ISDN 的用户-网络接口有两种接口结构：一种是基本接口结构，一种是基群速率接口结构。

① 基本接口

基本接口（BRI）也叫基本速率接口，是把现有电话网的普通用户线作为 ISDN 用户线而规定的接口，它是 ISDN 最常用、最基本的用户-网络接口，是为了满足大部分单个用户的需要设计的。基本接口由两条传输速率为 64 kbit/s 的 B 信道和一条传输速率为 16 kbit/s 的 D 信道构成，即 2B＋D。两个 B 信道和一个 D 信道时分复用在一对用户线上。由此可得出用户可以利用的最高信息传输速率是 $2 \times 64 + 16 = 144$ kbit/s，再加上帧定位、同步及其他控制比特，基本接口的速率达到 192 kbit/s。

② 基群速率接口

基群速率接口（PRI）或一次群速率接口，主要面向设有 PBX 或者具有召开电视会议用的高速信道等业务量很大的用户，其传输速率与 PCM 的基群相同。由于国际上有两种规格的 PCM 基群速率，即 1544 kbit/s 和 2048 kbit/s，所以 ISDN 用户-网络的基群速率接口也有两种速率。

- 采用 1544 kbit/s 时，接口的信道结构为 23B＋D，其中规定基群速率接口中 D 信道的速率是 64 kbit/s。23B+D 的速率为 $23 \times 64 + 64 = 1\,536$ kbit/s,再加上一些控制比特,其物理接口速率是 1 544 kbit/s。

- 采用 2 048 kbit/s 时,接口的信道结构为 30B+D,30 个 B 信道的速率为 $30 \times 64 = 1\,920$ kbit/s,加上 D 信道及一些控制比特,30B+D 基群速率接口的物理接口速率为 2 048 kbit/s。

基群速率接口可用来支持 H 信道,如可以采用 mH0+D,H11+D 或 H12+D 等结构,还可以采用既有 B 信道又有 H0 信道的结构,如 nB+mH0+D。表 6.1 列出了 ISDN 的各种用户-网络接口结构。

表 6.1　ISDN 用户-网络接口结构

用户-网络接口类型	物理的接口速率	接口结构		附　注
		接口名称	信道结构	
基本接口	192 kbit/s	基本接口	2B+D	D=16 kbit/s
基群速率接口	1.544 Mbit/s 或 2.048 Mbit/s	B 信道接口	23B+D(1.544 Mbit/s) 30B+D(2.048 Mbit/s)	D=64 kbit/s
		H0 信道接口	4H0 或 3H0+D(1.544 Mbit/s) 5H0+D(2.048 Mbit/s)	D=64 kbit/s
		H1 信道接口	H11(1.544 Mbit/s) H12+D(2.048 Mbit/s)	D=64 kbit/s
		B/H0 信道混合接口	nB+mH0+D	D=64 kbit/s

6.1.4　数字用户环路

用户环路也叫用户线,是把用户连接到交换局的设备。ISDN 的用户-网络接口参考配置中,NT1 到 LT 之间的这部分为用户环路。

对基本速率接口,实现数字用户环路二线全双工传输方式主要有两种:时间压缩复用方式(TCM)和回波抵消方式(EC)。

1. 时间压缩复用方式

时间压缩复用方式又称乒乓方式。它是将连续比特流分割成等长的数据块,压缩成高速脉冲串后,在一对平衡线对上两端交替时分传输。

实现方式示意图如图 6.4 所示。

2. 回波抵消方式

回波抵消方式是在二线传输的两个方向上同时间、同频谱地占用线路,即在线路上两个方向传输的信号完全混在一起。为了分开收、发两个方向,一般采用 2/4 线转换器(即混合电路)。其原理图如图 6.5 所示。

这种方式的一个问题是对传输速率较高的数字信号,2/4 线转换器的去耦效果较差,即对端衰减不可能很大。因此,本端的发送信号会折回到本端接收设备,对接收端正常接收的对端信号产生干扰。这种干扰就称为回波干扰。

一般情况下,2/4 线转换器对回波的抑制只有 6 dB 左右,若发送信号电平为 0 Db,则回波的电平可达 -6 db。而信号在用户线路上的传输损耗可达 -45 dB,则在接收判决点接收的有用信号电平可低达 -45 dB。此时,本端产生的回波信号电平将比有用信号电平高 39 dB,这显然是无法通信的。

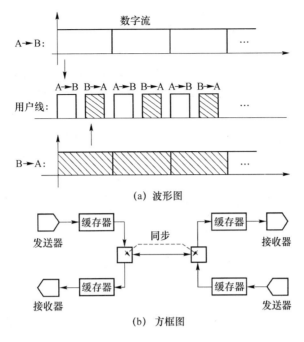

(a)　波形图

(b)　方框图

图 6.4　时间压缩复用原理

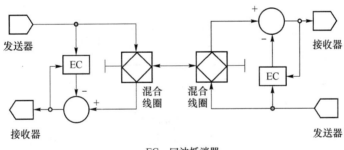

EC：回波抵消器

图 6.5　回波抵消方式原理框图

为了进行正常通信,必须抑制回波。所采取的措施就是加回波抵消器。

6.2　ATM 的基本概念及原理

6.2.1　ATM 的基本概念及特点

1. ATM 的基本概念

人们习惯上把电信网分为传输、复用、交换、终端等几个部分,其中除终端以外的传输、复用和交换三个部分合起来统称为传递方式(也叫转移模式)。

目前应用的传递方式可分为以下两种。

· 同步传递方式(STM):主要特征是采用时分复用,各路信号都是按一定时间间隔周期性出现,接收端可根据时间(或者说靠位置)识别每路信号。

- 异步传递方式(ATM):采用统计时分复用,各路信号不是按照一定时间间隔周期性地出现,接收端要根据标志识别每路信号。

ATM 的具体定义为:ATM 是一种转移模式,在这一模式中信息被组织成固定长度信元,来自某用户一段信息的各个信元并不需要周期性地出现,从这个意义上来看,ATM 是采用统计时分复用,各路信号不是按照一定时间间隔周期性地出现,要根据标志识别每路信号。这种转移模式是异步的(统计时分复用也叫异步时分复用)。

ATM 方式的过程:把数字化的语声、数据和图像等信息分解成固定长度的数据块,通常称为单元,在各单元中添上写有地址的单元字头即可送入通路进行传输,即由信息单元进行统一的信息转移。

多路复用结构的同步转移方式(STM)要求有固定的帧周期,如 PCM 方式的 125 μs 的帧周期。

STM 是用于电路交换的复用技术,靠帧内时隙的相对位置识别信道。

ATM 则是用单元字头内的标记符识别信道(标记多路复用)。

STM 和 ATM 的时分方式的区别如图 6.6 所示。

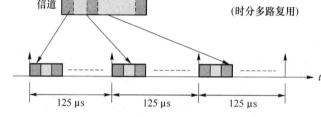

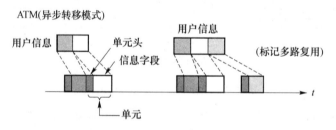

图 6.6　STM 和 ATM 的时分方式

2. ATM 信元

(1) ATM 信元结构

ATM 信元实际上就是分组,只是为了区别于 X.25 的分组,才将 ATM 的信息单元叫做信元。ATM 的信元具有固定的长度,从传输效率、时延及系统实现的复杂性考虑,CCITT 规定 ATM 信元长度为 53 字节。

信元的结构如图 6.7 所示。其中,前 5 个字节为信头(header),包含各种控制信息,主要是表示信元去向的逻辑地址,还有一些维护信息、优先级以及信头的纠错码;后面 48 字节是信息段,也叫信息净负荷,它载荷来自各种不同业务的用户信息。信元的格式与业务类型无关,任何业务的信息都经过切割封装成统一格式的信元。

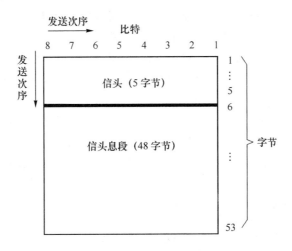

图 6.7 ATM 信元结构

（2）ATM 信元的信头结构

ATM 信元的信头结构有两种类型:用于用户-网络接口的信头（UNI 信头）和用于网络节点接口的信头（NNI 信头）。如图 6.8 所示。

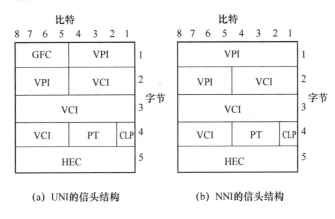

(a) UNI的信头结构   (b) NNI的信头结构

图 6.8 ATM 信元的信头结构

其中，GFC——流量控制；

        VPI——虚通道标志符；

        VCI——虚通路标志符；

        PT——信息域的信息类型；

        CLP——优先级比特；

        HEC——信头校验码。

6.2.2 ATM 基本工作原理

1. 异步时分复用

ATM 技术是采用异步时分复用方式的。异步时分复用的概念是:来自不同信源的信息信元用异步时分复用的方式复用,具有同样标志的信元在传输线上并不对应着某个固定的时隙,也不是按周期出现的。也就是说信息和它在时域中的位置没有固定的关系,信息只是按信头中的标志来区分的,这种复用方式称为异步时分复用。

ATM 的复用方式不是固定时隙分配,而是非周期的信元复用,所以 ATM 具有动态分配带宽的特点。它适合于传输突发性数据,也就是,如果某一信源的信息量大时,就分配给它较多信元;反之,信息量较小时,就分配给它较少信元;如果没有信息时,就不分配给它信元。所以,异步时分复用又称为统计时分复用。

2. ATM 虚连接

ATM 是采用面向连接的技术。面向连接的特点是通信过程的实现要有 3 个阶段,即建立电路连接、数据传输、电路连接的拆除。ATM 的电路连接不是固定物理电路的连接,而是采用虚电路连接,或称为虚连接。虚连接也称为逻辑信道。ATM 的虚连接是由虚通路(VC)和虚通道(VP)来实现的。

(1) 虚通路(VC)和虚通道(VP)

VC 是描述 ATM 信元单向传送能力的概念,是传送 ATM 信元的逻辑信道,即子信道。

VCI 是虚通路标志符。具有相同的 VCI 的信元是在同一个逻辑信道(即虚通路)上传送的。

VP 也是传送 ATM 信元的一种逻辑子信道。一个 VP 中包含一组 VC。

VPI 是虚通道标识符。它标识了具有相同 VPI 的一束 VC。

VC、VP 与物理媒介之间的关系如图 6.9(a)所示,图 6.9(b)所示是 VP 与 VC 的时分复用关系。

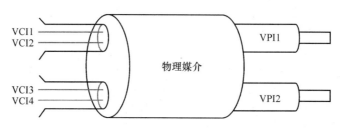

(a) VC、VP与物理媒介关系示意图

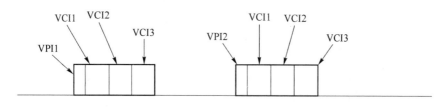

(b) VC与VP时分复用示意图

图 6.9　VC、VP 与物理媒介的关系示意图

(2) 虚通路连接(VCC)和虚通道连接(VPC)

VCC 由多段 VC 链路链接而成,VPC 由多段 VP 链路链接而成,如图 6.10 所示。

由图 6.10 可知,虚连接是由虚通道标识符(VPI)和虚通路标识符(VCI)表示的。虚连接建立后,需要传送的信息即被分割成字节信元,经网络传送到对方。若发送端有多个信源信息同时传送,则应根据相同程序建立到达各自接收端的不同虚连接,信息便可交替地送出。

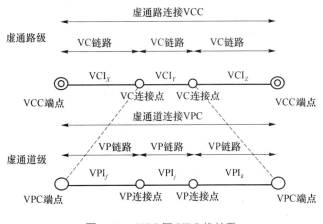

图 6.10　VCC 与 VPC 的关系

6.2.3　ATM 协议参考模型

ATM 协议参考模型与 OSI 分层结构相比，采用了较简化的网络协议，主要有 ATM 用户层、ATM 适配层、ATM 层和 ATM 物理层。

1. ATM 用户层

用户层的基本模型如图 6.11 所示，可分为用户面、控制面与管理面。通常用户面提供用户信息流的转移及有关控制功能；控制面与信令有关，它提供呼叫控制与连接功能；管理面提供网络监视功能。高层是与业务密切关联的。

ATM 网络传输的信息可分成 5 种类型，图 6.11 给出了几种类型的示意模式。

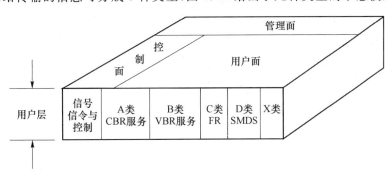

图 6.11　ATM 用户层的基本模型

① A 类服务用于 ATM 网上支持 DS(Digital Signal)电路的传输，它的定义要求端点间的直接定时、不变比特速率(CBR)的面向连接服务。

② B 类服务被认为将支持可变比特速率的语音和视频服务，它的定义要求端点间的直接定时、可变比特速率(VBR)的面向连接服务。

③ C 类服务的定义不要求端点到端点的定时关系、可变的比特到达速率和面向连接服务，C 类用于支持面向数据的应用。

④ D 类服务的定义不要求端点间的定时关系、可变的比特到达速率和非连接的服务。

⑤ X 类服务许可用户或厂家定义他们独自的服务类型。

2. ATM 适配层

ATM 适配层(AAL)负责适配从用户来的信息，其基本协议模型如图 6.12 所示，这样可形成 ATM 网能利用的格式。送给 ATM 的信息往往是多种形式,因此 ATM 要定义不同类型的 AAL 服务。

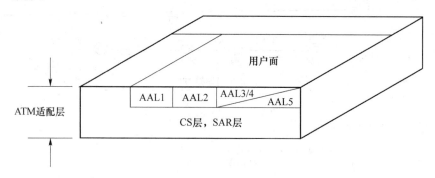

图 6.12　ATM 适配层(AAL)基本协议模型

数据协议必须生成与 ATM 网适配的信息信元(包)。TCP/IP 是最常用的一种协议,TCP/IP 协议将交给 ATM 适配层一个数据包,这个包可能非常大,其长度可能是几百或几千字节。ATM 网只能传输 53 字节的信元。AAL 必须为 IP 包作分割处理,然后将其分割成 ATM 可接受的单元(Cell)。

为了使 ATM 层能与业务类型无关,设置 AAL 来适应各种业务,将高层的协议数据单元(PDU)作为 AAL-SDU,并将其适配到固定长度(48 字节)作为 ATM 业务数据单元(SDU),装入信元的信息字段,并完成其逆过程。从功能上可将 AAL 分为两个子层,即汇聚子层(CS)与拆装子层(SAR)。

(1) 汇聚子层

AAL 的 CS 子层负责为来自用户平面(如 IP 包)的信息单元作分割准备。进行这种准备的目的是让 CS 层能够将这些包再拼成原始状态。为执行这一功能,CS 子层要求有控制信息,控制信息附在用户信息上。CS 子层控制信息包括标头和后缀或只是后缀。控制信息的利用是由 AAL 服务的类型所决定的。CS 子层控制信息将与用户数据一起放在信元的载体部分。

(2) 分割及拼接子层(SAR,Segmentation and Reassembly)

SAR 子层将来自汇聚子层的信元(叫做汇聚子层协议数据单元 CS-PDU)分割成 48 字节的载体。ATM 层只能处理 53 字节的信息单位,其中含有 48 字节的载体部分。这部分是用户实际通信的有用信息(包括像 TCP/IP 这样的协议开销)。从 ATM 层返回到 AAL 层的信息单元也只能是 48 字节长(一个信元载体),任何其他单元都不能通过 AAL 和 AIM 层的这条分界线。

SAR 子层的主要功能是将来自 CS 子层的 CS-PDU 分割为 ATM 信元信息字段,并重组为 CS-PDU。在实施拆装时维持 SAR-PDU 的传输顺序,提供误码检出与保护功能。

ATM 适配具有一种称为层管理项(LME)的控制功能。层管理项也称为管理项(ME)。管理项的功能是启动和控制对 ATM 的连接请求,另外,它协调提交给 ATM 层的用户数据和控制信息。

3. ATM 层

ATM 层的基本功能是负责生成信元,它不管载体的内容,且与服务无关。它只为载体生成信元标头并附给载体,以形成信元标准格式。所以跨越 ATM 层到物理层的信息单元只能是 53 字节的信元。

4. 物理层

ATM 模型的最下面一层是物理层。物理层由传输汇聚子层和物理介质相关层组成。传输汇聚子层的功能是实现物理层汇聚协议(PLCP)。PLCP 负责确保整体物理链路上信息的适当传输和接收。物理介质相关(PMD)子层负责物理介质性质、比特定时及线路编码。

物理层为 ATM 层提供以下服务:

① 有效信元的传送;

② 传送定时信息,以实现较高层次服务,如电路仿真等。

ATM 信元传输可有以下两种方式。

① 基于信元基础的传输系统:使用的帧与 AIM 信元完全匹配。换言之,ATM 信元直接在传输系统的比特流上发送。在这一系统中不同的链路可以准同步方式工作。

② 基于 SDH 基础的传输系统:信元被写入由基本传输系统提供的字节流上。传输系统是 ITU-T 定义的同步数字体系(SDH)。SDH 系统的起始速率为 155.52 Mbit/s,所有定时和同步功能由 SDH 系统执行。SDH 系统的缺点是增加了开销,优点是 SDH 产品已经在一些电信公司的网络上运行。

PM 子层提供比特传输和媒介的物理接入。

ITU-T 规定了两种接入速率,对基于信元基础的传输和基于 SDH 基础的传输均适用。

① 155.52 Mbit/s 接入:这是 STM-1 的线路速率。该接入是对称传输(两方向码速相同)。

② 622.08 Mbit/s 接入:这是 STM-4 的线路速率。这种接入可能是对称的传输,也可能一个方向是 622.08 Mbit/s,另一方向则是 155.52 Mbit/s。在传送电视信号时这种不对称接口是很有用的。

6.3 ATM 交换技术

6.3.1 ATM 交换基本原理

ATM 交换机是根据信元头的信息,基于信元完成的。一个 ATM 交换机可能只使用信头的 VPI 部分,或者只使用 VCI 部分,或者 VPI 和 VCI 两者都使用来决定如何转发信元。

图 6.13 所示是 ATM 交换机的简单工作过程,ATM 交换机接收来自特定输入端口的、带有标记的 VPI/VCI 字段和表明属于特定虚电路的信元,然后检查路由表,从中找出从哪个输出端口转发该信元,并设置输出信元的 VPI/VCI 值。只使用信元头部的 VPI 字段进行 ATM 信元的大量交换是非常有用的。

ATM 采用了虚连接技术,将逻辑子网和物理子网分离。类似于电路交换,ATM 首先选择路径,在两个通信实体之间建立虚通路,将路由选择与数据转发分开,使传输中间的控制较为简单,解决了路由选择瓶颈问题。设立虚通路和虚通道两级寻址,虚通道是由两结点间复用的一组虚通路组成的,网络的主要管理和交换功能集中在虚通道一级,减少了网管和网络控制的复杂性。在一条链路上可以建立多个虚通道。在一条虚通路上传输的数据单元均在相同的物理线路上传输,且保持其先后顺序,因此克服了分组交换中无序接收的缺点,保证了数据的连续性,更适合于多媒体数据的传输。

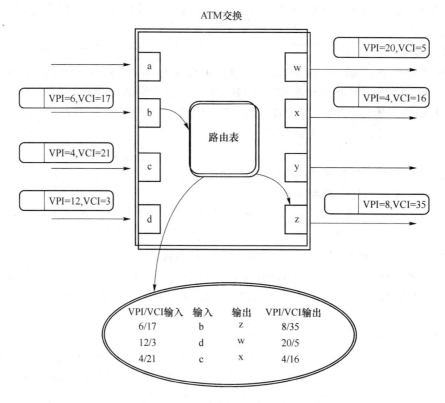

图 6.13　ATM 交换原理示意图

VPI/VCI 字段表示该信元的路由信息,该信息表示这个信元从哪里来,到哪里去。为此我们在下面也常把这两个部分合起来记为 VPI 和 VCI。ATM 交换就是依据各个信元上的 VPI 和 VCI 来决定把它们送到哪一条输出线上去。每个 ATM 交换机建立一张对照表。对于每个交换端口的每一个 VPI 和 VCI,都对应表中的一个入口。当 VPI 和 VCI 分配给某一信道时,对照表将给出该交换机的一个对应输出端口以及用于更新信头的 VPI 和 VCI 值,如图 6.13 所示。当某一信元到达交换机时,交换机将读出该信元信头的 VPI 和 VCI 值,并与路由对照表比较。当找到输出端口时,信头的 VPI 和 VCI 被更新,信元被发往下一段路程。一条通信线路(也叫做一个信道)可以用同步时分复用的办法分割成若干个子信道。例如,一条窄带 ISDN 用户线路可以分割成两个 64 kbit/s 的 B 信道和一个 16 kbit/s 的 D 信道。在异步传送方式中,使用虚通道和虚通路的概念,同样可以把一条通信线路划分成若干个子信道。

ATM 交换的基本任务就是将任一入线上的任一逻辑信道中的信元交换到所要去的任一出线上的任一逻辑信道上去,也就是入线上的输入信元被交换到出线上,同时信头值(VPI/VCI)由输入值变成输出值。这里的信头改变就是 VPI/VCI 值的转换,这是 ATM 交换的基本功能之一。

ATM 交换有以下基本功能。

(1) 空分交换(空间交换)

将信元从一条传输线改送到另一条传输线上去,这实现了空分交换。在进行空分交换时要进行路由选择,所以这一功能也称为路由选择功能。

(2) 信头变换

信头变换就是信元的 VPI/VCI 值的转换,也就是逻辑信道的改变。信头的变换相当于进行了时间交换。

（3）排队

由于 ATM 是一种异步传送方式,信元的出现是随机的,所以来自不同入线的两个信元可能同时到达交换机,并竞争同一条出线,由此会产生碰撞。为了减少碰撞,需在交换机中提供一系列缓冲存储器供同时到达的信元排队使用。

6.3.2　ATM 交换机基本组成

在 B-ISDN 中,ATM 交换机上连接着用户线路和中继线路。在用户线路和中继线路上传送的都是 ATM 信元。ATM 交换机的任务,就是根据 ATM 信头上虚通道标识符和虚通路标识符,把送入的 ATM 信元转送到相应的中继线或用户线上去。

举例来说,用户 A 正在使用虚通道 VPI＝2、虚通路 VCI＝1 向南京发送一幅图片,同时又在使用 VPI＝3、VCI＝1 向南京发送一段话音,同时还在使用 VPI＝4、VCI＝2 从上海接收数据。那么,交换机就应该把从用户线 A 上收到的 VPI＝2、VCI＝1 的 ATM 元转送到中继线 C 上,把从用户线 A 上收到的 VPI＝3、VCI＝1 的 ATM 信元也转送到中继线 C 上,同时把从中继线 D 上收到的 VPI＝4、VCI＝2 的 ATM 信元转送到用户 A 上。如图 6.14 所示。

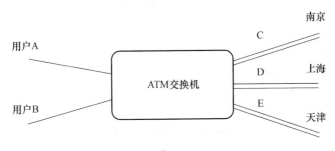

图 6.14　ATM 交换示意

为了完成上述转送 ATM 信元的工作,一个 ATM 交换机一般由 3 个基本部分构成:入线处理和出线处理部分,ATM 交换单元,ATM 控制部分。如图 6.15 所示。其中,ATM 交换单元完成交换动作,ATM 控制单元对 ATM 交换单元的动作进行控制,入线处理部分对各入线上的 ATM 信元进行处理,使它们成为适合送入 ATM 交换单元的形式,出线处理部分对 ATM 交换单元送出的 ATM 信元进行处理,使它们成为适合于传输的形式。

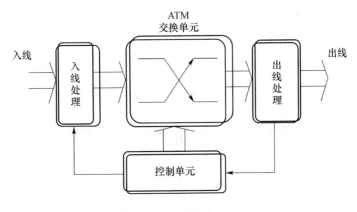

图 6.15　ATM 交换机构成

6.3.3 VP 交换和 VC 交换

1. VP 交换

VP 变换仅对信元的 VPI 进行处理和变换，或者说经过 VP 交换，只有 VPI 值改变，VCI 值不变。VP 交换可以单独进行，它是将一条 VP 上的所有 VC 链路全部转送到另一条 VP 上去，而这些 VC 链路的 VCI 值都不改变。如图 6.16 所示。

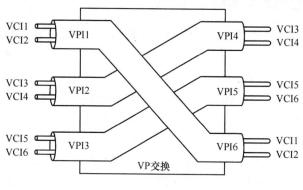

图 6.16　VP 交换

2. VC 交换

VC 交换是同时对 VPI、VCI 进行处理和变换，也就是经过 VC 交换，VPI、VCI 值同时改变。VC 交换必须和 VP 交换同时进行。当一条 VC 链路终止时，VPC 也就终止了。这个 VPC 上的多条链路可以各奔东西加入到不同方向的新的 VPC 中去。

VC 交换示意图如图 6.17 所示。

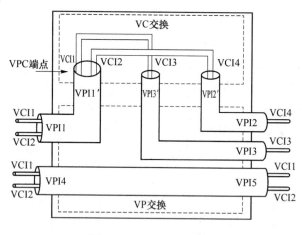

图 6.17　VC 和 VP 交换

6.4　ATM 网络连接及 ATM 网络

6.4.1　ATM 网络连接

ATM 网络是由一系列通过点对点 ATM 链路或接口相互连接的 ATM 交换机构成的。

ATM 交换机支持 UNI 和 NNI 这两种接口。UNI 用于 ATM 端点系统(主机、路由器等)与 ATM 交换机间的连接,NNI 则可以粗略地认为是两台 ATM 交换机间的互联接口,而 UNI 与 NNI 只是在信元格式的定义上稍有不同。更精确地讲,NNI 是两台 ATM 交换机间进行 NNI 协议的任意物理或逻辑链路,如图 6.18 所示。

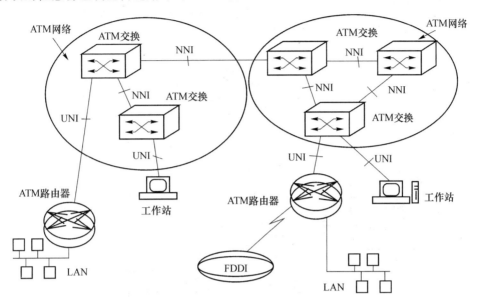

图 6.18　ATM 网络连接

ATM 交换机的基本操作非常简单:通过已知 VCI 或 VPI 上的链路接收一个信元;在局部译码表中找出相应的连接值,从而确定连接的引出端口以及链路上连接的新 VPI/VCI 值;用合适的连接标识符将信元转发到引出链路上。交换机的操作之所以如此简单,是因为外部机制在传送数据前就已经建好了局部译码表。建立表格的不同方式决定了不同的 ATM 连接类型,两种基本的连接类型是永久虚连接(PVC)和交换虚连接(SVC)。

(1) 永久虚连接(PVC)

PVC 是一种由网络管理等外部机制建立的连接,非常类似于帧中继的形成,如图 6.19 所示。在这种连接方式中,处于 ATM 源和目的地之间的一系列交换机都被赋予适当的 VPI/VCI 值。通常,在网络设备中的 VPI/VCI 表由管理人员更新,有时 ATM 信令可简化 PVC 设置,但根据定义,PVC 总是需要一些手工配置工作,因此使用起来通常很麻烦。

(2) 交换虚连接(SVC)

SVC 是一种由信令协议自动建立的连接,它与 X.25 非常相似,通常通过信令动态建立连接,ATM 信令建立连接过程如图 6.20 所示。建立 SVC 不像建立 PVC 那样需要进行手工配置,因此该方式得到更广泛的采用。所有在 ATM 上运行的高层协议都使用 SVC,因此 SVC 是我们讨论的重点问题。ATM 信令(Signaling)是由一个希望在 ATM 网络上建立连接的 ATM 端点系统发出的。该信令是在虚通道,即 VPI=0、VCI=5 上传输的。ATM 信令沿着传输路经标识符,直至抵达目标端点系统,而端点系统可以接受并确认这种连接请求。由于这种连接是沿着连接请求所通过的路径建立的,因此以后的数据也将沿着同一路径传送。

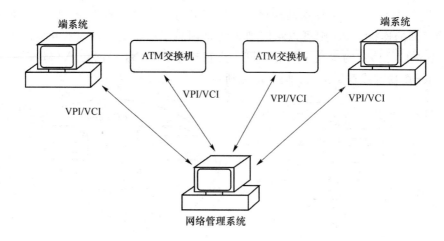

图 6.19　永久虚连接

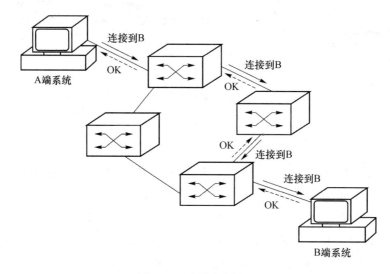

图 6.20　交换虚拟连接

6.4.2　ATM 网络

1. ATM 网络结构

ATM 网络包括 ATM 骨干交换机、ATM 边缘交换机和 ATM 接入交换机,如图 6.21 所示。

ATM 骨干交换机负责提供大容量、高可靠性、低时延的有效的 ATM 传送能力。ATM 边缘交换机负责集中 ATM 信元业务量。ATM 接入交换机负责把各种非 ATM 业务适配成 ATM 信元业务。

ATM 网络具有以下特点:

* 综合性;
* 充分支持多媒体应用;
* 面向连接。

在实际应用中,由于 ATM 终端和信令复杂,很难实现端到端的 ATM 连接。ATM 对话音业务的支持不如 PSTN,对数据业务的支持不如千兆以太网。在核心网和边缘接入网中,ATM 可以发挥作为多业务平台的优势。中国公众多媒体通信网(CNINFO)是由国家通信部门建设的信息高速公路,采用的就是 IP over ATM 技术,分为骨干网和省内网两部分。骨干网设置在 8 个大区中心的骨干节点,采用大容量的 ATM 交换机,节点间为全网状连接,采用 ATM 方式。各省内网节点之间的连接采用帧中继提供的永久虚电路(PVC)或采用 DDN 提供的专线,当有宽带业务需求时,也可采用 ATM 方式。骨干网节点与省内网节点之间可采用 ATM 方式、帧中继方式或采用 DDN 提供的专线。

省级 ATM 宽带网分为骨干级和接入级两部分。骨干级节点配备的 ATM 交换机可承载各种窄带、宽带数据业务。接入级配备的是宽带多业务帧中继交换机,负责各地区数据用户的数据接入业务。

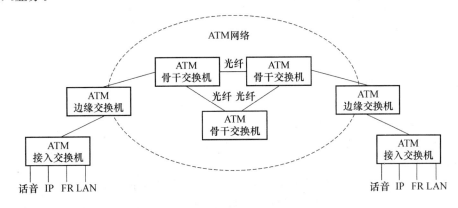

图 6.21　ATM 网络结构

2. ATM 网络业务应用

中国公众多媒体通信网(CNINFO),即"169",是中国电信面向社会公众提供除话音以外的数据通信和图像通信等多媒体服务的通信网。它以 TCP/IP 协议为基本网络互连协议,能与 CHINANET 及其他网络互通。省级 ATM 宽带网以 ATM 作为网络的基础平台,使网络既能满足当前电信业务的需求,又能满足未来 IP 业务发展的需求。同时将整合现有的电信业务,如 PSTN、DDN、163 和 169 等,通过 ATM 宽带网与传统电信网络的互通实现对传统业务的承载。还将开通高速数据传输业务、虚拟专用网业务、IP 业务和视频/语音业务等多项服务。

小　　结

1. ISDN 的概念

(1) IDN

IDN 是数字传输与数字交换的综合,在两个或多个规定点之间提供数字连接,以实现彼此间通信的一组数字节点(指交换节点)与数字链路。IDN 实现从本地交换节点至另一端本地交换节点间的数字连接,但并不涉及用户接续到网络的方式。

IDN 尚不能提供多种业务的综合。

(2) ISDN

ISDN 是以电话 IDN 为基础发展演变而成的通信网,能够提供端到端的数字连接,支持包括话音和非话音业务在内的多种电信业务,用户能够通过一组有限的标准的多用途用户-网络接口接入网内。

从 ISDN 的定义可以看出,它有 3 个基本特性:

- 端到端的数字连接;
- 综合的业务;
- 标准的多用途用户——网络接口。

2. ISDN 的网络功能体系结构

ISDN 包含了 7 个主要功能:

① 本地连接功能;

② 64 kbit/s 电路交换功能;

③ 64 kbit/s 专线功能;

④ 中高速电路交换功能;

⑤ 分组交换功能;

⑥ 中高速专线功能;

⑦ 公共信道信令功能。

实现分组交换功能有两种方法:

- 由 ISDN 本身提供分组交换功能;
- 由分组交换数据网提供 ISDN 分组交换功能。

3. ISDN 业务

所谓 ISDN 业务,是指由 ISDN 网络和接在 ISDN 上的终端提供的用户可能利用的通信能力。也就是说,ISDN 业务除了 ISDN 网络向用户提供的通信能力之外,还包括了利用这种能力(即数字连接和网络智能)的终端的能力。

4. ISDN 业务的分类

(1) 承载业务

承载业务(Bearer Service)是单纯的信息传送业务,由网络提供,具体说,是在用户-网络接口处提供。网络提供的承载业务有电路交换业务或分组交换业务。

(2) 用户终端业务

用户终端业务(Teleservice)指各种面向用户的应用业务,它在人和终端的接口上提供,既反映了网络的信息传递能力,又包含了终端设备的功能。

(3) 补充业务

补充业务也叫附加业务,是由网络提供的,在承载业务和用户终端业务基础上附加的业务性能。补充业务不能单独存在,即不能独立向用户提供,必须随基本业务一起提供。

5. ISDN 用户-网络接口的参考配置

CCITT 建议中采用功能群和参考点的概念规定了 ISDN 用户-网络接口的参考配置(即 ISDN 用户系统标准结构),它是制定 ISDN 用户出入口的根据。

功能群:用户接入 ISDN 所需的一组功能,这些功能可以由一个或多个物理设备来完成。

参考点:不同功能群的分界点,在不同的实现方案中一个参考点可以对应也可以不对应于一个物理接口。

6. 信道类型和接口结构

(1) 信道类型

① B 信道

B 信道用来传送用户信息,传输速率为 64 kbit/s。

② D 信道

D 信道的速率是 16 kbit/s 或 64 kbit/s,它有两个用途:第一,它可以传送公共信道信令;第二,当没有信令信息需要传送时,D 信道可用来传送分组数据或低速的遥控、遥测数据。

③ H 信道

H 信道用来传送高速的用户信息,如高速传真、图像、高速数据、高质量音响及分组交换信息等。

(2) 接口结构

ISDN 的用户-网络接口有两种接口结构:一种是基本接口结构,一种是基群速率接口结构。

① 基本接口

基本接口(BRI)也叫基本速率接口,基本接口由两条传输速率为 64 kbit/s 的 B 信道和一条传输速率为 16 kbit/s 的 D 信道构成,即 2B+D。两个 B 信道和一个 D 信道时分复用在一对用户线上。由此可得出用户可以利用的最高信息传输速率是 $2\times64+16=144$ kbit/s,再加上帧定位、同步及其他控制比特,基本接口的速率达到 192 kbit/s 。

② 基群速率接口

基群速率接口(PRI)或一次群速率接口,主要面向设有 PBX 或者具有召开电视会议用的高速信道等业务量很大的用户,其传输速率与 PCM 的基群相同。

7. 数字用户环路

用户环路也叫用户线,是把用户连接到交换局的设备。ISDN 的用户-网络接口参考配置中,NT1 到 LT 之间的这部分为用户环路。

对基本速率接口,实现数字用户环路二线全双工传输方式主要有两种:时间压缩复用方式(TCM)和回波抵消方式(EC)。

(1) 时间压缩复用方式

时间压缩复用方式又称乒乓方式。它是将连续比特流分割成等长的数据块,压缩成高速脉冲串后,在一对平衡线对上两端交替时分传输。

(2) 回波抵消方式

回波抵消方式是在二线传输的两个方向上同时间、同频谱地占用线路,即在线路上两个方向传输的信号完全混在一起。为了分开收、发两个方向,一般采用 2/4 线转换器(即混合电路),为了消除回波干扰还设置了回波抵消电路。

8. ATM 的基本概念

传输、复用和交换三个部分合起来统称为传递方式(也叫转移模式)。传递方式可分为同步传递方式(STM)和异步传递方式(ATM)两种。

同步传递方式的主要特征是采用时分复用,各路信号都是按一定时间间隔周期性出现,可根据时间(或者说靠位置)识别每路信号。

异步传递方式则采用统计时分复用,各路信号不是按照一定时间间隔周期性地出现,要根据标志识别每路信号。

ATM 的具体定义为:ATM 是一种转移模式(即传递方式),在这一模式中信息被组织成固定长度信元,来自某用户一段信息的各个信元并不需要周期性地出现,从这个意义上来看,这种转移模式是异步的(统计时分复用也叫异步时分复用)。

9. ATM 信元

ATM 信元实际上就是分组,只是为了区别于 X.25 的分组,才将 ATM 的信息单元叫做信元。CCITT 规定 ATM 信元长度为 53 字节。

其中,前 5 个字节为信头(header),包含各种控制信息,主要是表示信元去向的逻辑地址,还有一些维护信息、优先级以及信头的纠错码;后面 48 字节是信息段,也叫信息净负荷（payload）,它载荷来自各种不同业务的用户信息。

10. ATM 信头结构

ATM 信头结构有两种类型:

① 用于用户-网络接口的信头;

② 用于网络节点接口的信头。

11. 异步时分复用

来自不同信源的信息信元用时分复用的方式复用,具有同样标志的信元在传输线上并不对应着某个固定的时隙,也不是按周期出现的。也就是说信息和它在时域中的位置没有固定的关系,信息只是按信头中的标志来区分的,这种复用方式称为异步时分复用。

12. ATM 特点

ATM 的主要特点如下:

① ATM 以面向连接的方式工作;

② ATM 采用异步时分复用;

③ ATM 网中没有逐段链路的差错控制和流量控制;

④ 信头的功能被简化;

⑤ ATM 采用固定长度的信元,信息段的长度较小。

13. ATM 虚连接

（1）虚通路（VC）和虚通道（VP）

VC 是传送 ATM 信元的逻辑信道,即子信道。

VCI 是虚通路标志符。具有相同的 VCI 的信元是在同一个逻辑信道(即虚通路)上传送。

VP 也是传送 ATM 信元的一种逻辑子信道。一个 VP 中包含一组 VC。

VPI 是虚通道标志符。它标识了具有相同 VPI 的一束 VC。

（2）虚通路连接（VCC）和虚通道连接（VPC）

VCC 由多段 VC 链路链接而成,VPC 由多段 VP 链路链接而成。

14. VP 交换和 VC 交换

（1）VP 交换

VP 交换仅对信元的 VPI 进行处理和变换,或者说经过 VP 交换,只有 VPI 值改变,VCI值不变。VP 交换可以单独进行,它是将一条 VP 上的所有 VC 链路全部转送到另一条 VP 上去,而这些 VC 链路的 VCI 值都不改变。

（2）VC 交换

VC 交换同时对 VPI、VCI 进行处理和变换,也就是经过 VC 交换,VPI、VCI 值同时改变。VC 交换必须和 VP 交换同时进行。当一条 VC 链路终止时,VPC 也就终止了。这个 VPC 上的多条链路可以各奔东西加入到不同方向的新的 VPC 中去。

15. ATM 交换的基本原理

（1）空分交换（空间交换）

将信元从一条传输线改送到另一条传输线上去,这实现了空分交换。在进行空分交换时要进行路由选择,所以这一功能也称为路由选择功能。

（2）信头变换

信头变换就是信元的 VPI/VCI 值的转换,也就是逻辑信道的改变。信头的变换相当于进行了时间交换。

（3）排队

由于 ATM 是一种异步传送方式,信元的出现是随机的,所以来自不同入线的两个信元可能同时到达交换机,并竞争同一条出线,由此会产生碰撞。为了减少碰撞,需在交换机中提供一系列缓冲存储器供同时到达的信元排队使用。

复 习 题

1. ISDN 的定义是什么？它的特点有哪些？

2. ISDN 有哪些主要功能？

3. 承载业务和用户终端业务的概念分别是什么？

4. 试画出 ISDN 用户-网络接口参考配置,并简要说明各部分的功能。

5. ISDN 用户-网络接口的信道类型有哪些？各自的作用是什么？

6. 写出 ISDN 用户-网络接口两种接口结构的名称和物理速率。

7. 实现数字用户环路 2 线全双工传输的方式有哪些？各自的特点是什么？

8. ATM 的定义是什么？

9. 试画出 UNI 处 ATM 信元的信头结构,并写出各部分的作用。

10. 一条物理链路里可有多少个 VC？VP 交换和 VC 交换的特点分别是什么？

第 7 章

Internet与宽带IP城域网

Internet 是当今世界上规模最大、用户最多、影响最广泛的计算机互联网络。由于 Internet 的资源极为丰富,网络服务层出不穷并急剧增长,其重要性和对人类生活的影响与日俱增。

7.1 Internet 基本概念及特点

7.1.1 Internet 的基本概念

Internet 又称互联网,其本质就是网络的互联,或者说是网络的网络。

Internet 是一个全球性的信息系统,系统中的每台主机都有一个全球唯一的主机地址,地址格式通过 IP 协议定义,主机与主机的通信遵守 TCP/IP 协议,利用公网和专线的形式向社会提供资源和服务。

Internet 是由许多分布在世界各地共享数据信息的计算机组成的一个大型网络,这些计算机通过电缆、光纤、卫星等连接在一起,包括了全球大多数已有的局域网(LAN)、城域网(MAN)和广域网(WAN)。目前 Internet 系统工程中涵盖了数万个子网、几百万台主机和几千万台计算机。由于有了环球网、交互网,用户可以利用 NETSCAPE 等浏览器在一个轻松愉快、图文并茂的用户界面中"漫游"世界,方便地访问各种信息。

7.1.2 Internet 的特点

Internet 并不是一种新的物理网络,它的传统定义是网络的网络,即网络互联的意思。Internet 将世界上各地已有的各种通信网络组成了一个庞大的国际互联网。Internet 的主要特点是 TCP/IP 是它的基础与核心。

互联网的概念示意图如图 7.1 所示。

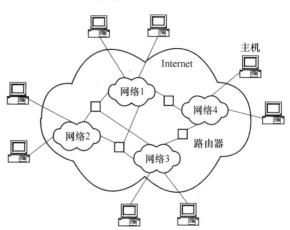

图 7.1　互联网的组成示意图

7.2　Internet 网络标准 TCP/IP

7.2.1　概述

TCP/IP 是当今计算机网络最成熟、应用最广泛的互联技术,其拥有一套完整而系统的协议标准。虽然 TCP/IP 不是国际标准,但它是为全世界广大用户和厂商接受的事实标准。

Internet 是全世界最大的一个计算机互联网络,它采用了 TCP/IP 协议集,TCP 和 IP 是其中最重要的两个协议。

7.2.2　TCP/IP 分层模式

关于协议分层,我们已了解了 ISO 开放系统互联 OSI 网络体系结构模型,同样 TCP/IP 也采用分层体系结构。

1. TCP/IP 模型

TCP/IP 共分 5 层。与 OSI 七层模型相比,TCP/IP 没有表示层和会话层,这两层的功能由最高层——应用层提供。同时,TCP/IP 分层协议模型在各层名称定义及功能定义等方面与 OSI 模型也存在着差异。如表 7.1 所示。

表 7.1　TCP/IP 分层模型与 OSI 模型比较

OSI 模型	TCP/IP 模型	
应用层 表示层 会话层	应用协议	应用层
运输层	TCP、UDP 协议等	运输层
网络层	IP 协议等	网络层
数据链路层	网络接口协议	网络接口层
物理层	物理网络	

TCP/IP 是由许多协议组成的协议簇,其详细的协议分类如图 7.2 所示。图中同时给出了 OSI 模型的对应层。对于 OSI 模型的物理层和数据链路层,TCP/IP 不提供任何协议,由网络接口协议负责。对于网络层,TCP/IP 提供了一些协议,但主要是 IP 协议。对于运输层,TCP/IP 提供了两个协议:传输控制协议 TCP 和用户数据报协议 UDP。对于应用层,TCP/IP 提供了大量的协议,作为网络服务,如 Telnet、FTP 等。

TCP/IP 的主要特点如下。

(1) 高可靠性

TCP/IP 采用重新确认的方法保证数据的可靠传输,并采用“窗口”流量控制机制得到进一步保证。

(2) 安全性

为建立 TCP 连接,在连接的每一端都必须就与该连接的安全性控制达成一致。IP 协议在它的控制分组头中有若干字段允许有选择地对传输的信息实施保护。

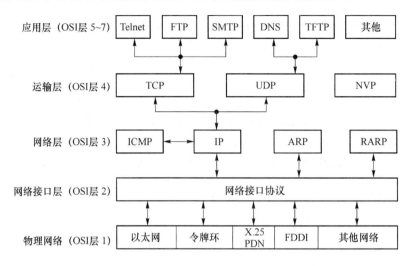

图 7.2 TCP/IP 协议簇

（3）灵活性

TCP/IP 对下层支持其协议,而对上层应用协议不作特殊要求。因此,TCP/IP 的使用不受传输媒体和网络应用软件的限制。

（4）互操作性

由 FTP、Telnet 等实用程序可以看到,不同计算机系统彼此之间可采用文件方式进行通信。

2. TCP/IP 模型各层功能

（1）应用层

TCP/IP 应用层为用户提供访问 Internet 的一组应用高层协议,即一组应用程序,如FTP、Telnet 等。

应用层的作用是对数据进行格式化,并完成应用所要求的服务。数据格式化的目的是便于传输与接收。

严格地说,应用程序并不是 TCP/IP 的一部分,只是由于 TCP/IP 对此制定了相应的协议标准,所以将它们作为 TCP/IP 的内容。实际上,用户可以在 Internet 上(运输层之上),建立自己的专用程序。设计使用这些专用应用程序要用到 TCP/IP,但不属于 TCP/IP。

（2）运输层

TCP/IP 运输层的作用是提供应用程序间(端到端)的通信服务。该层提供了如下两个协议。

① 传输控制协议(TCP):负责提供高可靠的数据传送服务,主要用于一次传送大量报文,如文件传送等。

② 用户数据报协议(UDP):负责提供高效率的服务,用于一次传送少量的报文,如数据查询等。

运输层的主要功能是:

① 格式化信息;

② 提供可靠传输。

为实现可靠传输,该层协议规定接收端必须向发送端发回确认;若有分组丢失时,必须重新发送。

(3) 网络层

TCP/IP 网络层其核心是 IP 协议,同时还提供多种其他协议。IP 协议提供主机间的数据传送能力,其他协议提供 IP 协议的辅助功能,协助 IP 协议更好地完成数据报文传送。

网络层的主要功能如下。

① 处理来自运输层的分组发送请求:收到请求后,将分组装入 IP 数据报,填充报头,选择路由,然后将数据报发往适当的网络接口。

② 处理输入数据报:首先检查输入的合法性,然后进行路由选择。假如该数据报已到达目的地(本机),则去掉报头,将剩下的部分(即运输层分组)交给适当的传输协议;假如该数据报未到达目的地,则转发该数据报。

③ 处理差错与控制报文:处理路由、流量控制、拥塞控制等问题。

④ Internet 报文控制协议(ICMP):用于报告差错和传送控制信息,其控制功能包括差错控制、拥塞控制和路由控制等。

(4) 网络接口层

网络接口层是 TCP/IP 协议软件的最低一层,主要功能是负责接收 IP 数据报,并且通过特定的网络进行传输;或者从网络上接收物理帧,抽出 IP 数据报,上交给 IP 层。

7.2.3　编址与域名系统

在计算机技术中,地址是一种标识符,用于标识系统中的某个对象,不同的物理网络技术有不同的编址方式。对于地址,首先的要求是唯一性,即在同一系统中一个地址只能对应一台主机(一台主机则不一定对应一个地址)。

TCP/IP 采用了一种全网通用的地址格式,为全网的每一网络和每一主机都分配一个网络地址。

1. Internet 的地址结构

TCP/IP 协议规定,Internet 地址同样采用分层结构,由网络地址和主机地址组成,用以标识特定主机的位置信息,如图 7.3 所示。

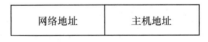

网络地址	主机地址

图 7.3　TCP/IP 地址结构

网络地址用来标识连入 Internet,主机地址标识特定网络中的主机。为了确保主机地址的唯一性,其网络地址由 Internet 注册管理机构网络信息中心 NIC 分配,而主机地址由网络管理机构负责分配。

2. TCP/IP 的地址分类

TCP/IP 协议规定,每个 Internet 地址长 32 bit,以 X. X. X. X 格式表示,X 为 8 bit,其值为 0~255。这种格式的地址被称为"点分十进制"地址。

Internet 地址分为五类,其中 A 类、B 类和 C 类地址为基本的 Internet 地址(或称主类地址),还有 D 类和 E 类为次类地址。各类地址格式如图 7.4 所示。

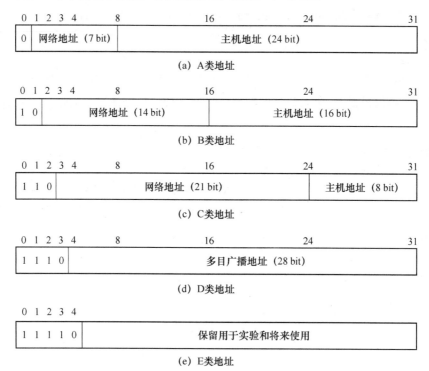

图 7.4　各类地址格式

Internet 地址格式中,前 1～5 个比特用于标识地址是哪一类:

- A 类地址第 1 个比特为"0";
- B 类地址的前 2 个比特为"10";
- C 类地址的前 3 个比特为"110";
- D 类地址的前 4 个比特为"1110";
- E 类地址的前 5 个比特为"11110"。

A 类地址,其网络地址空间为 7 bit,主机地址空间为 24 bit,起始地址为 1～126,即允许有 126 个不同的 A 类网络,7 bit 中的 0000000 和 1111111 不用,每个网络可容纳主机数目多达 $2^{34}-2$ 个。A 类地址结构适用少量的且含有大量主机数的大型网络。

B 类地址,其网络地址空间为 14 bit,主机地址空间为 16 bit,起始地址为 128～191,即允许有高达 $2^{14}-2$ 个不同的 B 类网络,每个网络可容纳主机数为 $2^{16}-2$ 个。B 类地址结构适用于一些政府机构或国际性的大公司。

C 类地址,网络地址空间为 21 bit,主机地址空间为 8 bit,起始地址为 192～223 个,即允许多达 $2^{21}-2$ 种不同的 C 类网络,每个网络能容纳主机数为 $2^8-2=254$ 个。这种地址特别适用于一些小型公司。

以上三类编址方式既适应了大网量少、小网量大、大网主机多、小网主机少的特点,又方便网络地址和主机地址的提取。

D 类地址不标识网络,起始地址为 224～239,用于特殊用途。

E 类地址的起始地址为 240～255。该类地址暂时保留,用于进行某些实验及将来扩展之用。

采用点分十进制地址的方式可以很容易地识别 Internet 地址。

例如,"10.0.0.0"由第一个十进制"10"就可以确定是 A 类地址,"128.10.0.0"是 B 类地址,"192.5.48.0"则是 C 类地址。

我们常常将 32 bit 的 IP 地址中的每 8 个比特用其等效十进制数字表示,并且在这些数字之间加上一个点,这就是点分十进制记法。例如,有 IP 地址:

10000000 00001011 00000011 00011111

这是一个 B 类 IP 地址,若记为 128.11.3.31,就显然方便得多。

IP 地址的使用范围见表 7.2。

表 7.2　IP 地址的使用范围

网络类别	最大网络数	第一个可用的网络号	最后一个可用的网络号	每个网络中的最大主机数
A	126	1	126	16 777 214
B	16 384	128.0	191.255	65 534
C	2 097 152	192.0.0	223.255.255	254

若起始地址表示点分十进制的第一个数,则:

- A 类网络号为 7 位,起始地址为 1～126(0 和 127 不用);
- B 类网络号为 14 位,起始地址为 128～191;
- C 类网络号为 21 位,起始地址为 192～223;

在一般情况下,网络号位和主机号位中的全"0"和全"1"是不使用的。

IP 地址具有以下一些重要特点。

(1) IP 地址和电话号的结构不一样,IP 地址不能反映任何有关主机位置的地理信息。IP 地址分为网络部分和主机部分,也可以说是某种意义上的"分等级"。

(2) 当一个主机同时连接到两个网络上时(作路由器用的主机即为这种情况),该主机就必须同时具有两个相应的 IP 地址,其网络号是不同的。这种主机称为多地址主机。

(3) 按照 Internet 的观点,用转发器或网桥连接起来的若干个局域网仍为一个网络,因此这些局域网都具有同样的网络号。

(4) 在 IP 地址中,所有分配到网络号的网络都是平等的。

(5) IP 地址有时也可用来指明一个网络的地址。这时,只要将该 IP 地址的主机号字段置为全零即可。例如,10.0.0.0.175.89.0.0 和 201.123.56.0 这 3 个 IP 地址(分别是 A 类、B 类和 C 类地址)都指的是单个网络的地址。

3. 子网地址

子网编址技术是指在 Internet 地址中,对于主机地址空间采用不同方法进行细分,通常是将主机地址的一部分分配给子网。

使用子网编址技术,主要基于如下原理。

(1) 在客观实际中,大多数网络中的主机数在几十台至几百台,即使采用 B 类地址也是绰绰有余。而 A 类地址中允许每个网络中的主机数高达 $2^{34}-2$ 台,一般只能用于为数很少的特大型网络。为了充分利用 Internet 的宝贵地址资源,采用将主机地址进一步细分为子网地址和主机地址,其主要目的是便于管理。

(2) 采用子网编址和子网路由选择,能够降低路由选择的复杂性,提高灵活性和可靠性。

子网编址方法如图 7.5 所示。在 Internet 地址中,网络地址部分不变,原主机地址划分为子网地址和主机地址。

图 7.5　子网编址方法

这样 Internet 地址结构成为 4 个层次,如图 7.6 所示。

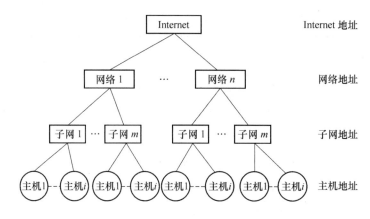

图 7.6　Internet 地址结构的 4 个层次

采用子网编址技术,便于分级管理和维护,因而可使 Internet 具有最大的可靠性、灵活性和适应性。

4. 子网的划分

为了使 IP 地址的使用更加灵活,在 IP 地址中又增加了一个"子网号字段"。一个单位分配到的 IP 地址是 IP 地址的网络号,而后面的主机号则由本单位进行分配。本单位所有的主机都使用同一个网络号。当一个单位的主机很多而且分布在很大的地理范围时,往往需要用一些网桥将这些主机互连起来。网桥的缺点较多。例如,容易引起广播风暴,同时当网络出现故障时也不太容易隔离和管理。为了使本单位的主机便于管理,可以将本单位所属主机划分为若干个子网,用 IP 地址中的主机号字段中的前若干个比特作为"子网号字段",后面剩下的仍为主机号字段。这样做就可以在本单位的各子网之间用路由器来互连,因而便于管理。需要注意的是,子网的划分纯属本单位内部的事,在本单位以外看不见这样的划分。从外部看,这个单位仍只有一个网络号。只有当外面的分组进入到本单位范围后,本单位的路由器再根据子网号进行选路,最后找到目的主机。

5. 子网掩码

划分了子网以后,为了区分子网号字段和主机号字段,提出了子网掩码的概念。

图 7.7 说明了在划分子网时要用到的子网掩码的意义。图 7.7(a)将一个 B 类 IP 地址作为例子;图 7.7(b)表示将本地控制部分再增加一个子网号字段,子网号字段究竟选为多长,由本单位根据情况确定。TCP/IP 体系规定用一个 32 bit 的子网掩码来表示子网号字段的长度。

　　具体做法是:子网掩码由一连串的"1"和一连串的"0"组成。"1"对应于网络号和子网号字段,而"0"对应于主机号字段。对于图 7.7(c)所示的例子,第一个子网可使用的 IP 地址从130.50.4.1 开始,第二个子网可使用的地址从 130.50.8.1 开始,其余依次类推。130.50 是网络号,子网号是 6 位,当其最后一位为 1 时,其点分十进制数就为 4,故可写为 130.50.4.1。

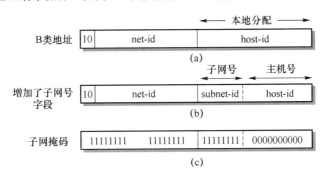

图 7.7　子网掩码的编码

　　若知道一个主机的 IP 地址和子网掩码,那么就能知道某个 IP 数据报是发给该子网上的一个主机,或本网络中的另一个子网上的一个主机,或在另一个网络上的一个主机。

　　根据 IP 地址即可判断它是 A、B 或 C 类地址中的哪一类。而子网掩码则指出子网号和主机号的分界线。

　　多划分出一个子网号字段要付出代价。例如,对于如图 7.7 所示的例子,本来一个 B 类IP 地址可容纳 65 534 个主机号,但划分出 6 bit 的子网号字段后,最多可有 62 个子网(去掉全1 和全 0 的子网号)。每个子网有 10 bit 的主机号,即每个子网最多可有 1 022 个主机号。因此主机号的总数是 62×1 022=63 364 个,比不划分子网时要少了一些。

　　当采用子网掩码时,从 IP 地址和子网掩码能够很方便地看出子网号和主机号的位数。例如,IP 地址为 140.252.20.68,显然,此 IP 地址是一个 B 类地址,因此网络号是 16 位,主机号是 16 位。若子网掩码为

　　　　　　　　11111111 11111111 11111111 11100000 (255.255.255.224)

可见子网号共有 11 位,而主机号占 5 位。16 位的主机号中前 11 位是子网号,后 5 位是主机号。

　　采用子网掩码就相当于采用三级寻址。每一个路由器在收到一个分组时,首先检查该分组的 IP 地址中的网络号。若网络号不是本网络,则从路由表找出下一站地址将其转发出去,若网络号是本网络,则再检查 IP 地址中的子网号。若子网不是本子网,则同样地转发此分组。若子网是本子网,则根据主机号即可查出应从何端口将分组交给该主机。

　　例如,一分组首部中的目的地址为 130.50.15.6。当此分组到达某路由器时,路由器先用子网掩码(假定为 255.255.252.0,即前面是 22 个 1,后面是 10 个 0)和目的 IP 地址 130.50.15.6逐比特相"与",得出 130.50.12.0。这是一个 B 类地址,因此网络号为 130.50。路由器检查此网络号,看是否与自己在同一个网络上。现假定是在同一个网络上。路由器再检查子网号上面"与"出来的后面的两个字节 12.0 是子网号和主机号,用二进制代码表示就是 0000110000000000。由于其中的前 6 bit 为子网号,后 10 bit 为主机号,可见此分组的目的地址中的子网号为 3。若路由器的子网号是 3,则按最后 10 bit 的主机号从路由表中找出交付主机的端

口。若路由器的子网号不是3,则根据从路由表中找出转发到该目的子网的端口。

例 某单位分配到一个IP地址为129.250.0.0。为了使该单位的主机便于管理,拟将该单位主机划分为若干个子网,若该单位子网掩码为225.225.240.0,试求该单位最多可设置的主机数。

解 IP地址的起始地址为129,是B类地址。网络号字段为16位;主机号字段为16位。子网掩码225.225.240.0对应的二进制表示为

$$11111111\ 11111111\ 11110000\ 00000000$$

所以可知子网号字段为4位,主机号字段为12位。

该单位可划分的子网数是14个(除去全1和全0的子网号),每个子网可设置4 094个主机,因此可设置的主机数为14×4 094=57 316个。

6. 地址的转换

IP地址是不能直接用来进行通信的,原因如下。

① IP地址只是主机在网络层中的地址。若要将网络层中传送的数据报交给目的主机,还要传到链路层转变成MAC帧后才能发送到网络,而MAC帧使用的是源主机和目的主机的硬件地址。因此必须在IP地址和主机的硬件地址之间进行转换。

② 用户平时不愿意使用难于记忆的主机号,而是愿意使用易于记忆的主机名字,因此也需要在主机名字和IP地址之间进行转换。

在TCP/IP体系中都有两种转换的机制。

① 对于较小的网络,可以使用TCP/IP体系提供的叫做hosts的文件来进行从主机名字到IP地址的转换。文件hosts上有许多主机名字到IP地址的映射,供主叫主机使用。

② 对于较大的网络,则在网络中的几个地方放有域名系统DNS域名服务器,上面分层次放有许多主机名字到IP地址转换的映射表。源主机中的名字解析软件自动找到DNS的域名服务器来完成这种转换。域名系统DNS属于应用层软件。

7. 域名系统

Internet中IP地址由32比特组成,对于这种数字型地址,用户很难记忆和理解。为了向用户提供一种直观明白的主机标识符,TCP/IP开发了一种命名协议,即域名系统DNS(Domain Name System)。这是一种字符型的主机名字机制,用于实现主机名与主机地址间的映射。

在Internet中,报文传送时必须使用IP地址。用户输入的是主机名字,DNS的作用是将名字自动翻译成IP地址。

7.2.4 无分类编址 CIDR

CIDR(Classless Inter-Domain Routing)是无分类域间路由选择的缩写。它主要是为解决IP地址(指IPv4的32 bit地址)即将全部耗尽而面临无地址可分配的状况而提出的提高IP地址资源利用率的一种办法。

CIDR的特点及表示法如下。

(1) CIDR消除了传统的A类、B类和C类地址以及划分子网的概念,因而可以更加有效地分配IPv4的地址空间,并且可以在新的IPv6使用之前容许因特网的规模继续增长。CIDR使用各种长度的"网络前缀"(network-prefix)来代替分类地址中的网络号和子网号,而不是像分类地址中只能使用1字节、2字节和3字节长的网络号。CIDR不再使用"子网"的概念而使

用网络前缀,使 IP 地址从三级编址(使用子网掩码)又回到了两级编址,但这已是无分类的两级编址。它的记法为

$$IP 地址::=\{\langle 网络前缀\rangle,\langle 主机号\rangle\}$$

CIDR 还使用"斜线记法"(slash notation),又称为 CIDR 记法,即在点分十进制表示的 IP 地址后面加上一个斜线"/",然后写上网络前缀所占的比特数(这个数值对应于三级编址中子网掩码中比特 1 的个数)。例如,128.14.46.34/20 表示在这个 32 bit 的 IP 地址中,前 20 bit 表示网络前缀,而后面的 12 bit 为主机号。有时需要将点分十进制的 IP 地址写成二进制表示的地址才能看清楚网络前缀和主机号。例如,上述地址的前 20 bit 是 10000000　00001110　0010 (这就是网络前缀),而后面的 12 bit 是 1110　00100010(这就是主机号)。

(2) CIDR 将网络前缀都相同的连续的 IP 地址组成"CIDR 地址块"。一个 CIDR 地址块是由地址块的起始地址(即地址块中地址数值最小的一个)和地址块中的地址数来定义的。

CIDR 地址块也可用斜线记法来表示。例如,128.14.32.0/20 表示的地址块共有 2^{12} 个主机号地址(因为斜线后面的 20 是网络前缀的比特数,所以主机号的比特数是 12,因而主机号地址数就是),而该地址块的起始地址是 128.14.32.0。在不需要指出地址块的起始地址时,也可将这样的地址块简称为"/20 地址块"。上面的地址块的最小地址和最大地址为

最小地址 128.14.32.0　　10000000 00001110 00100000 00000000
最大地址 128.14.47.255　　10000000 00001110 00101111 11111111

当然,这两个全 0 和全 1 的主机号地址一般并不使用。通常只使用在这两个地址之间的地址。

当我们见到斜线记法表示的地址时,一定要根据上下文弄清它是指一个单个的 IP 地址,还是指一个地址块。由于一个 CIDR 地址块可以表示很多地址,所以在路由表中就利用 CIDR 地址块来查找目的网络。这种地址的聚合常称为路由聚合(route aggregation),它使得路由表中的一个项目可以表示很多个原来传统分类地址的路由。路由聚合也称为构成超网。

CIDR 虽然不使用子网了,但仍然使用"掩码"这一名词(但不叫子网掩码)。对于"/20"地址块,它的掩码是:11111111　11111111　11110000　00000000(20 个连续的 1)。斜线记法中的数字就是掩码中 1 的个数。

CBR 记法有几种等效的形式,例如,10.0.0.0/10 可简写为 10/10,也就是将点分十进制中低位连续的 0 省略,10.0.0.0/10 相当于指出 IP 地址 10.0.0.0 的掩码是 255.192.0.0。

比较清楚的表示方法是直接使用二进制。例如,10.0.0.0/10 可写为

00001010 0Oxxxxxx xxxxxxxx xxxxxxxx

这里的 22 个 x 可以是任意值的主机号(但全 0 和全 1 的主机号一般不使用)。因此 10/10 可表示包含 2^{22} 个 IP 地址的地址块,这些地址块都具有相同的网络前缀 00001010 00。

另一种简化表示方法是在网络前缀的后面加一个星号 *,如:

00001010 00 *

意思是在"*"之前是网络前缀,而"*"表示 IP 地址中的主机号,可以是任意值。

7.3　宽带 IP 城域网

7.3.1　宽带 IP 城域网概念

随着 Internet 用户增长,用户接入的宽带化、综合化建设已经成为当前众多厂商竞争的重

要领域。各大通信企业,均已把宽带 IP 城域网络建设和宽带接入业务作为发展重点之一,加大宽带 IP 网络的建设投入和市场开发力度,以求尽快建设具有超前性能够提供多媒体业务的宽带网络,以满足用户对宽带业务的需求。

城域网产生于计算机通信网,用于局域网互联和数据新业务的发展,是覆盖城市范围的特定的数据业务传送网络。随着以 IP 为代表的数据通信技术的发展及计算机通信网与传统电信网的逐渐融合,目前的 IP 城域网概念已拓宽为 IP 分布式接入概念的延伸,指城市内以数据、多媒体业务为主体并能承载各种业务的新一代本地通信网。因目前的城域网具有传输速率高、可提供给各类业务的带宽大的特点,所以又常常称其为宽带 IP 城域网。

综上所述,宽带 IP 城域网的基本定义是:宽带 IP 城域网是基于宽带技术,以电信网络的可管理性、可扩充性为基础,在城域范围内汇集宽窄用户的接入,面向满足集团用户、个人用户对各种宽带多媒体业务(互联网访问、虚拟专用网等)需求的综合宽带网络,是电信网络的重要组成部分,向上与骨干网络互联。

7.3.2 宽带 IP 城域网所提供的业务

1. 非实时业务

该类业务通常为信息传输业务,如高速上网、智能社区服务、远程教育、电子商务等。

2. 实时业务

该类业务包括双向、双方和多方业务。在进行通信时要求具有实时响应,要求提供业务的网络具有足够的带宽并能够严格地保证延时和抖动容限指标要求。这类业务包括 IP 电话/传真业务、多媒体会议业务、远程教学(通过 IP 进行实时教学部分)、远程医疗等。

3. 互联或组网型业务

这一类业务包括高速网络互联及 VPN 等。

4. 带宽和专线出租业务

在宽带城域网上为用户提供类似于电路专线的专线业务或网络资源的出租。

7.3.3 宽带 IP 城域网中的路由器和交换机

1. 二层交换机

二层交换机是数据链路层的设备,它读取数据包中的 MAC 地址信息并根据 MAC 地址进行交换。交换机内部有一个地址表(或者叫缓存),这个地址表标明了 MAC 地址和交换机自端口的对应关系。当交换机从某个端口收到一个数据包,它首先读取包头中的源 MAC 地址,这样就知道源 MAC 地址的机器是连在哪个端口上的,它再去读取包头中的目的 MAC 地址,并在地址表中查找相应的端口,如果表中有与这目的 MAC 地址对应的端口,则把数据包直接复制到这个端口上,如果在表中找不到相应的端口,则把数据包广播到所有端口上,当目的主机对源主机回应时,交换机又可以学习到目的 MAC 地址与哪个端口对应,在下次传送数据时就不再需要对所有端口进行广播了。二层交换机就是这样建立和维护它自己的地址表。由于二层交换机一般具有很宽的交换总线带宽,所以可以同时为很多端口进行数据交换。

2. 路由器

路由器是通过转发数据包来实现网路互联的设备。路由器可支持多种协议,可以在网络层上转发数据包。路由器需要连接两个或多个由 IP 子网或无编号点到点线路标识的逻辑接口,至少拥有一个物理端口。路由器是在 OSI 七层网络模型中的第三层——网络层操作的。

路由器内部有一个路由表标明了如果要去某个地方,下一步应该往哪走。路由器从某个端口收到一个数据包,它把链路层的包头去掉(拆包),读取目的 IP 地址,然后查找路由表,若能确定下一步往哪送,则再加上链路层的包头(打包),把该数据包转发出去。如果不能确定下一步的地址,则向源地址返回一个信息,并把这个数据包丢掉。

路由器技术其实是由两项最基本的活动组成,即决定最优路径和传输数据包。其中,数据包的传输相对较为简单和直接,而路由的确定则更加复杂一些。路由算法在路由表中写入各种不同的信息,路由器会根据数据包所要到达的目的地选择最佳路径把数据包发送到可以到达该目的地的下一台路由器处。当下一台路由器接收到该数据包时,也会查看其目标地址,并使用合适的路径继续传送给后面的路由器。依次类推,直到数据包到达最终目的地。

路由器之间可以进行相互通信,而且可以通过传送不同类型的信息维护各自的路由表。路由更新信息就是这样一种信息,一般是由部分或全部路由表组成。通过分析其他路由器发出的路由更新信息,路由器可以掌握整个网络的拓扑结构。链路状态广播是另外一种在路由器之间传递的信息,它可以把信息发送方的链路状态及时地通知给其他路由器。

3．三层交换机

三层交换机结合了二层交换机和三层路由器两者的优势,可在各个层次提供线速性能。它不仅使二层与三层相互关联起来,而且还提供流量优先化处理、安全以及多种其他的灵活功能。

三层交换机实质上是一个带有三层路由功能的二层交换机,是三层路由功能和二层交换的有机结合。

具有路由器功能的三层交换机能进行协议分析,所以它必须全部存储发来的数据帧,并进行分析,最后按协议的首部信息转发到相应的端口。

三层交换(或 IP 交换技术)是相对于传统交换概念而提出的。简单地说,三层交换技术就是:二层交换技术＋三层转发技术。

7.3.4　宽带城域网的网络结构和功能分层

1．宽带 IP 城域网的网络结构

宽带 IP 城域网实际就是基于 TCP/IP 的基础宽带网,是广域 IP 网在城市范围内的延伸,其主要功能是承载城域 IP 业务,可以为用户提供局域网互联、专线上网和拨号上网等业务,从而实现城域信息的高速交换和宽、窄带接入的汇聚。

城域网在组网结构上可分为核心层、汇聚层和接入层,如图 7.8 所示。

从图 7.8 可以看出,宽带 IP 城域网从逻辑上采用分层的建网思路,这样可使网络结构清晰,各层功能实体之间的作用定位清楚,接口标准、开放。根据不同的网络规模,可分为核心层、汇聚层和接入层。

(1)核心层

核心层主要是把边缘汇聚层连接起来,为汇聚层网络提供数据的高速转发,同时实现与上级网络的互联,提供城市的高速数据出口。该层的网络结构重点考虑可靠性、可扩展性和开放性。

(2)汇聚层

汇聚层主要完成本区域内业务的汇接,进行带宽和业务汇聚、收敛和分发,并进行用户管理,通过识别定位用户实现基于用户的访问控制和带宽许可,同时提供安全保证和灵活的计费方式。

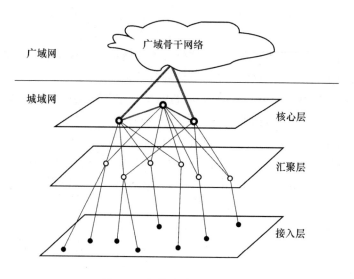

图 7.8　宽带城域网组网结构

（3）接入层

接入层主要利用多种接入技术,迅速覆盖用户,进行带宽和业务分配,实现用户的接入,必要时配合完成用户流量控制功能。

2. 宽带 IP 城域网的实现方案

目前组建 IP 城域网主要有两种方案:

- 采用高速路由器为核心,路由器或交换机作为汇聚层的三层网络设计(路由＋交换);
- 采用高速 LAN 交换机为核心,交换机作为汇聚层(全交换)的二层网络设计。

（1）采用高速路由器为核心组建的 IP 城域网

在 IP 业务量较大的城市,IP 城域网骨干层将直接采用高速路由器为核心来组建,并以 GE(Gigabit Ethernet,吉比特以太网)方式组网为主,POS(PPP over SDH)连接为辅,中继采用市内光纤或其他传输介质,如图 7.9 所示。对于 IP 业务量大的城市,考虑到需要处理的 IP 数据包比较多,只有采用高速路由器才能处理得过来,并且当 IP 业务量比较大时,IP 层面的流量控制和服务级别划分(服务等级)等也是不可缺少的,而这些功能都只有高速路由器才能提供,所以对于业务量比较大的城市,应该采用高速路由器为核心来组建 IP 城域网。

对于 IP 城域网的骨干层面建设,应该以简单的网络拓扑为主。例如,只以两个节点为核心节点,其他骨干节点(汇聚层节点)分别与这两个核心节点相连接;同时,在核心层和汇聚层高速路由器上连接高性能的三层路由交换机,以方便接入层 LAN 交换机的接入;IP 城域网的接入层面将主要由 LAN(局域网)交换机组成,向用户提供以太网等宽带接入。

在核心层的核心节点还需要设置城域网至广域骨干网的出口。另外一些接入服务器,如 PSTN/ISDN 拨号接入服务器、宽带拨号(支持 PPPoE,即 PPP over Ethernet)接入服务器、VPN(虚拟专用网)接入服务器等,也将放置在城域网的骨干节点上,为提供对 PPPoE 用户的支持,在这种由高速路由器为骨干组建的 IP 城域网的一些主要节点,分布式放置宽带接入设备。这些宽带接入设备一般通过一条或者多条 FE(Fast Ethernet,快速以太网)或 GE 链路与三层交换机相连。

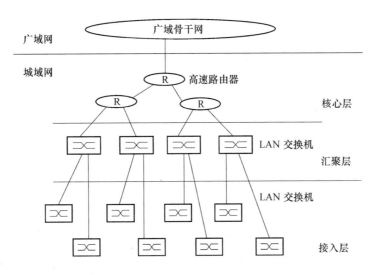

图 7.9 采用高速路由器为核心组建 IP 城域网

（2）采用高速 LAN 交换机为核心组建 IP 城域网

对于业务量中等以下的城市,可采用高速 LAN 交换机(同时支持第二层和第三层)为核心来组建 IP 城域网,并完全以 GE 方式组网,中继采用市内光纤或其他传输介质。如图 7.10 所示,对于 IP 业务量中等以下的城市,考虑到需要处理的 IP 数据包并不是特别多,并且由于带宽相对比较富余,IP 层面的流量控制和服务级别划分等也不是特别重要,所以采用高速 LAN 交换机来组网是完全可行的。

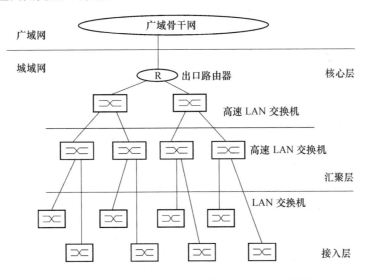

图 7.10 采用高速 LAN 交换机为核心组建 IP 城域网

需要指出的是,由于二层网络本身所具有的缺陷,一个纯粹的二层网络是没有很好的可扩充性及可管理性的,要使网络具备层次性的结构因素就必须引入三层的路由功能。因此,可采用交换机为主的二层网络设计方案也同样必须具备三层 IP 的路由功能和控制功能,通常的做法是通过在高速 LAN 交换机上配置三层路由模块来实现。考虑到网络的稳定性,高速 LAN 交换机将同时支持链路层(第二层)和 IP 路由(第三层),并且需要支持链路层的用户隔离和广播数量的抑制。

对于 IP 城域网的骨干层面建设,同样应该以简单的网络拓扑为主。例如,仍然只以两个节点为核心节点,其他骨干节点(汇聚层节点)分别与这两个核心节点相连接等;通过在核心层和汇聚层高速 LAN 交换机上配置三层功能和配置 VLAN,构成路由网络和交换网络相互叠加,相互共存,以满足不同类型用户对网络的要求;城域网的接入层面也将主要由 LAN 交换机为主组成,向用户提供以太网等宽带接入。在核心层的核心节点还需要设置城域网至广域骨干网的出口,考虑到高速路由交换机在 BGP 等路由处理方面的不足,以及为了将来网络扩展的需要,可以在核心层设置专门用于与广域骨干网交换 BGP 路由协议的、容量适当的高速路由器。为提供对 PPPoE 用户的支持,在城域网的核心节点集中或少量分散地放置宽带接入设备,一般它们通过一条或者两条 FE/GE 链路与三层交换机相连。为了支持不同区域用户之间的隔离,可以选用支持 802.1Q 标准的宽带接入设备,以便可以在同一端口接入不同VLAN 的用户。

由于高速 LAN 交换机价位比较低,另外通过划分 VLAN(Virtual LAN,虚拟局域网)的方法,可以使得虚拟拨号(PPPoE)穿过 IP 城域网的基于 LAN 交换机的骨干层面,宽带接入服务器将可以采用集中式接入方案,在城域网业务发展初期,这样组建 IP 城域网将是比较节省投资的一种组网方式。

7.3.5 宽带 IP 城域网的传输技术

根据所采用的传输技术以及核心节点设备的不同,当前主要有以下 3 种组网技术。

1. IP over ATM

对于已有完善的 ATM 网的电信运营商而言,在 ATM 网上传送 IP 业务是不可避免的。ATM 以网络的形式支持 IP,这可以大大提高 IP 网的性能,不但提高了传输效率,同时也缩短了传输时延,这就是通常所说的 IP over ATM。

IP over ATM 是把面向连接的 ATM 的能力引入到无连接的 IP 中去,利用 ATM 优良的QoS 保证、对多业务的支持以及高稳定性为 IP 网络提供高质量的稳定的具有兼容性的核心平台。

IP 与 ATM 的结合是一种优势互补的结合,但实现起来仍有其困难之处。首先,ATM 是面向连接的,而 IP 是无连接的;其次,IP 协议有其相应的寻址方式、选路功能和地址结构,而ATM 也有相应的信令、选路规程和地址结构。将这两种技术糅合在一起已出现了两类"糅合"的模式,即重叠模型和集成模型。

(1)重叠模型

IP 协议在 ATM 上运行。在 ATM 网上的端点使用 ATM 地址和 IP 地址两者来标识。网中的服务器完成上述两种地址的映射功能。在发端用户获得收端用户的 ATM 地址后,ATM 交换机建立交换虚通路(SVC)连接,传送相应的数据包。

该模型中,IP 骨干网引入了 ATM 交换节点,其他部分仍旧是路由器。其优点是采用了ATM 论坛和 ITU-T 的信令标准,与标准的 ATM 网络和业务兼容。缺点是传送 IP 包的效率较低。

(3)集成模型

ATM 层被视为 IP 的对等层。在 ATM 的端点只需标识 IP 地址,而不需应用地址解析协议。建立连接时使用非标准的 ATM 信令协议。ATM 交换机的工作类似于一个多协议的路由器。

　　该模型中,在 ATM 骨干网部分综合了 IP 选路功能,不需进行 IP/ATM 的地址解析。其优点是 IP 包的传送效率比较高,缺点是 IP 和标准的 ATM 技术融合起来较困难。特别是目前的产品只能支持 IP 应用,不能为其他的业务服务,尚无法在提供多业务的公用电信网中应用。

　　属于该模型的实现技术方式有 IP 交换、标记交换(tag switch)、汇聚选路 IP 交换(ARIS)等。IETF(Internet 工程任务组)准备以标记交换等为基础制订通用的集成模型标准——多协议标记交换(MPLS)。

　　MPLS 是一种被业界普遍看好的技术,它应用于广域网,是 IP 和 ATM 相结合技术的一种好的解决方案。IETF 的 MPLS 工作组正在积极开发和制订有关 MPLS 的标准。许多电信设备制造商和计算机厂家都参与了标准的制订。

2. IP over SDH

　　为了适应数据通信网,尤其是 Internet 上急剧增长的业务需求以及解决随之而生的网络拥塞、时延和服务质量问题,Internet 骨干网需要重新设计,以具备高速、扩展、安全和适应多类型业务的特点。ITU-T(国际电信联盟)、IETF(Internet 工程任务组)以及 ATM(异步传输模式)论坛等国际标准化组织联合众多的网络设备开发商、制造商以及网络业务供应商,共同寻找一种建设、改造 Internet 骨干网的方案。

　　在各种 IP 技术方案中,IP over ATM(异步传输模式上传送 IP)、IP over SDH(光同步传输模式上传送 IP)、IP over WDM(波分复用传送 IP)等技术应运而生,成为未来 Internet 技术、多媒体通信网络技术的竞争焦点,同时也成为业界关注的热点。然而,经研究和实践发现,当 IP 业务繁忙或出现大量不均衡、突发性业务时,会发生 ATM 降载,主干网路由器不堪负荷也会引起整个系统停机。再加上 IP over ATM 的网络体系结构比较复杂、传输效率低、开销损失大(达 25%～30%)的缺点,使人们把眼光转向了 IP over SDH。

　　在因特网上,路由器作用类似于交换机。为了解决在 IP 骨干网上路由器的"瓶颈"问题,一方面是让它与 ATM 结合,另一方面是使之高速化和加入服务质量(QoS)的要求。有了高速路由器,并具有一定的 QoS 之后,就可以用 SDH 光传输设备将这些高速路由器互联形成 IP 骨干网,而不必经过 ATM 这一环节,这就是 IP over SDH。

　　所谓 IP over SDH,即以 IP over SDH 网络作为 IP 数据网络的物理传输网络,并使用链路适配及成帧协议 PPP(Point-to-Point Protocol)对 IP 数据包进行封装,然后按字节同步的方式把封装后的 IP 数据包映射到 SDH 的同步净荷封装(SPE)中,按其各次群相应的线速率进行连续传输。

　　IP over SDH 相对于 IP over ATM 传输方式具有更高的传输效率,更适合于组建专门承载 IP 业务的数据网络。其主要优点如下:

- IP 数据包通过 PPP 协议直接映射到 SDH 帧结构上,省去中间的 ATM 层,简化了 IP 网络体系结构,提高了数据传输效率;
- 将 IP 网络技术建立在 SDH 传输平台上,可以很容易地跨越地区和国界,兼容各种不同的技术和标准,实现网络互联;
- 可以充分利用 SDH 技术的各种优点,如自动保护切换 APS,保证网络的可靠性;
- 有利于实施 IP 多点广播技术;
- 适用于 IP 骨干网。

但是,IP over SDH 技术仍具有以下不足之处:

- 不适于集数据、语音、图像等的多业务平台；
- 目前 IP over SDH 尚不能像 IP over ATM 技术那样提供较好的服务质量 QoS；
- 对大规模的网络，需处理庞大、复杂的路由表，而且路由表查找困难，路由信息占用较大的带宽；
- 尚不支持虚拟专用网（VPN）和电路仿真；
- 网络扩充性能较差，不如 IP over ATM 技术那样灵活。

3. IP over WDM

近年来，Internet 的迅猛发展，促使 IP 技术获得以往通信和信息技术从未有过的高速发展。近几年来，IP 技术无论从网络结构上、传输能力上还是业务开拓上都取得巨大的进展。

TCP/IP 是 20 世纪 70 年代作为网间互联协议提出来的，在将近 20 年的时间内，除了在美国局域网互联中起到作用外，一直没引起外部世界的重视。ITU-T 在很长一个时期内没有接纳这个标准。直到 20 世纪 90 年代初，Web 的出现从根本上改变了这种状态，IP 网及相应的 IP 技术都获得了急速的发展。

IP 是网络层协议，SDH、WDM 是物理层传送技术，在两层之间需要一个数据链路层，数据链路层负责把物理层提供的信号转换成网络层所需要的信号。

传统的扩容方法是采用 TDM（时分复用）方式，即对电信号进行时间分隔复用。无论是 PDH 的 34 Mbit/s、140 Mbit/s，还是 SDH 的 155 Mbit/s、622 Mbit/s 等，都是按照这一原则进行的。据统计，当系统速率低于 2.5 Gbit/s（含 2.5 Gbit/s）时，系统每升级一次，每比特的传输成本下降 30% 左右。因此，在过去的系统升级中，人们首先想到并采用的是 TDM 技术。采用 TDM 方式是数字通信提高传输效率、降低传输成本的有效措施。但是随着现代电信网对传输容量要求的急剧提高，利用 TDM 方式已日益接近极限，例如，对于现在的 10 Gbit/s，TDM 已没有太多的潜力可挖，并且传输设备的价格很高，光纤色度色散和极化模色散的影响也日益加重。人们正越来越多地把兴趣从电复用转移到光复用，即从光域上用各种复用方式来改进传输效率，提高复用速率。

IP 与 ATM 的结合是面向连接的 ATM 与无连接 IP 的统一，也是选路与交换的优化组合，但其网络结构复杂，开销损失达 25% 以上。IP 与 SDH 的结合则是将 IP 分组通过点到点协议直接映射到 SDH 帧，省掉了中间的 ATM 层，从而保留了因特网的无连接特征，简化了网络结构，提高了传输效率，但无优先级业务质量。IP over WDM 的优势在于其巨大的带宽潜力，可以满足 IP 业务巨大的带宽要求，并解决 IP 业务的不对称性问题。WDM 系统的业务透明性可以兼容不同协议的业务，实现业务会聚。依靠 WDM 的高带宽和简单的优先级方案，还可以基本解决人们所关心的服务质量（QoS）问题。越来越多的人认识到 IP over WDM 和 IP over SDH 将成为大型 IP 高速骨干网的主要技术，以疏导高速率数据流。IP over SDH 和 IP over WDM 的区别在于承载业务量的大小和适应不对称业务的灵活性上。

IP over WDM 的思路是：不仅省掉了 ATM 层，也省掉了中间的 SDH 层，将 IP 直接放在光路上传输。显然，这是一种最简单直接的体系结构，省掉了中间的 ATM 层和 SDH 层，简化了层次，减少了网络设备和功能重叠，减轻了网络配置的复杂性，额外的开销最低，传输速率最高。

7.4　接入 Internet 的方式

7.4.1　通过电话网接入 Internet

通过电话网接入 Internet 是指用户计算机使用调制解调器,通过电话网与 ISP 相连接,再通过 ISP 的连接通道接入 Internet,如图 7.11 所示。

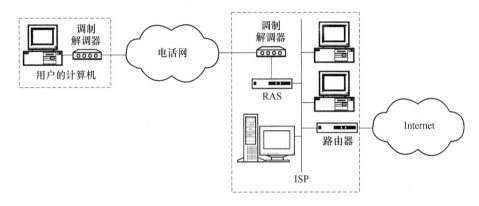

图 7.11　通过电话网接入 Internet

ISP 是 Internet 服务的提供者,是用户接入 Internet 的入口点。一方面,它为用户提供 Internet 接入服务;另一方面,它也为用户提供各类信息服务。

不管使用哪种方式接入 Internet,首先都要连接到 ISP 的主机。从用户角度看,ISP 位于 Internet 的边缘,用户通过某种通信线路连接到 ISP,再通过 ISP 的连接通道接入 Internet。

目前,国内的四大互联网运营机构都在全国大中城市设立了 ISP,如 CHINANET 的 "163"与"169"服务、CERNET 覆盖大专院校的 Internet 服务等。

用户的计算机与 ISP 的远程接入服务器(RAS,Remote Access Server)均通过调制解调器 (modem)与电话网相连。用户在访问 Internet 时,通过拨号方式与 ISP 的 RAS 建立连接,再通过 ISP 的路由器访问 Internet。

电话网是为传输模拟信号而设计的,计算机中的数字信号无法直接在普通的电话线上传输,因此需要使用调制解调器。在发送端,调制解调器将计算机中的数字信号转换成能够在电话线上传输的模拟信号;在接收端,将接收到的模拟信号转换成能够在计算机中识别的数字信号。

ISP 能提供的电话中继线数目关系到与 ISP 建立连接的成功率。每条电话中继线在每个时刻只能支持一个用户接入,ISP 提供的电话中继线越少,用户与 ISP 的 RAS 建立连接的成功率越低。在用户端,既可以将一台计算机直接通过调制解调器与电话网相连,也可以利用代理服务器将一个局域网间接通过调制解调器与电话网相连。

目前较好线路的最高传输速率可以达到 56 kbit/s,一般线路只能达到 33.6 kbit/s,而较差线路的传输速率会更低。由于电话线支持的传输速率有限,所以这种方式适合于个人或小型企业使用。

由于技术方面的原因,拨号线路的可靠性不够高。在大量信息的传输过程中,有时会中断连接,所以这种方式不适合提供 Internet 服务。

7.4.2　通过数据通信网接入 Internet

通过数据通信网接入 Internet 是指用户局域网使用路由器,通过数据通信网与 ISP 相连接,再通过 ISP 的连接通道接入 Internet,如图 7.12 所示。

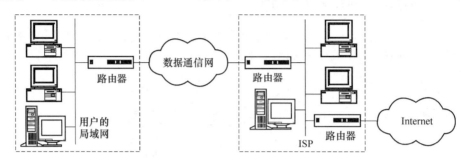

图 7.12　通过数据通信网接入 Internet

数据通信网有很多种类型,如 DDN、ISDN、X.25 与帧中继等。目前,国内数据通信网的经营者主要有中国电信与中国联通。

采用这种接入方式时,用户花费在租用线路上的费用比较昂贵,用户端通常是有一定规模的局域网,如一个企业网或校园网。一般来说,采用这种接入方式的用户希望达到以下目的:

* 在 Internet 上提供信息服务;
* 通过 Internet 实现企业内部网的互联;
* 在单位内部配置连接 Internet 的电子邮件服务器;
* 获得更大的带宽,以保证传输的可靠性。

选择哪种数据通信网络与租用多大的带宽,通常取决于用户的信息流量与能够承担的费用等多种因素。

1. 通过 DDN 专线接入 Internet

局域网用户可以通过 DDN 专线接入 Internet,其接入速率可以是 64 kbit/s、128 kbit/s,再高速率可以是 2.048 Mbit/s。其接入方式的连接示意图如图 7.13 所示。

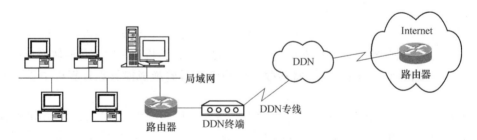

图 7.13　通过 DDN 专线接入 Internet

2. 通过分组网专线电路接入 Internet

该方式即通过分组网以 TCP/IP 协议上网,同 DDN 专线电路上网类似,所不同的是电路是分组网的虚电路(SVC 或 PVC)。用户除需是分组网用户外,还需配备支持 TCP/IP 协议的路由器和运行 IP 软件的主机或网络,同时用户还根据需要为其网上的所有设备申请 IP 地址和单位的域名。

通过分组网的路由器上网,用户可以一机多用,用户除可以接入 Internet 外,还可以同时与分组网上的用户通信。通过分组网上网,一般的上网速率在 12～64 kbit/s 之间。该方式主要面向通信量不太大的用户群。

3. 通过帧中继电路接入 Internet

通过帧中继电路接入 Internet 的连接示意图如图 7.14 所示。该方式即通过帧中继交换网以 TCP/IP 协议上网,同 DDN 专线电路上网类似,所不同的是电路一般是帧中继网的 PVC 虚电路(SVC 基本不用)。帧中继是一种高性能的 WAN 协议,它运行在 OSI 参考模型的物理层和数据链路层。帧中继技术省略了 X.25 的一些功能,如提供窗口技术和数据重发技术,而是依靠高层协议提供纠错功能,这是因为帧中继工作在更好的 WAN 设备上,这些设备较之 X.25 的 WAN 设备具有更可靠的连接服务和更高的可靠性,它严格地对应于 OSI 参考模型的最低二层,而 X.25 还提供第三层的服务,所以帧中继比 X.25 具有更高的性能和更有效的传输效率。

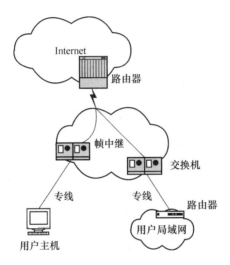

图 7.14　通过帧中继电路接入 Internet

7.4.3　通过 ADSL 接入 Internet

ADSL 接入系统典型结构如图 7.15 所示。它主要由局端设备和用户端设备组成,其中局端设备包括 ATU-C、DSLAM 和 POTS 分离器,用户端设备包括 ATU-R 和 POTS 分离器。

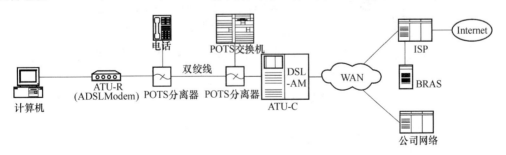

图 7.15　ADSL 接入系统典型结构

(1) POTS 分离器

POTS 分离器使得 ADSL 信号能够与普通电话信号共用一对双绞线,在局端和远端均需要有一个 POTS 分离器,它在一个方向上组合两种信号,而在相反方向上将这两种信号正确分离。POTS 分离器基本上是一种三端口设备,包含一个双向高通滤波器和一个双向低通滤波器,滤波器由无源器件实现,因此当 ADSL 系统出现设备故障或电源中断时,正常的电话通信业务仍然能够维持。

(2) ATU-R

ATU-R 是指远端 ADSL 收发单元,放置于用户端,主要完成接口适配、调制解调以及桥接等功能。

(3) ATU-C

ATU-C 是指局端 ADSL 收发单元,放置于局端,与 ATU－R 配对使用,主要完成接口适配、调制解调以及桥接等功能。

(4) DSLAM

DSLAM 指数字用户线接入复用器,可将用户线路上的业务流量整合汇聚到与骨干网交换设备相连的高速数据链路上。

(5) BRAS

BRAS 指宽带远程接入服务器,主要用于对逻辑点对点(PPP)连接的管理,完成或协助完成时长统计、流量统计以及用户识别、鉴权、地址分配等。

(6) ISP

Internet 服务提供商(ISP)是实现综合服务网络的重要部分,ISP 是一个通用术语,泛指因特网服务提供商、娱乐服务提供商通过 xDSL 技术接入的任何一种类型的服务提供商。

目前,ADSL 主要存在 ATM 和 IP 两种接入方式。

早期基于 xDSL 的接入网上层网络协议多以 ATM 为中心,ATM 方式的接入思想主要是基于 ATM 应用的发展,即骨干网的 IP 化使得 ATM 的应用由骨干传输层退到网络边缘层,更好地发挥 ATM 带有 QoS 保证的综合业务接入能力。但由于 ATM 本地网建设的相关投资非常大,回报周期长,其高成本和高复杂性在一定程度上阻碍了 ADSL 在普通用户中的大规模推广。通过 ADSL 方式接入 ATM 网络再接入 Internet 的连接方式示意图如图 7.16 所示。

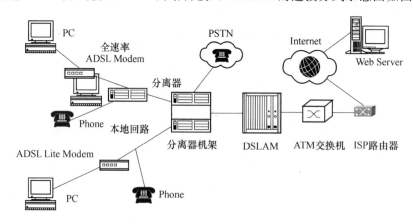

图 7.16   通过 ADSL 方式接入 ATM 网络再接入 Internet 的连接方式

宽带 IP 网络的建设和 Ethernet 到桌面已成为全球事实上的标准,因此在 ADSL 宽带接入网建设的初期,从价格、市场需求、建设周期、对现有设备兼容性、投资保护等角度出发,网络结构采用基于 IP 方式不失为一种好方案。

采用基于 IP 方式 ADSL 接入方案依据 IP 地址的分配方式可分为静态 IP 地址方式和动态 IP 地址方式两种解决方式。

1. 静态 IP 地址方式 ADSL 接入方案

静态 IP 地址 ADSL 接入方案连接示意图如图 7.17 所示。

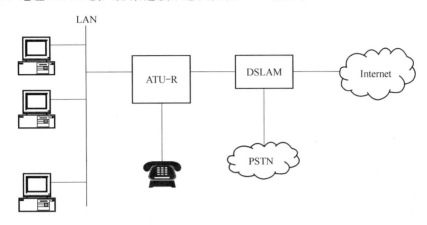

图 7.17　固定 IP 地址 ADSL 宽带接入

该方式的优点是给上网用户(包括以太网用户)分配固定的 IP 地址、掩码及其默认网关,通过 ATU-R 提供的以太网口上网。

固定 IP 方式的特点是:

- 用户上网方便,效率高,且与 Internet 一直在线连接,该方式类似于传统的专线上网;
- 运营商向每个上网用户固定分配 IP 地址,但 IP 地址的资源有限,这样就大大限制 IP 用户的数量;
- 运营商无法对上网用户的业务进行有效的管理;
- 用户上网权限的保密性差;
- 用户局域网网络接入时需要自己配置 IP 地址及其掩码。

2. 动态 IP 地址方式 ADSL 接入方案

针对静态 IP 地址方式的缺点,产生了动态 IP 地址方式的 ADSL 宽带接入技术。动态 IP 地址 ADSL 接入方案连接示意图如图 7.18 所示。

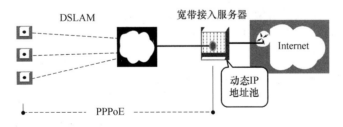

图 7.18　动态 IP 方式的 ADSL 宽带接入

所谓动态 IP 方式是用户通过虚拟拨号技术动态获得 IP 地址来开展上网业务。该技术采用的核心协议是 PPPoE,以太网上的客户机发起 PPPoE 连接,由局方提供且位于骨干网边缘层的宽带接入服务器终结 PPPoE 连接或将其进行续传。PPP 协议属于数据链路层协议,它提供了一种将各种高层协议封装打包的方法,提供点对点的连接,但其本身不具备寻址能力。

PPPoE 是将 PPP 承载到以太网之上,充分利用以太网技术的寻址能力,其实质是在共享介质的网络上提供一条逻辑上的点到点链路,提供以太网中的每个上网用户与宽带接入服务器之间的一条逻辑 PPP 连接。多个以太网上的用户同时通过 PPPoE 协议获得相应数目的逻辑 PPP 连接。

通过对用户进行动态 IP 地址分配,从而最大限度地利用有限的 IP 地址资源。

7.4.4 光纤接入混合接入模式

1. FTTX+xDSL

世界各国的电信运营公司为了利用现有的用户线资源,正在积极开发宽带铜线接入技术,包括 ADSL、HDSL 和 VDSL 等,统称为 xDSL 技术。xDSL 技术虽然是过渡性 Internet 宽带接入技术,但它可以在一定程度上满足用户的宽带接入需求,可以满足高速 Internet 等基本服务。世界各国 xDSL 业务正在蓬勃开展,越来越多的用户开始购买和使用 xDSL 业务。

考虑到通常影响双绞电话线路传输性能的因素有衰减、串扰、回波干扰、脉冲干扰等,xDSL 高频段 CAP、QAM 和 DMT 等调制技术本身也具有一些缺点,直接造成的后果是 xDSL 传输距离太近。如何解决这一问题呢?可在大大缩短用户铜线接入距离的前提下,将 FTTX 技术与 xDSL 结合起来,具体地说,可将 xDSL DSLAM 设备尽量安装在离用户最近的地方。

具体应用的连接方式如图 7.19 所示。

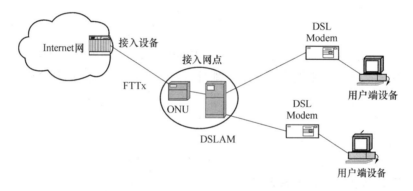

图 7.19 FTTX + ADSL 连接方式

2. FTTX + LAN

对于企事业用户局域网来说,以太网、ATM 等组网技术一直很流行。以太网用得最多,性能价格比好,具有可扩展性、容易安装开通以及高可靠性等,以太网接入方式与 Internet 很适应。但以太网 10 Mbit/s、100 Mbit/s 甚至 1 Gbit/s 的数据传输速率对传输介质要求很高,并且由于技术本身和介质特性的要求,以太网传输一般不能超过几百米。

采用透明的 FTTX 技术可延伸用户连接距离,若与以太网结合,将在保证用户接入带宽的前提下,使以太网的传输距离大为扩展。该方式可以满足未来几年 Internet 接入应用的需要,尤其适合解决密集性用户群体高速接入需求,是企事业等集团用户高速接入的最经济方式。该方式实现的前提是将以太网交换设备尽量安装在离用户最近的地方。

具体应用的连接方式如图 7.20 所示。

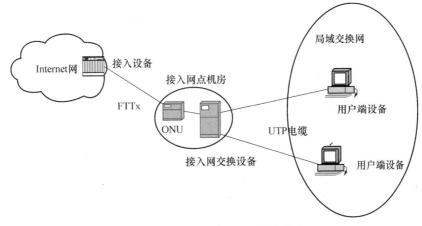

图 7.20 FTTX ＋ LAN 连接方式

7.4.5 通过以太网接入 Internet

1．小区以太网接入网络结构

在住宅小区内采用现代信息网络技术,建立一个宽带信息业务接入平台,对各种信息实现全面、实时、有效的接收、传递、采集和监控,即为宽带小区。

（1）小区与宽带小区/智能大厦

宽带小区/智能大厦中宽带网络接入平台位于整个宽带 Internet 网络中接入网部分的配线层和引入线层。当前接入网馈线段基本实现光纤化情况下,宽带小区/智能大厦的建设主要解决通信网中最后一段的接入瓶颈问题,使小区/大厦内每个用户通过高速信息接入方式接入到 Internet 中去。下面以小区以太网接入为例,阐述整个以太网接入体系。

（2）小区以太网接入模型

从介质上讲,以太网接入网络利用光纤 ＋ 5 类线方式实现小区的高速信息接入。从系统上讲,以太网接入网络由小区接入网络、楼栋接入网络和网管系统组成,小区以太网接入宽带IP 城域网的接入模型如图 7.21 所示。

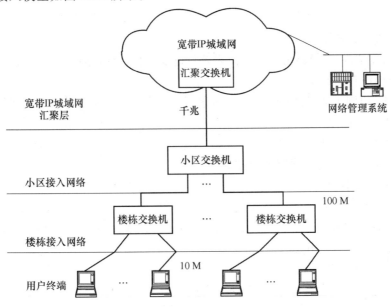

图 7.21 小区以太网接入宽带 IP 城域网的接入模型

小区接入网络交换机采用以太网交换机,可具有三层路由处理功能。上行采用千兆光纤接口,或 100 M 电口经光电收发器上联,下行小于 100 m 采用 5 类线,大于 100 m 采用光纤。

楼栋接入网络交换机采用带 VLAN 功能的二层以太网交换机,可不需要路由功能,上行采用 100 M 光纤接口或五类双绞线接口,下行采用 10 M 电接口。楼栋接入网络交换机接入用户主要是通过楼内综合布线系统和相关的配线模块提供 5 类线端口入户,入户端口能够提供 10 M 的接入带宽。系统中可采用配置 VLAN 的方式保证最终用户一定的隔离和安全性。VLAN 在楼栋接入交换设备上配置,终结在小区接入交换设备上。每个小区接入交换机管辖区域内的 VLAN 要统一管理分配,IP 地址统一规划。

考虑到以太网在双绞线介质上传输距离的限制,可以将小区接入电路分为两种情况。

① 小区接入交换机与城域网汇聚交换机均提供 10/100 M 电接口的情况,接入电路的连接方式如图 7.20 所示,中间设备是光电收发器。

② 小区接入交换机与城域网汇聚交换机均提供 10/100 M/1G 光接口的情况,接入电路的连接方式如图 7.21 所示,无中间设备,通过光缆或光纤直接相连。

7.5 下一代 IP 技术——IPv6

7.5.1 IPv6 技术的引入及其特点

1. IPv4 存在的问题

(1) IPv4 地址空间即将耗尽

现在使用的 IP(即 IPv4)是在 20 世纪 70 年代末期设计的,无论从计算机本身发展还是从因特网规模和网络传输速率来看,现在 IPv4 已很不适用了。这里最主要的问题就是 32 bit 的 IP 地址不够用。32 bit 的 IP 地址都已尽数分配,尽管采用了无分类编址技术(CIDR)和网络地址转换(NAT)方法也只是推迟了 IP 地址耗尽的时间,不能从根本上解决 IP 地址耗尽的问题。治本的办法就是采用具有更大地址空间的新版本 IP 协议,即 IPv6。

(2) 路由表急剧膨胀

2～3 层拓扑结构,各级路由器中路由表条目过度增长,路由选择等待时间增大。

(3) 无法提供多样的 QoS

"最大努力"原则不能保证发送工作是否进行以及何时进行,不利于实时多媒体及电子商务业务需求增长迅猛。

(4) 网络安全令人担忧

IPv4 协议本身对安全性问题考虑较少。

2. IPv6 的主要特点

(1) 更大的地址空间

IPv6 将地址从 IPv4 的 32 bit 增大到 128 bit,使地址空间增大了 2^{96} 倍。这样大的地址空间在可预见的将来是不会用完的。

(2) 扩展的地址层次结构

IPv6 由于地址空间很大,因此可以划分为更多的层次。IPv6 具有与网络层次适配的层次地址。

（3）灵活的首部格式

IPv6 数据报的首部和 IPv4 的并不兼容。IPv6 定义了许多可选的扩展首部,不仅可提供比 IPv4 更多的功能,而且还可提高路由器的处理效率,这是因为路由器对扩展首部不进行处理(除逐跳扩展首部外)。

（4）改进的选项

IPv6 允许数据报包含选项的控制信息,因而可以包含一些新的选项。IPv4 所规定的选项是固定不变的。

（5）允许协议继续扩充

这一点很重要,因为技术总是在不断发展(如网络硬件的更新),而新的应用也还会出现。但我们知道,IPv4 的功能是固定不变的。

（6）支持即插即用(即自动配置)

（7）支持资源的预分配

IPv6 支持实时视像等要求保证一定的带宽和时延的应用。

7.5.2　IPv6 地址体系结构

1. 地址类型

TCP/IP 支持 3 种不同类型的网络地址,即单播(unicast)、组播(multicast)和任播(anycast)。

（1）单播地址是点对点通信时使用的地址。此地址仅标识一个接口。网络负责把向单播地址发送的分组送到该接口上。

（2）组播地址表示主机组。严格地说,它标识一组接口。该组包括属于不同系统的多个接口。当分组的目的地址是组播地址时,网络尽力将分组发到该组的所有接口上。信源利用组播功能只需生成一次报文,即可将其分发给多个接收者。

（3）任播地址也标识接口组,它与组播的区别在于发送分组的方法。向任播地址发送的分组并未被分发给组内的所有成员,而只发往由该地址标识的"最近的"那个接口。它是 IPv6 中新加入的功能。

应当注意,与 IPv4 不同的是,IPv6 不采用广播地址。为了达到广播效果,IPv6 可以使用能够发往所有接口组的组播地址。

2. IPv6 的地址格式

IPv6 的地址体系采用多级体系。这充分考虑到怎样使路由器更快地查找路由。IPv6 的地址格式如图 7.22 所示。

图 7.22 中的前 4 种地址都是单播地址,后面两种分别是多播地址和任播地址。

图 7.22 (a)是基于提供者的全局单播地址,用来给全世界接在 Internet 上的主机分配单播地址。这种地址共有以下 5 个字段。

- 注册机构标识符:负责分配服务提供者的地址。
- 服务提供者标识符:负责分配用户的地址。
- 用户标识符:用来标识不同的用户。
- 子网标识符:用来标识用户网络内的子网。
- 接口标识符:用来标识一个结点上的接口。

图 7.22(b)和图 7.22(c)分别是本地链路和本地网点地址。这些地址只有本地的意义,可

在每个单位内使用而不会产生冲突。但这种地址不能用于单位的外部。

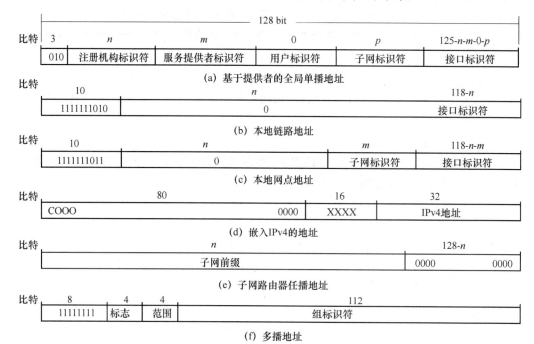

图 7.22　IPv6 的地址格式

推广使用 IPv6 的一个重要问题就是其要和 IPv4 兼容。向 IPv6 过渡的过程必然很长,因此 IPv6 和 IPv4 将长期共存。现在采用的方法是将 32 比特的 IPv4 地址嵌入到 IPv6 地址中的低 32 比特,其前缀或者是 96 个 0(这叫做 IPv4 兼容的 IPv6 地址),或者是 80 个 0 后面跟上 16 个 1(这叫做 IPv4 映射的 IPv6 地址)。图 7.21(d)所示就是嵌入 IPv4 的地址。

图 7.22(e)是任播地址的一个特殊形式。子网前缀字段(如可以是图 7.21 (a)的前 5 个字段)标识一个特定的子网,而最后的接口标识符字段置为零。所有发送到这样的地址的数据报将交付到该子网上的某一个路由器,最后再将一个正确的接口标识符写入最后一个字段中,以形成一个完整的单播地址。

图 7.22(f)是多播地址。标志字段目前只有两种情况,0000 表示一个永久性的多播地址,而 0001 表示临时性的多播地址。范围字段的值为 0~15,用来限定主机组的范围。现在已分配的值是:1 本地结点,2 本地链路,5 本地网点,8 本地组织,14 全球范围。

3. IPv6 地址表示法

在 IPv6 中,每个地址占 128 bit,地址空间比 IPv4 增大了 2^{96} 倍。如果地址分配速率是每微秒分配 100 万个地址,则需要 10^{19} 年的时间才能将所有可能的地址分配完毕。可见在想象得到的将来,IPv6 的地址空间是不可能用完的。

巨大的地址范围还必须使维护互联网的人易于阅读和操纵这些地址。IPv4 所用的点分十进制记法现在也不够方便了。例如,一个用点分十进制记法的 128 比特的地址:

104.230.140.100.255.255.255.255.0.0.17.128.150.10 .255.255

IPv6 地址扩展到 128 比特,为便于理解协议,采用了稍简洁的冒号十六进制记法,即用冒号将其分割成 8 个 16 比特的数组,每个数组表示成 4 位的 16 进制数。例如:

EECD:BA98:7654:3210:FEDC:BA98:7654:3210

在每个 4 位一组的十六进制数中,如其高位为 0,则可省略,即采用零压缩,例如:

$$1080:0000:0000:0000:0008:0800:200C:417A$$

可缩写成

$$1080:0:0:0:8:800:200C:417A$$

进一步可将一连串的零用一对冒号取代,上例变为

$$1080::8:800:200C:417A$$

如果将前面所给的点分十进制数的值改为冒号十六进制记法,就变成

$$68E6:8C64:FFFF:FFFF:0:1180:960A:FFFF$$

这里将 0000 中的前 3 个 0 省略了。例如,3 个 0 后面一个 F(000F)可缩写为 F。

冒号十六进制记法还包含两个技术使它尤其有用。首先,冒号十六进制记法可以允许零压缩,即一连串连续的零可以为一对冒号所取代,例如:

$$FF05:0:0:0:0:0:0:B3$$

可以写成

$$FF05::B3$$

为了保证零压缩有一个不含混的解释,规定在任一地址中只能使用一次零压缩。

其次,冒号十六进制记法可结合有点分十进制记法的后缀。这种结合在 IPv4 向 IPv6 的转换阶段特别有用。例如,下面的串是一个合法的冒号十六进制记法:

$$0:0:0:0:0:0:128.10.2.1$$

请注意,在这种记法中,虽然为冒号所分隔的每个值是一个 16 bit 的量,但每个点分十进制部分的值则指明一个字节(8 bit)的值。再使用零压缩即可得出:

$$::128.10.2.1$$

IPv6 地址前缀的表示方法类似于 CIDR 中 IPv4 的地址前缀表示法。IPv6 的地址前缀可以利用如下符号表示:

$$\boxed{\text{IPv6 地址/前缀长度}}$$

这里 IPv6 地址是上述任一种表示法所表示的 IPv6 地址;前缀长度是一个十进制值,指定该地址中最左边的用于组成前缀的比特数。

例如,60 bit 的前缀 12AB00000000CD3(十六进制表示的 15 个字符,每个字符代表 4 bit)可记为

$$12AB:0000:0000:CD30:0000:0000:0000:0000/60$$
$$12AB::CD30:0:0:0:0/60$$
$$12AB:0:0:CD30::/60$$

各进制数转换如表 7.3 所示。

表 7.3　各进制数转换表

二进数	十进数	十六进数	二进数	十进数	十六进数
0	0	0	1001	9	9
1	1	1	1010	10	A
10	2	2	1011	11	B
11	3	3	1100	12	C

二进数	十进数	十六进数	二进数	十进数	十六进数
100	4	4	1101	13	D
101	5	5	1110	14	E
110	6	6	1111	15	F
111	7	7	10000	16	10
1000	8	8			

7.5.3 Ipv4 向 IPv6 演进技术

要实施 IPv6 网络,必须充分考虑现有的网络条件,充分利用现有的网络条件构造下一代因特网,以避免过多的投资浪费。现在的网络设备大部分都是基于 IPv4 网络的,也不可能在短时间内都支持 IPv6 网络,因此在相对比较长的一段时期内,IPv6 网络将和 IPv4 网络共存,实现 IPv4 向 IPv6 的平稳演进。

在 IPv4 的网络环境里组建 IPv6 网络,可以通过双协议栈和隧道技术来实现。

双协议栈是指在完全过渡到 IPv6 之前,使一部分主机(或路由器)装有两个协议栈:一个 IPv4 和一个 IPv6(如图 7.23 所示)。因此,双协议栈主机(或路由器)既能够和 IPv6 的系统通信,又能够和 IPv4 的系统进行通信。双协议栈的主机(或路由器)记为 IPv6/IPv4,表明它具有两种 IP 地址:一个 IPv6 地址和一个 IPv4 地址。

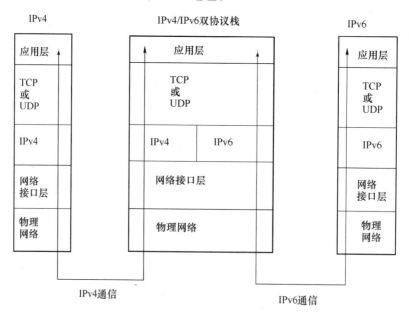

图 7.23 双协议栈

双协议栈主机在和 IPv6 主机通信时是采用 IPv6 地址,而和 IPv4 主机通信时就采用 IPv4 地址。但双协议栈主机怎样知道目的主机是采用哪一种地址呢?它是使用域名系统(DNS)来查询。若 DNS 返回的是 IPv4 地址,双协议栈的源主机就使用 IPv4 地址。但当 DNS 返回的是 IPv6 地址,源主机就使用 IPv6 地址。

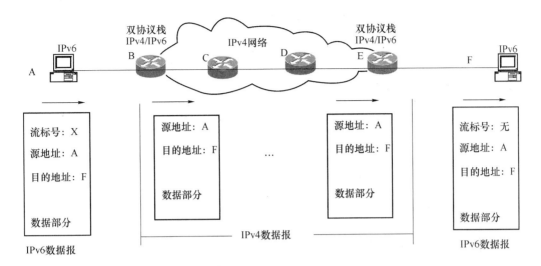

图 7.24　使用双协议栈进行从 IPv4 到 IPv6 的过渡

图 7.24 所示的情况是源主机 A 和目的主机 F 都使用 IPv6,所以 A 向 F 发送 IPv6 数据报,路径是 A→B→C→D→E→F。中间 B 到 E 这段路径是 IPv4 网络,因此路由器 B 不能向 C 转发 IPv6 数据报,因为 C 只使用 IPv4 协议。由于 B 是 IPv6/IPv4 路由器,因此路由器 B 将 IPv6 数据报首部转换为 IPv4 数据报首部后发送给 C。等到 IPv4 数据报到达 IPv4 网络的出口路由器 E(E 也是 IPv6/IPv4 路由器)时,再恢复成原来的 IPv6 数据报。需要注意的是, IPv6 首部中的某些字段却无法恢复。

例如,原来 IPv6 首部中的流标号 X 在最后恢复出的 IPv6 数据报中只能变为空缺。这种信息的损失是使用首部转换方法所不可避免的。

向 IPv6 过渡的另一种方法是隧道技术。图 7.25 给出了隧道技术的工作原理。这种方法的要点就是在 IPv6 数据报要进入 IPv4 网络时,将 IPv6 数据报封装成为 IPv4 数据报(整个的 IPv6 数据报变成了 IPv4 数据报的数据部分)。然后 IPv6 数据报就在 IPv4 网络的隧道中传输。当 IPv4 数据报离开 IPv4 网络中的隧道时,再将其数据部分(即原来的 IPv6 数据报)交给主机的 IPv6 协议栈。图 7.25 (a)表示在 IPv4 网络中打通了一个从 B 到 E 的 IPv6 隧道,路由器 B 是隧道的入口,而 E 是出口。图 7.25 (b)表示数据报的封装要点。在隧道中传送的数据报的源地址是 B,而目的地址是 E。

要使双协议栈的主机知道 IPv4 数据报里面封装的数据是一个 IPv6 数据报,就必须将 IPv4 首部的协议字段的值设置为 41(41 表示数据报的数据部分是 IPv6 数据报)。

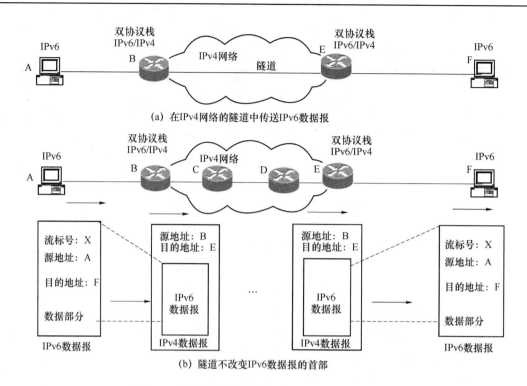

(a) 在IPv4网络的隧道中传送IPv6数据报

(b) 隧道不改变IPv6数据报的首部

图 7.25　使用隧道技术进行从 IPv4 到 IPv6 的过渡

小　　结

1. Internet 的基本概念

Internet 又称互联网,其本质就是网络的互联,或者说是网络的网络。

Internet 是一个全球性的信息系统,系统中的每台主机都有一个全球唯一的主机地址,地址格式通过 IP 协议定义,主机与主机的通信遵守 TCP/IP 协议,利用公网和专线的形式向社会提供资源和服务。

Internet 是由许多分布在世界各地共享数据信息的计算机组成的一个大型网络,这些计算机通过电缆、光纤、卫星等连接在一起,包括了全球大多数已有的局域网(LAN)、城域网(MAN)和广域网(WAN)。

2. Internet 的主要特点

Internet 的主要特点是 TCP/IP 是它的基础与核心。

3. TCP/IP 模型

TCP/IP 共分 5 层。与 OSI 七层模型相比,TCP/IP 没有表示层和会话层,这两层的功能由最高层——应用层提供。同时,TCP/IP 分层协议模型在各层名称定义及功能定义等方面与 OSI 模型也存在着差异。

4. TCP/IP 的主要特点

* 高可靠性

* 安全性

- 灵活性
- 互操作性

5. Internet 的地址结构

TCP/IP 协议规定,Internet 地址采用分层结构,由网络地址和主机地址组成,用以标识特定主机的位置信息。

6. TCP/IP 的地址分类

TCP/IP 协议规定,每个 Internet 地址长 32 bit,以 X. X. X. X 格式表示,X 为 8 bit,其值为 0～255。这种格式的地址被称为"点分十进制"地址。

Internet 地址分为五类,其中 A 类、B 类和 C 类地址为基本的 Internet 地址(或称主类地址);还有 D 类和 E 类为次类地址。

7. A、B、C 三类地址的网络空间和主机空间

A 类地址,第 1 个比特为 0,其网络地址空间为 7 bit,主机地址空间为 24 bit,起始地址为 1～126,即允许有 126 种不同的 A 类网络,7 bit 中的 0000000 和 1111111 不用,每个网络可容纳主机数目多达 $2^{24}-2$ 个。A 类地址结构适用少量的且含有大量主机数的大型网络。

B 类地址,前两个比特为 10,其网络地址空间为 14 bit,主机地址空间为 16 bit,起始地址为 128～191,即允许有高达 $2^{14}-2$ 种不同的 B 类网络,每个网络可容纳主机数为 $2^{16}-2$ 个。B 类地址结构适用于一些政府机构或国际性的大公司。

C 类地址,前三个比特为 110,网络地址空间为 21 bit,主机地址空间为 8 bit,起始地址为 192～223 个,即允许多达 $2^{21}-2$ 种不同的 C 类网络,每个网络能容纳主机 254 台。这种地址特别适用于一些小型公司。

8. A、B、C 三类地址的起始地址

若起始地址表示点分十进制的第一个数,则:

- A 类网络号为 7 位,起始地址为 1～126 (0 和 127 不用);
- B 类网络号为 14 位,起始地址为 128～191;
- C 类网络号为 21 位,起始地址为 192～223。

9. 子网地址

子网编址技术是指在 Internet 地址中,对于主机地址空间采用不同方法进行细分,通常是将主机地址的一部分分配给子网。

(1)采用将主机地址进一步细分为子网地址和主机地址,其主要目的是便于管理,以有效地利用 Internet 地址资源。

(2)采用子网编址和子网路由选择,能够降低路由选择的复杂性,提高灵活性和可靠性。

(3)子网编址方法是网络地址部分不变,原主机地址划分为子网地址和主机地址。

10. 子网掩码

子网掩码由一连串的"1"和一连串的"0"组成。"1"对应于网络号和子网号字段,而"0"对应于主机号字段。

当采用子网掩码时,由 IP 地址和子网掩码能够很方便地看出子网号字段和主机号字段的分界线。

11. 宽带 IP 城域网概念

城域网产生于计算机通信网,用于局域网互联和数据新业务的发展,是覆盖城市范围的特定的数据业务传送网络。随着以 IP 为代表的数据通信技术的发展及计算机通信网与传统电信网的逐渐融合,目前的城域网概念已拓宽为 IP 分布式接入概念的延伸,指城市内以数据、多媒体业务为主体并能承载各种业务的新一代本地通信网。因目前的城域网具有传输速率高、可提供给各类业务的带宽大的特点,所以又常常称其为宽带城域网。

12. 宽带城域网的网络结构

宽带 IP 城域网实际就是基于 TCP/IP 的基础宽带网,是广域 IP 网在城市范围内的延伸,其主要功能是承载城域 IP 业务,可以为用户提供局域网互联、专线上网和拨号上网等业务,从而实现城域信息的高速交换和宽、窄带接入的汇聚。城域网在组网结构上可分为核心层、汇聚层和接入层。

13. 宽带 IP 城域网的组网技术

骨干层技术

① IP over ATM

② IP over SDH

③ IP over WDM

14. 接入 Internet 的方式

(1) 通过电话网接入 Internet

(2) 通过数据通信网接入 Internet

① 通过 DDN 专线接入 Internet

② 通过分组网专线电路接入 Internet

③ 通过帧中继电路接入 Internet

(3) Ethernet 封装的 ADSL Internet 接入

① 静态 IP 地址方式 ADSL 接入方案

② 动态 IP 地址方式 ADSL 接入方案

(4) 光纤接入混合接入模式

(5) 通过以太网接入 Internet

复 习 题

1. 简单说明 Internet 的基本概念和特点。

2. 简单作出 OSI 模型和 TCP/IP 模型的对比。

3. 说明 Internet 的地址结构和 IP 的地址分类。

4. 说明子网和子网掩码的概念。

5. 说明宽带 IP 城域网概念及基本网络结构。

6. 简要说明接入 Internet 的方式。

第 8 章
通信网的规划设计

《通信网规划手册》中对电信规划的定义是：为了满足预期的需求和给出一种可以接受的服务等级，在恰当的地方、恰当的时间，以恰当的费用提供恰当的设备的一种计划。电信规划就是对电信事业未来的发展方向、目标、步骤、设备和费用的估计和决定。

在规划设计中又主要包括发展规划和技术规划。本章所讨论的规划设计就是包含了发展规划和技术规划两个方面。本章具体讨论的问题是在一定时间范围内，为了保证通信网所需要的服务质量及满意地运行而采用的技术方法和设备。

8.1　传统网络结构的固定电话网的规划与设计

8.1.1　固定电话网建设应考虑的几个问题

我国推行的扩大本地电话网体制主要是按照原邮电部邮部〔1994〕142 号文"关于本地电话网发展和建设的若干规定"实行的，共分为以下两种类型。

（1）特大和大城市本地电话网：是以特大城市或大城市为中心城市，与所辖的郊县/市共同组成的本地电话网。

（2）中等城市本地电话网：是以中等城市为中心城市，与其郊区或所辖的郊县/市共同组成的本地电话网。

目前我国扩大本地电话网的建设速度不断加快，正在统一有序地对一些规模较小的本地电话网进行调整，并适当打破行政区划组网，组织结构的调整与优化也正在进行之中。

1. 关于局所采用"大容量、少局点"的布局

随着网络规模的不断扩大，局所采用"大容量、少局点"的布局已显得十分必要。从总体上说，它能够有利于节省全网的建设投资和运行维护费用；有利于简化电话网路结构和组织，提高服务质量；有利于减少传输节点数，简化中继传送网的结构和组织；有利于支撑网的建设，少局点较容易实现 NO.7 信令网和同步网的覆盖，便于实现全网集中监控和集中维护；有利于尽快扩大智能网的覆盖面；有利于先进接入技术的采用和向未来宽带网路的过渡；有利于采用光纤连接的接入网设备或远端模块，及时替换大量存在的用户小交换机，迅速把大用户纳入公众电话本地网中，向用户提供优质服务。

按照新的局点设置，无论对哪类城市的本地网，都可以带来很大的好处：

（1）大城市采用少局点、大容量、大系统，能最大限度提高网络资源的利用率和运营效率；

（2）中、小城市采用集中建局的方针，可减少征地、基建、人员分散、共用设备重复等的浪费；

（3）未来必须要对原本只能提供单一话音业务的局点进行大幅度的技术升级，因经济和技术原因只能在较少的局点上进行；

（4）有利于新业务推广和应用，特别是解决电话网用户接入 IP 网的问题；

（5）有利于淘汰年代久远、技术落后、功能单一的旧机型。

目前实现"大容量、少局点"布局的基本条件已经具备。首先，交换技术的进步使系统容量不断增加，国内外交换机厂家已可提供大容量交换系统。其次，接入网技术的发展打破了用户线长度受传输衰耗的制约，从而可使局所服务半径大大增加。最后，随着电话普及率的不断提高，单机平均忙时话务量已由前几年的 0.12～0.13 Erl 下降到目前的 0.03～0.07 Erl，通过调整集线比也可使交换系统的容量增大。

2. 目标网的概念

各发达国家的电话网当其主线普及率增长达到 40% 左右之后，便基本呈现饱和状态。我国未来的电话网也必将朝着这样的目标网络方向发展过渡，包括建设目标网与扩大的本地网相结合，建设大容量、少局点的目标交换局和对非目标交换局的过渡。

目前我国对目标网的理解，包含了目标交换局和目标交换区等重要概念。

（1）目标交换局

目标交换局简称目标局，是指固定本地网目标网中的交换局点设置。

① 基本特征

- 一般来说是在现有局所的基础上选择部分局（也有可能是全部）作为目标局，特殊情况也可以设置新的目标局，未来还可根据业务发展的需要增减目标局。
- 采用少局点、大容量、大系统的设备配置，具有 V5 接口等功能，能与现代接入网的概念相衔接。
- 目标局目前应能提供综合性的服务，如因特网接入服务等。未来还应向着提供综合多业务的方向发展，从而形成综合的目标局。
- 能与智能网协同工作，提供智能业务。能获得 No.7 信令网、同步网和管理网 3 个支撑网的全面支撑。
- 目标局的概念为简化接入网组织，减少局房、配线架和出局管道的压力，可节约投资，也大大方便本地区电信网络的优化。

② 确定目标局的原则

- 应将本地网的中心城市和所辖市/县作为一个整体，按照"大容量、少局所、少系统"的原则，远近结合、统一规划、分步实施。
- 应有利于本地网中的电话交换网、中继传输网、移动通信网、支撑网以及其他网络的组织，在保证全网经济、安全可靠前提下合理确定目标局的数量。
- 我国现阶段城市和农村地区用户性质、需求、密度、分布和地理环境差异较大，在确定局所时应采用不同的方法。
- 目标局应可能继承和利用现有的局房、管线、出局管道等，每个局应有两个以上的独立物理路由出口。
- 局房位置应尽量选择靠近业务需求集中、业务大户众多的地方；局房应有足够的发展空间,以容纳未来多个系统、多种业务节点设备和接入网的局端侧设备,以满足较长时间的需要。

- 关于目标局的设置和向目标网的过渡,必须本着实际需求,按照经济发展规律,自然地过渡。

3. 关于目标交换局的设置

根据原邮电部《电话交换设备总技术规范》(YDN065—1997)和邮部 97～494 号文精神,目标交换局的设置可以按照下列各点进行实际操作。

(1) 关于大容量的基本原则:中心城市每个交换系统的容量可按照 10 万门左右来考虑,同一局址最大可安装 2～3 个系统;县/市每个交换系统容量可按照 5 万～10 万门来考虑,一般每个交换局只设置一个交换系统;考虑到网路的安全可靠性需要,本地电话网中的最大局所容量与全网总容量有关。

(2) 本地网中的中心城市最大局容量的参考值:总容量>100 万门时,一个交换局可安装 2～3 个交换系统,容量可达 20 万门或更大,最大局容量应小于总量的 15%;50 万门<总容量<100 万门时,一个交换局可安装 2 个交换系统,容量可达 20 万门,最大局容量应小于总容量的 20%;总容量<50 万门时,每个交换系统可按照 5 万～10 万门考虑,但最大交换局容量不宜超过交换机总容量的 35%。

(3) 本地网中的郊县/市最大局容量的参考值:总容量>40 万门时,交换局容量按 10 万门考虑,全县/市设置 4～5 个交换局,最大局容量小于总容量的 30%;20 万门<总容量<40 万门时,交换局容量按 10 万门考虑,全县/市设置 3～4 个交换局,最大局容量不宜超过交换机总容量的 35%;总容量<20 万门时,局容量按照 5 万～10 万门考虑,全县设置 2 个交换局,最大局容量不宜超过交换机总容量的 60%。

(4) 关于少局点的原则:特大城市设置 30～50 个局,大城市设置 20～25 个交换局;中等城市设置 8～10 个交换局;县/市设置 2～5 个交换局。

(5) 关于服务半径:在本地电话网中大量采用远端模块和接入网设备以后,交换局的最大服务半径和服务范围不再受到严格的限制。采用不同接入设备的交换局,最大服务半径和面积也不相同。一般在高用户密度地区,服务半径和服务区较小;在用户密度较稀的农村地区,交换局服务半径和面积可以很大。

8.1.2　业务量与业务流量的预测与计算

1. 通信业务预测的基本概念

预测是利用科学的手段预先推测和判断事物未来的发展趋势和规律。通信业务预测应该根据通信业务由过去到现在发展变化的客观过程和规律,并参照当前出现的各种可能性,通过定性和定量的科学计算方法,来分析和推测通信业务未来若干年内的发展方向及发展规律。

通信业务预测是通信网规划设计的基础。在进行通信网规划设计时,首先要根据规划周期和规模进行调查和预测,以便为规划设计的科学性、实用性提供必要的依据。

2. 通信业务预测的内容

- 用户预测:是指对用户的数量、类型和分布等进行预测。
- 各局业务量预测:是指对各交换局的电话业务或其他业务量进行预测。电话业务量通常以爱尔兰、忙时呼叫次数和话单张数等单位来表示。
- 局间业务流量预测:是指对本地或长途局间的话务或其他业务的流量与流向进行

预测。

3. 用户预测的常用方法

用户预测的常用方法主要是时间序列分析法,其中包括:

- 线性回归法;
- 几何平均增长率法。

（1）线性回归法

如果将预测对象的时间序列拟合成趋势线,可以用线性方程表示,则称为线性回归。它的数学模型为

$$y_t = a + bt \tag{8.1}$$

式中,y_t:预测对象在 t 年的预测值;

　　t:从基年起算的年数;

　　a,b:线性回归系数。

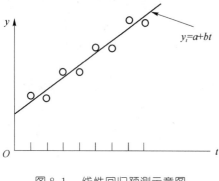

图 8.1　线性回归预测示意图

建立线性回归预测模型即确定回归系数 a、b,常使用最小二乘法,即通过使已知的时间序列数据到待求的拟合趋势线距离的平方和最小,这时得到的 a、b 即为最佳值。示意图如图 8.1 所示。

设已知时间序列数值为 $\hat{y}_t$,按线性方程的近似值为 y_i,则 $\hat{y}_t$ 到 y_i 的距离平方和为

$$S = \sum_{i=1}^{n} (\hat{y}_t - y_i)^2 \tag{8.2}$$

将 $y_t = a + bt$ 代入,则有

$$S = \sum_{i=1}^{n} (\hat{y}_t - a - bt_i)^2 \tag{8.3}$$

其中,S 是系数 a 和 b 的函数。

要使 S 有最小值,可令 $\dfrac{\partial S}{\partial a} = \dfrac{\partial S}{\partial b} = 0$,则可求得

$$a = \overline{y} - b\,\overline{t} \tag{8.4}$$

$$b = \frac{\sum_{i=1}^{n} (t_i \times \hat{y}_i) - n\,\overline{t} \times \overline{y}}{\sum_{i=1}^{n} t_i^2 - n\,\overline{t}^2} \tag{8.5}$$

用求得的 a、b 值,代入线性方程 $y_t = a + bt$,再代入预测年数 t 即可进行预测。

（2）几何平均增长率法

在实际中常使用一种简单的指数方程进行预测,其数学模型为

$$y_t = y_0 \cdot k^t \tag{8.6}$$

用给定 $0 \rightarrow t$ 年的已知数据求出增长率

$$k = \sqrt[t]{\frac{y_t}{y_0}} \tag{8.7}$$

再用 t 年的数值作为 y_0,根据需要预测的年数 n,用公式 $y_n = y_0 \cdot k^n$ 计算需要预测的值 y_n。

例　已知某地区 1990—1996 年电话机数的历年时间序列如表 8.1 所示,用几何平均增长

率法预测 2000 年的电话机数。

表 8.1　1990—1996 年电话机数的历年时间序列表

年份	序号	电话机数/万部	年份	序号	电话机数/万部
1990	0	67.8	1994	4	187.2
1991	1	92.5	1995	5	203.6
1992	2	120.7	1996	6	254.3
1993	3	148.8	1997		

解　取 $y_0 = 67.8$ 万部，$y_n = 254.3$ 万部，可得

$$k = \sqrt[6]{\frac{254.3}{67.8}} = 1.246$$

则　　　　　　　$y_{2000} = y_{1990} \times k^{10} = 67.8 \times 1.246^{10} = 611.5$ 万部

或　　　　　　　$y_{2000} = y_{1996} \times k^4 = 254.3 \times 1.246^4 = 611.5$ 万部

4. 业务量的计算

电话通信中的业务量定义为通信线路被占用的时间的比例，它是一个随着时间不断变化的随机量。若按照 CCITT E.500 建议，一个路由上承载的业务量，是以一年期间内的每天的忙时测量所得的业务量中，取最高的 30 个值的平均值。为了度量话务量，我们常用爱尔兰（Erlang），简写为 Erl 作单位表示，它是指通信线路在一个小时内被实际占用的时间比例。显然我们只关心网络在有大量用户使用情况下的统计特性。话务量常用以下一些基本量来加以描述。

（1）发话业务量、收话业务量和总业务量，单位为爱尔兰（Erl）。对于一个孤立的系统或孤岛网，发、收话业务量是相等的，但对于单个局则不一定。发、收话业务量两者之和称为总业务量，即

$$Z = Y + Q \tag{8.8}$$

式中，Y、Q、Z 分别为某点（可以是某个用户终端，也可以是某个交换局）的去话、来话和总业务量，单位为 Erl。

（2）平均每线用户忙时业务量，单位为爱尔兰/线（Erl /line 或 Erl /l），即

$$E = Z/U \tag{8.9}$$

式中，Z 为总忙时业务量（单位：Erl），U 为用户数或主线数（单位：line）。

（3）发话比 R，定义为发话业务量与总业务量的百分比，为一无量纲数，即

$$R = Y/Z \tag{8.10}$$

（4）有了以上几个基本定义公式后，就可以作进一步的计算。例如，要根据某局所服务的用户数和平均每用户月发话次数 n（单位：次/月），计算该局的发话业务量，即可用下式表示：

$$a = \frac{nTR_d R_h}{60} \times U \tag{8.11}$$

式中，n 为人均月发话量（单位：次/月），T 为平均占线时长（单位：分），R_d 和 R_h 分别为忙日集中系数和忙时集中系数，U 为该局所服务的用户数。

（5）原邮电部对长话业务量统计以年去话合计的张数为单位，与以 Erl 为单位的业务量换算公式为

$$a = \frac{nTR_{\rm m}R_{\rm d}R_{\rm h}}{60} \times U \qquad (8.12)$$

式中,n 为长话的年张数(单位:张/年),T 为平均占线时长(单位:分),$R_{\rm m}$、$R_{\rm d}$ 和 $R_{\rm h}$ 分别为忙月集中系数、忙日集中系数和忙时集中系数。

(6)又在全国长话的流量流向调查统计中,是以 3 天统计时间内的张数为单位,换算公式为

$$a_{ij} = \frac{n_{ij}T \times 0.1R_{\rm h}}{25 \times 60} \times U \qquad (8.13)$$

式中,a_{ij} 为从 i 局到 j 局的长话业务流量(单位:Erl),n_{ij} 为从 i 局到 j 局长话的 3 天张数(单位:张/3 天),其余符号同上。式(8.13)中已假定 $R_{\rm m}$ 取 0.1 和 $R_{\rm d}$ 取 1/25。

(7)各种类型业务的流量流向,一般也用无量纲的百分比表示。例如,一个局的总去话业务量,可以分解为发往局内的、局间的、特服的和长途的各个流向上的业务量各占的百分比表示,显然它们的总和应该是 100%。我们称发往局间的业务量与总去话业务量之比为局间比。当然,特服的业务也可以视为一个或多个特服局,从而归并到局间的部分内。发往局间的业务量又可以进一步再细分为发往地市的、县市城区的、农话端局的百分比,直至精细到全部每个具体局各占的百分比,即为局间业务流量比;发往长途的业务量又可以细分为国际的、省际的和省内的各占的百分比,直至精细到每个具体的长途局各占的比例等。

平均每线忙时业务量在上述各个量中,具有最基本的地位,它是网络一切定量计算的基础。研究表明它与多种因素有关,其中最重要的是电话主线普及率和用户群的性质。大量统计表明,平均每线忙时业务量能随着主线普及率起始的增加而下降,但到达一定程度后则趋于较平坦,大致呈反比关系。

平均每线忙时话务量可估计未来若干年内纯电话业务的总平均每线忙时话务量取0.05~0.10较合适。再考虑到随着移动电话、新业务特别是接入因特网的业务的增加,在上述数值的基础上再增加 1.1~1.3 的系数是适当的。

5. 局间业务流量的预测方法

局间业务流量是通信网中两交换局间通信业务的数量,可分为来流量和去流量。在电话网中,业务流量是指局间的话务流量。局间业务流量的预测方法有吸引系数法、重力法等。

(1)吸引系数法

通信网内各局间的吸引系数表示各局间用户实际联系的密切程度。吸引系数法是在已知各局话务量的基础上,通过吸引系数求得各局间话务流量。

计算公式为

$$A_{ij} = \sum_{i=1}^{n} A_i \cdot f_{ij} \qquad (8.14)$$

式中,$\sum_{i=1}^{n} A_i$ 为全网各局发话话务量之和;

f_{ij} 为 i 局呼叫 j 局的吸引系数;

A_{ij} 为 i 局流向 j 局的话务量。

吸引系数 f_{ij} 的计算要求有较完整的历史话务量数据。吸引系数法适于容量比较小的城市进行短期预测。

(2)重力法

当已知某局的总发话话务量的预测值,但缺乏相关各局的历史数据和现状数据时,为了将

其总发话话务量分配到各局去,可采用重力法得到局间话务量的预测值。

根据统计分析得出,两局间的话务流量与两局的用户数的乘积成正比,而与两局间距离的平方成反比,其计算公式为

$$A_{ij} = \frac{\dfrac{C_i C_j}{d_{ij}^2}}{\displaystyle\sum_{j=1}^{i-1} \frac{C_i C_j}{d_{ij}^2} + \sum_{j=i+1}^{n} \frac{C_i C_j}{d_{ij}^2}} A_i \tag{8.15}$$

式中,A_{ij} 为 i 局流向 j 局的话务量;

A_i 为 i 局预测的发话话务量;

d_{ij} 为 i 局到 j 局的距离;

C_i、C_j 分别为 i 局、j 局的用户数。

重力法适于话务量变化比较大的本地网话务预测。

8.1.3　本地网的规划设计

1. 本地网的规划原则及参数取值建议

（1）交换网规划原则

交换网规划一般应首先分析交换网的现况,然后规划出未来目标网的组织结构,最后完成其中各规划期过渡的网络组织结构、汇接方式、安全考虑等,并与之相适应制定相应的路由规划。

本地交换网规划的一般原则是:

① 中心城市和县/市应是一个整体,网络规划要统一考虑,但建设实施可分步进行;

② 按中、远期的网络发展需要组织目标网网络;

③ 网络应逐步过渡到二级结构;

④ 汇接方式中,城市一般采取分区汇接和全覆盖两种汇接方式,县/市一般设汇接局,不同县/市间话务量通过中心城市汇接局疏通;

⑤ 根据局所布局情况,考虑未来技术因素会给网路带来的影响;

⑥ 网路组织应具有一定的灵活性和应付异常情况的能力;

⑦ 充分考虑全网的安全可靠性需要;

⑧ 每一规划期或阶段,对交换网络组织必须给出两种组织图,一种是大致标明物理位置的图形,另一种是标明组织隶属关系的逻辑图形。

（2）中继网规划原则

固定电话网的中继网将涉及局间中继、长市中继网和长长中继网(即长途网)三个部分,这里只讨论中继网络的组织和设置。我国目前已就中继网电路的设置与配置原则、中继连接原则、汇接原则、路由选择原则、中继电路群的设置与配置标准等,都制定了规范。

针对当前本地网内的中继网,应优先考虑:城市各端局在近期内就应与长途局之间设置长—市、市—长中继电路;农村端局的长途话务量可暂通过汇接局汇接至长途局,将来所有端局与长途局间均设置长—市、市—长中继电路。一般两个长途局之间采用负荷分担方式工作,采用来去话全覆盖的汇接方式。各端局以及汇接局与两个长途交换局之间均设有直达长—市中继电路。

（3）我国本地电话网参数取值的建议

为方便本地网的计算,现对涉及的基本参数在现阶段的取值,提出下面的参考建议范围。各地区的情况不同,经济发展的程度有不同,有时甚至出入很大。因此还要结合当地条件,作出适当的调整。

① 忙时话务量

- 用户话务:$0.04 \sim 0.082$ Erl/line。
- 本地网内话务占总话务的比例:各地区差异很大,粗略的参考值为 $70\% \sim 90\%$,其分配是本局占 $10\% \sim 30\%$、局间占 $40\% \sim 60\%$。
- 忙日集中系数 $1/20 \sim 1/25$,忙时集中系数 $0.10 \sim 0.15$,各地情况也不尽相同。
- 每呼叫平均占用时长 90 s。
- 平均用户接入因特网上网数据速率 28.8 kbit/s。
- 平均接入因特网月数据业务量为

$$a = \frac{nTR_d R_h}{3\,600} \times U \times 28.8 \tag{8.16}$$

其中,n 为每用户每月使用次数,T 为平均占线时长,R_d 和 R_h 分别为忙日集中系数和忙时集中系数,U 为用户数。

② 局间中继业务量

- 局间中继电路业务量 $0.6 \sim 0.8$ Erl/trunk。
- 市—市中继的配置按 1% 的呼损计算,也可根据实际传输设备的情况作调整。

2. 局所规划

局所规划是指在一定的营业区内,根据规划期的业务预测对交换局进行最合理、最经济的配置。它的主要任务是:研究规划期内的局所数量、位置、容量、用户线长度、中继线长度等。

(1) 局所数目的确定

经用户预测后当用户数目较多,或地理位置分散,往往要求分成几个群体,每个群体有一个中位点,这时不仅要考虑用户线费用,还要考虑中继线费用及各交换中心的费用。

在某一规划区内需要设置几个交换局为最佳,可用如图 8.2 所示方法,即找出网的总费用最低时所对应的局数。图中 m_0 为总费用为最低时所对应的局数。

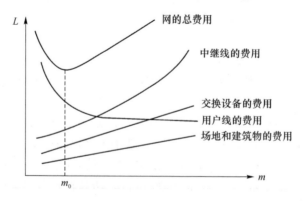

图 8.2 网的总费用 L 与局所数目 m 的关系曲线

关于用户线费用和中继线费用的计算将在后续的几节中讨论,关于设备费用和建筑费用可根据实际情况而定。

(2) 交换局服务区的划分及最佳交换局址的确定

交换局服务区的划分应使得每用户的平均费用最小。通过求极值的方法可得到最佳服务区的形状。对固定电话由于线路都是沿街道铺设的,这时最理想的服务区应是正方形。

对于正方形的服务区或者矩形服务区,假定用户是均匀分布的理想情况时,其最佳交换局的局址应选于正方形或矩形的几何中心的位置,几何中心即为正方形或矩形的对角线之交点。图 8.3 中的 O 点即为几何中心。

由分析计算可知,这样设置的交换局的位置可使得用户线的平均长度最短。

如交换区为非规则形状或(和)在交换区内用户是非均匀分布的,则应按求中位点的方法求最佳交换局址。所谓中位点就是:以该点为中心作一个直角坐标平面,这一直角坐标平面的上面各点加权系数之和等于下面各点加权系数之和;左面各点加权系数之和等于右面各点加权系数之和。这里的加权系数之和是指用户点到水平或垂直坐标轴的距离之和。如图 8.4 所示。

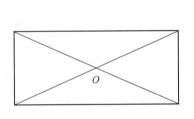

图 8.3　理想交换局址

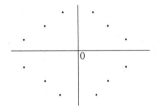

图 8.4　中位点示意图

图 8.4 中的 0 点即为中位点,选 0 点作为交换局址就会使用户线的平均费用最小。

3. 本地网的中继网络规划

局间中继线路是本地网及市内电话网的大动脉,必须保证安全可靠、使用灵活方便和技术经济合理。为此,对本地网的中继路由必须进行有效的组织和合理的设置,这是网路规划设计的重要内容之一。本节将介绍中继路由类型的选择与计算。

(1) 一般中继路由的选择与计算

① 中继路由的类型及选择

本地网的网络结构类型大致有网型网和二级网两种,在网型网中只有端局一级,两端局间采用直达中继方式。

在二级网中,交换局有汇接局和端局两级,两端局间中继电路可以采用 3 种方式,如图 8.5 所示。

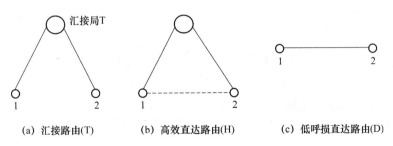

(a) 汇接路由(T)　　(b) 高效直达路由(H)　　(c) 低呼损直达路由(D)

图 8.5　局间中继器路由类型示意图

从图 8.5 可知,路由的类型有:

- 汇接路由(T);
- 高效直达路由(H);

· 低呼损直达路由(D)。

两交换局间究竟应选择上述 3 种路由的哪一种路由,常用一个三角结构来表示选择的原理,如图 8.6 所示,B 表示直达路由的每线费用,B_1、B_2 表示汇接路由的费用。

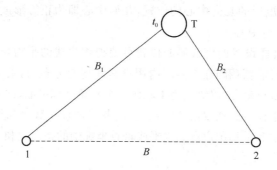

图 8.6　局间中继器路由选择原理图

路由类型的选择由两交换局之间的话务量 A 和费用比 ε 来确定,ε 的计算式如下:

$$\varepsilon = \frac{B}{B_1 + B_2} \tag{8.17}$$

具体选择方法可利用 T.H.D 图,经推导得到了修正的 T.H.D 图,如图 8.7 所示。

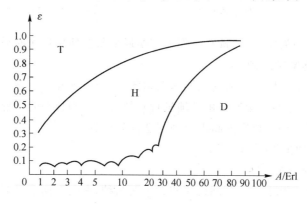

图 8.7　修正的 T.H.D 图

图 8.7 是在汇接路由的呼损率和话务量分别为 1‰ 和 50 Erl 时得到的,如果汇接路由的呼损率和话务量发生改变,曲线会相应地变化。

图 8.7 的使用方法如下:如 1 至 2 局的话务量为 30 Erl,$\varepsilon = 0.6$,则查图可知应采用 H,即高效直达路由。

例　有 4 个端局,各局之间的话务量列于表 8.2 中,如需设汇接局,则其位置已定,费用比如表 8.3 所示,试确定 T.H.D 路由表并画出中继线路网结构图。

表 8.2　局间话务量

	1	2	3	4
1		39	18.43	20
2	20		2.41	8.6
3	31.4	3.7		18.5
4	36.8	18.9	43.4	

表 8.3　费用比

	1	2	3	4
1		0.375	0.692	0.304
2	0.375		0.876	0.45
3	0.692	0.876		0.794
4	0.304	0.45	0.794	

解　根据话务量和费用比的数据表,查 T. H. D 图(图 8.7),可得到应采用的中继路由表(表 8.4)和中继线路网结构图(图 8.8)。

在中继线路网结构图中,凡是两局间采用高效直达路由的,其溢呼的话务量均由汇接路由传送,故应设置汇接路由。

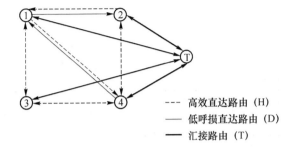

表 8.4　中继路由表

	1	2	3	4
1		D	H	H
2	H		T	H
3	H	T		H
4	D	H	H	

--- 高效直达路由 (H)
—— 低呼损直达路由 (D)
━━ 汇接路由 (T)

图 8.8　局间中继器路由选择原理图

② 中继路由电路数量的计算

在对中继路由的类型进行选择之后,要确定每种路由的数量。具体可根据两局间话务量及呼损率指标进行计算。

例　设有如图 8.9 所示的 A、B 两个市内端局,每局用户数均为 1 000 户,两局间设置单向中继线路,已知每用户发话话务量为 0.05 Erl,两局间用户呼叫率均等,并规定中继线呼损率为 0.01,试计算局间中继电路数。

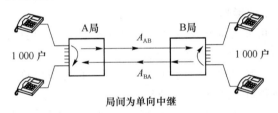

图 8.9　计算局间中继电路数示意图

解　题中规定两局间各用户呼叫概率相等,意味着用户呼叫本局用户与呼叫另外局用户机会均等,同时 A 局用户呼叫 B 局用户与 B 局用户呼叫 A 局用户也相等,因此局间话务量为

$$A_{AB} = 0.05 \times 1\,000 \times \frac{1}{2} = 25 \text{ Erl}$$

因设定 $E_m(A) = 0.01$,故查爱尔兰呼损表(表 8.5)得 $m = 35.4$,取整后 $m = 36$。

(2) 数字中继路由的选择与计算

在全数字化本地网中,由于传输线路全部采用了数字化电路,PCM 最小传输系统(一次群)就拥有 30 条话路。因此,按中继路由的数量计算方法计算出的电路数,至少应按 30 路为单位取模。在取模过程中,将会使得原计算出的电路类型和电路数发生变化,这一变化将影响整个中继网系统。

① 模量化对中继路由的影响

a. 对基干路由的影响

由于基干路由为最终路由,在模量化过程中,为保证全网呼损要求,只能采用增加电路的方式以达到 30 路的整倍数。

表 8.5　爱尔兰呼损表

A＼E＼N	0.001	0.002	0.005	0.010	0.50	0.100
31				21.191		
32				22.048		
33				22.909		
34				23.772		
35				24.638		
36				25.507		
37				26.378		
38				27.252		
39				28.129		
40				29.007		

　　b. 对高效直达路由的影响

　　对高效电路进行模量化过程中,可使得路由类型发生变化,其模量化过程可采用增加或减少电路的两种方式进行。减少电路数量,可能使路由类型由 H 变为 T 或不变;增加电路数量,可能使路由类型由 H 变为 D 或不变。

　　c. 对低呼损直达路由的影响

　　对此类电路模量化,可采用增加或减少电路的方式进行。采用增加电路方式,路由类型不变;采用减少电路方式,路由类型由 D 变为 H。

　　由以上分析可知,在全数字化本地网中,非基干路由的电路计算结果将受到影响。

　　② 全数字化本地网局间中继路由的选择与计算

　　在全数字化本地网中,由于电路数以 PCM 最小传输系统数(一次群)为基本单位,其路由类型将分为如下三种:

　　• 汇接路由(T);

　　• 高效直达路由(H);

　　• 全提供电路群(F),相当于低呼损直达路由。

　　两局间的中继路由类型和电路数可以通过图解法和费用比较法确定。

　　ITU-T 推荐费用比 ε、话务量 A 与路由类型关系图为 T.H.F 曲线图,可以很方便地确定中继路由类型和电路数,如图 8.10 所示。

　　4. 用户线路设计

　　(1) 用户线路的配线方式

　　用户线路也称用户环路,它的作用是将用户终端连接到交换局的配线架。进行用户环路设计,既要满足用户发展的需要,又要使用户线路网结构、电缆线对和线径做到经济合理。用户线的数量庞大,其投资比重较大。因此,用户环路的规划设计是很重要的。

　　用户线路一般由三部分组成。

　　① 主干线路(主干电缆或称馈线电缆):主干电缆具有干线的性质,不直接连接用户,通过一定的方式与配线电缆连接。

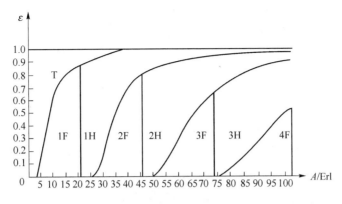

图 8.10　修正的 T.H.D 图

② 配线线路（配线电缆）：配线电缆根据用户分布将芯线分配到分线设备上，再通过用户引入线接至用户终端。

③ 用户引入线：用户线路网一般采用树型结构，如图 8.11 所示。

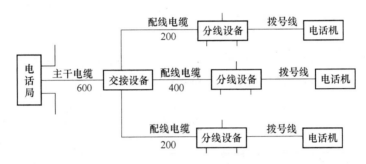

图 8.11　用户线路网结构图

对用户线路网的基本要求是具有通融性、使用率、稳定性、整体性和隐蔽性 5 个方面。用户线路网的规划设计是根据预测进行的。

由于用户预测与未来规划期的实际情况总会存在一定的差异，故要求所设计的用户线路网必须具备一定的通融性，即当用户需要发生变化时，网路能够具有一定程度的调节应变能力。

使用率可以分为两种。

① 芯线使用率：指电缆实用线对数所占的百分数。

② 线程使用率：指电缆实用芯线总长度所占的百分数。

提高使用率是使用户线路网节省建设投资的重要方法，但要结合稳定性考虑。网路在较长时期内的相对稳定将会带来较大的经济效益和使用效益。

整体性是指将一个交换区的用户线路设计为一个合理的、能互相支援调剂、在经济上有利于降低电缆和管道造价的统一体，而且应尽量减少电缆规格和线径种类。

隐蔽性指线路的非暴露程度。

配线就是要对电缆芯线进行合理的配置。为了满足对用户线路网的各项要求，必须使用配线技术。

配线方式有以下 3 种。

① 直接配线

直接配线是把主干电缆的芯线,通过配线电缆直接分配至各个分线设备上,如图 8.12 所示。直接配线的分线设备之间不复接,因此施工简单、维护方便,但通融性较差。

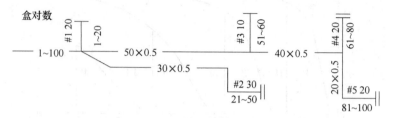

图 8.12　直接配线示意图

② 复接配线

复接配线是将一对电缆芯线接到两个或两个以上的分线设备中,有两种:

- 电缆复接;
- 分线设备复接。

在进行配线设计时一般首先根据用户密度、业务发展和用户至交换局的距离等划分配线区,一个配线区一般为 100 对用户线。

电缆复接是在主干电缆与配线电缆连接时采用一部分芯线复接的方式,使配线电缆的线对总数大于主干电缆线对数,提高主干电缆芯线的利用率和提高它的通融性,如图 8.13 所示。

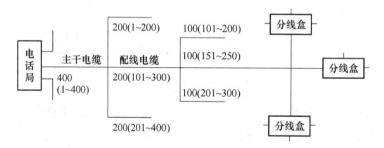

(a) 复接配线总体示意图

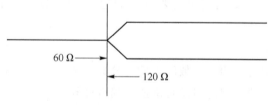

(b) 复接配线连接示意图

图 8.13　复接配线示意图

分线设备复接是在配线电缆与分线设备连接时采用复接方式,使用户引入线总数大于配线电缆芯线数,从而提高分线设备间的线对调度灵活性和配线电缆芯线的使用率。

复接配线可以提高电缆芯线的使用率,增加用户线路的通融性,但由于复接点阻抗的不匹配对话音会产生附加衰减,且不利于电气测试和障碍查修。

③ 交接配线

交接配线是在主干电缆与配线电缆之间,或在出局一级主干电缆与二级主干电缆之间,安装交接箱,使双方电缆的任何线对均能相互换接。由于交接箱的作用与局内总配线架的作用类似,因此交接配线使线路的灵活性更大,备用量减少,并且不会降低通话质量。交接配线如图 8.14 所示。

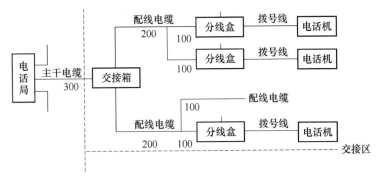

图 8.14　交换配线示意图

交接配线是一种技术上和经济上都比较有利的配线方式,值得进一步推广使用。

（2）用户环路的传输设计

用户环路设计的一项重要内容是确定电缆的线径,电缆线径必须满足通信中各种信号从交换局至用户的传输要求。电话用户线中传输的是各种信令信号和话音信号,电缆线径的选择既要满足交换机对用户环路电阻的要求,使交换机的机件能够正常工作;又要满足传输损耗和话音响度参考当量的要求,保证一定的通话质量。因此,用户环路的传输设计可以分为直流设计和交流设计两个方面。

① 直流设计

用户环路的直流设计是使用户环路电阻满足交换机对信令信号传输的要求,以使交换机能够正常工作。话机、用户线路、交换机连接的原理示意图如图 8.15 所示。

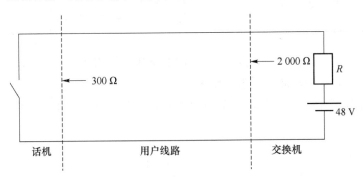

图 8.15　话机、用户线路、交换机连接原理示意图

各种制式交换设备的信号电阻限值如表 8.6 所示。

标准话机的规定电阻一般为 $100 \sim 300 \ \Omega$。

为了设计方便,将各种规格电缆的直流电阻列于表 8.7,其中直流电阻最大值是指每千米芯线线对的直流电阻。

表 8.6 各种制式交换设备信号电阻限值

交换设备制式	工作电压/V	环路信号电阻限值 (包含电话机电阻)/Ω
S-1240	48	1 900
EWSD	48	2 000
NEAX-61	48	2 000
AXE-10	48	1 800(号盘电话机) 2 500(按键电话机)
FETEX-150	48	1 900
5ESS	48	2 000
DMS-100	48	1 900
E10B	48	2 500

表 8.7 HYSEAL 用户电缆的直流电阻(20 ℃)和损耗

电缆规格(AWG)	线径尺寸/mm	直流电阻最大值 /$\Omega \cdot km^{-1}$	损耗(1 kHz) /$dB \cdot km^{-1}$
28	0.32	236.0	2.297
26	0.40	148.0	1.641
24	0.50	95.0	1.321
22	0.63	58.7	0.984
19	0.90	29.5	0.656

例 欲设计一用户环路,已知交换局内使用 EWSD 程控交换机,用户距交换局为 5 km,应选用哪种用户电缆方能满足环路电阻的要求?

解 查表可知,交换机的信号电阻限值为 2 000 Ω,话机电阻小于 300 Ω,可得用户环路每千米直流电阻为

$$R_0 = \frac{2\,000 - 300}{5} = 340 \ \Omega/km$$

故可选择表中 0.32 mm 的 28 号线。

② 交流设计

用户环路的交流设计要根据用户线的传输损耗和用户线长度来进行。设计规范规定用户环路传输损耗限值为 7 dB,当用户线路采用复接配线时将会引入 0.5 dB 的损耗,在已知用户线长度后,可计算出线路每千米损耗值,通过查各种规格电缆的损耗,即可确定满足损耗限值的电缆芯径。

③ 确定电缆线径

从以上计算可以看出,交流设计和直流设计的结果会出现不一致的情况,需要综合考虑确

定电缆线径。为了同时满足用户环路的传输损耗限值和交换机直流电阻限值,应该选择二者中线径较大的电缆。

例　欲对一用户环路进行传输设计,已知用户环路采用交接配线,交换机的直流电阻限值为 2 000 Ω,标准话机的电阻值在 100～300 Ω 之间,用户环路的传输损耗限值为 7 dB,用户距交换局为 3 km,求:

(1) 用户环路每千米的直流电阻限值;

(2) 用户环路每千米的传输损耗限值。

解

(1) 设每千米的环路电阻为 R_0,用户距交换局距离为 l,话机电阻按 300 Ω 计算。

$$R = R_{话机} + R_0 \times l \leqslant 2\ 000\ \Omega$$
$$R_0 \leqslant (2\ 000 - 300)/3 = 566.7\ \Omega/km$$

所以用户环路每千米电阻限值为 566.7 Ω/km。

(2) 设每千米的环路传输损耗值为 α

用户环路上的传输损耗 $\alpha = \alpha_0 \times l \leqslant 7$ dB

$$\alpha_0 \leqslant 7/l = 7/3 = 2.33\ dB/km$$

所以用户环路每千米的传输损耗限值为 2.33 dB/km。

例　已知某用户环路采用交接配线,交换机的直流电阻限值为 2 000 Ω,标准话机的电阻值为 300 Ω,用户环路的每千米的直流电阻限值为 184 Ω/km,用户环路的每千米的传输损耗为 1.925 dB/km,试问:允许用户距交换局最远为几千米?

解　设每千米的环路电阻为 R_0,每千米的传输损耗为 α_0,用户距交换局距离为 l。

(1) 考虑直流设计

$$R = 300 + R_0 \times l \leqslant 2\ 000\ \Omega, \quad l \leqslant \frac{2\ 000 - 300}{184} \leqslant 9.24\ km$$

(2) 考虑交流设计

$$\alpha_0 \times l \leqslant 7\ dB, \quad l \leqslant \frac{7}{1.925} \leqslant 3.64\ km$$

综合考虑交流和直流设计,允许用户距交换局最远为 3.64 km。

8.2　No.7 信令网的规划与设计

8.2.1　我国的 No.7 信令网概况

目前我国 No.7 信令网采用三级结构:第一级为高级信令转接点(HSTP),负责转接它所汇接的第二级 LSTP 和第三级 SP 的信令消息。HSTP 采用独立型信令转接点设备。第二级为低级信令转接点(LSTP),负责转接它所汇接的第三级 SP 的信令消息。LSTP 可以采用独立型信令转接点设备,也可以采用与交换局合设在一起的综合式信令转接点设备。第三级为信令点(SP),是信令网传递各种信令消息的源点或终点,由各种交换局和特种服务中心,如业务控制点(SCP)、网管中心(NMC)等组成。

我国信令网的网络组织由跨城市的长途信令网和大、中城市的本地信令网组成。信令网中信令节点的连接方式是：HSTP 间采用 A、B 平面连接方式，A 或 B 平面内部各个 HSTP 用网状相连，A 和 B 平面间成对的 HSTP 相连。LSTP 通过信令链至少要连接至 A、B 平面内成对的 HSTP，并且信令链路组间采用负荷分担方式工作。SP 至少连至两个 STP（LSTP 或 HSTP），若连至 HSTP 时，应分别固定连至 A、B 平面内成对的 HSTP，SP 至两个 HSTP 或两个 LSTP 的信令链路组间采用负荷分担方式工作。我国的 NO.7 信令网结构和网络组织如图 8.16 所示。

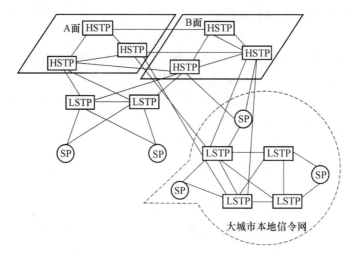

图 8.16　我国的 No.7 信令网结构和网络组织

网络中涉及多种信令链路：

- A 链路为 SP 至所属 LSTP 的信令链路；
- B 链路为不同 STP 配对间的信令链路；
- C 链路为同一 STP 配对间的信令链路；
- D 链路为 LSTP 至 HSTP 间的信令链路；
- E 链路为 SP 至非本区 LSTP 间的信令链路；
- F 链路为 SP 至 SP 间的信令链路。

　　目前支撑电话网的信令网仍处于最重要的地位。全国电话网 NO.7 信令网采用的是直联和准直联相结合的结构，并且未来直联信令链路在 PSTN 网络中仍将会有一定比例。而智能网业务在我国尚处于起步阶段，网络建设的规模还不大，所涉及的 INAP 部分的消息长度比电话网的 TUP 部分要长，对信令链路终端处理能力的要求会更高，需要有更多的准直联信令链路。

　　全国移动通信网，特别是 GSM 网的信令网的建设采用独立组网的方式。但 GSM 网信令网与固定网信令网在分级结构、信令链路安排、统一编号，直至网络的表示语等方面都是相同的。

8.2.2　No.7 信令网的发展规划

1. 规划内容

　　No.7 信令网发展规划的主要内容应包括信令网现状和存在问题分析，No.7 信令网建设发展和扩容规划，各种信令链路需求预测，得出各规划期信令准直联网的网络及网点的设置，进行信令网的组织结构规划等。

信令网的现状,应包括所属网内信令网络图,准直联信令链路的组织状况。如果本地网已启用 STP 对,应说明目前准直联信令链路开设情况和准直联信令链路的传输组织方式,信令链路的平均负荷(直联链路和准直联链路分开统计)等。

2. No.7 信令网的组织结构规划

根据各规划期的用户数预测,以及各类业务的基本特征参数,预测出 No.7 信令准直联网所需要负担的信令负荷,可分别计算 A 链路、B 链路、C 链路、D 链路和信令信息处理量(MSU/s)。进行 No.7 信令网络的规划,应综合全网各类因素,各个规划期要连接到 STP 对上的信令点,以及每个信令点使用的准直联信令链路数目,得出各规划期 No.7 信令准直联网的网络建设规模以及网点的设置。

网络结构与组织应包括信令转接点的设置和信令汇接区的划分,准直联网目标网的结构,信令网的分层组织结构,对网络和链路的性能要求,路由选择,负荷分担原则,传输方案等。

目前在设有 STP 设备的本地网内,建议将新建局、目标交换局、大容量端局、长途局、专用业务汇接局、SSP、SCP 连接到 LSTP 对上,并相应减少直联信令链路的数量;没有 STP 设备的本地网,建议将长途局、目标交换局、新建局、专用业务汇接局、SSP 和 SCP 连接到就近LSTP 对上,相应减少准直联信令点间的直联信令链路,未连接到 LSTP 对的其余信令点,保留原有的直联信令链路。

在考虑 No.7 信令网网络优化时要正视一些现实。首先是 PSTN 中已拥有大量的直联信令链路,即使准直联信令链路的比例会逐渐增加,但直联信令链路仍会有一定比例。其次是"撤点并网"和目标网的建设,接入 LSTP 对的信令点首先应是目标交换局,但一些目标交换局现时实装容量过小或传输条件尚不具备情况下,应保留原有的直联信令链路。再其次,接入 LSTP 对的 PSTN 局点,如果信令点之间话务量过大,如端局间直达中继电路达到 240 条,长途局间中继电路达到 300 条(每中继电路负荷按 0.7 Erl 计)时,还要设置直联信令链路并且作为正常路由,准直联信令链路作为迂回路由。最后,直联信令链路应根据两点间信令业务量的大小设置。

对于 PSTN,也应充分发挥准直联信令网的作用,逐步把一部分业务量割接到准直联信令网上,新增局向的信令业务尽量通过准直联信令网转接。对于 TUP 部分已有大量的直联信令链路终端,经割接后闲置的设备还可移至某些新建局继续加以利用。

ISDN 信令业务的转接,尽量通过 No.7 信令准直联网完成。仅在业务量较大的 ISDN 端局之间,如达到 240 条(每电路负荷按 0.7 Erl 计)时才设置直联 No.7 信令链路,并作为正常路由,准直联信令链路作为迂回路由。在有 ISDN 业务需求的部分,采用 ISUP 信令方式,普通电话业务仍然可以采用 TUP 方式。要求各 SP 点的信令终端可以实现在同一条物理的信令链路上传送 TUP 和 ISUP 两种信令消息。

因特网与固定网的信令转接应考虑到组网的灵活性及较强的适应性和经济性,建议其节点采用准直联信令方式与固定网在信令层面进行连接。其他信令点与固定网的 LSTP 对的连接包括网管中心、特服中心、专用业务汇接局等,可根据需要与 LSTP 对相连。固定网的 STP设备均应具备符合国标通用的 MTP、SCCP、TCAP、TUP、ISUP、INAP 和 OMAP 等功能。

8.2.3 No.7 信令网信令链路的计算

作为 No.7 信令网规划中的定量部分,最主要的是有关信令链路的计算。由于计算方法比较复杂,单列出一节进行讨论。作为消息传递部分 MTP 第一级的信令数据链路,是一条传输信令的双向传输通路,由两条反方向、64 kbit/s 速率的数据通道组成。本节的重点是信令链路的计算。

1. 端局信令链路的计算

(1) 按每条信令链路可控制的中继电路计算

根据原邮电部《No. 7 信令网技术体制》及《No. 7 信令网工程设计暂行规定》,一条 64 kbit/s的信令链路可以控制的业务电路数为

$$C = \frac{A \times 64\,000 \times T}{e \times M \times L} \tag{8.18}$$

式中,A 为 No.7 信令链路正常负荷,暂定为 0.2 Erl/link;

T 为呼叫平均占用时长(s);

e 为每中继话路的平均话务负荷,可取 0.7 Erl/ch;

M 为一次呼叫单向平均 MSU 数量(MSU/call);

L 为平均 MSU 的长度(bit/MSU)。

根据《No.7 信令网维护规程(暂行规定)》规定,对于独立 STP 设备,一条信令链路正常负荷为 0.2 Erl,最大负荷为 0.4 Erl,当信令网支持 IN、MAP、OMAP 等功能时,一条信令链路正常负荷为 0.4 Erl,最大负荷为 0.8 Erl。

对于电话网用户部分(TUP)的信令链路负荷计算,作为普通呼叫模型涉及的参数作以下取定:

- 呼叫平均时长对长途取 90 s,市话取 60 s;
- 单向 MSU 数量,长途取 3.65 MSU/call,市话取 2.75 MSU/call;
- MSU 平均长度对于长途呼叫取 160 bit/MSU,对本地呼叫取 140 bit/MSU。

按式(8.18)及上述相应参数取值计算可得:

- 在本地电话网中一条信令链路在正常情况下可以负荷本地呼叫的 2 850 条话路;
- 在长话自动呼叫时一条信令链路正常情况下可以负荷 2 818 条话路。

但因所假设的电路呼叫模式不准确,且各地差别较大及参数取值的差异等,加之目前尚未考虑信令网支持 ISDN、智能网、移动网以及信令网管理等业务,此外要考虑信令网的安全性,因此,每一条信令链路负荷的中继电路数应按不大于 2 000 话路来计算。故在按局间话务流量及呼损率要求计算出中继电路数后就可求得所需要的信令链路数,即

信令链路数 N_A = 中继电路数/2 000

(2) 信令转接点 STP 设备的处理能力

作为信令转接点 STP 设备的处理能力,或者信令网的业务流量基本单位,习惯均是以每秒可以处理或者流过的消息信令单元数量来表示:

$$m = \frac{Y \times 2M}{T} \tag{8.19}$$

式中,m 为信令转接点 STP 设备的处理能力;

Y 为 STP 所承载的话务量(Erl);

M 为一次呼叫单向平均 MSU 数量(MSU/cal);

T 为呼叫平均占用时长(s)。

计算 A 链路开设数量时,首先取话务流量比例和直联链路负荷比例,如表 8.8 所示。

表 8.8　话务流量比例及直联链路负荷比例的取定

| 规划期 | 市话用户每线话务量/Erl | 农话用户每线话务量/Erl | 话务流量比例 | | | | | 直联链路分担比例 |
| | | | 局内比 | 局间比 | 长途比 20% | | | |
					国际	省际	省内	
2001 年	0.1	0.08	10%	70%	5%	25%	70%	10%
2002—2003 年	0.11	0.09	10%	70%	5%	25%	70%	10%
2004—2005 年	0.12	0.1	10%	70%	5%	25%	70%	10%

总话务量可从表 8.8 中的数据,按式(8.20)求得:

$$Y = U_C \times E_C + U_R \times E_R \tag{8.20}$$

式中,Y 为总话务量;

　　U_C 为市话用户数;

　　E_C 为市话用户每线话务量;

　　U_R 为农话用户数;

　　E_R 为农话用户每线话务量。

2. 纯汇接局到 LSTP 信令链路的计算

(1) 中继线产生的信令业务量

与纯汇接局相连接的只是中继线,所以应计算中继线产生的信令业务量,即纯汇接局的 A 链路的信令业务量。

中继线产生的信令业务量

$$G = \frac{C \times e \times B \times L}{T \times 64\,000 \times 2} \tag{8.21}$$

式中,G 为中继产生的信令业务量;

　　C 为中继电路数;

　　e 为话务量/中继(0.7 Erl/line);

　　B 为双向平均 MSU 数/呼叫(如前假定 $M = 3.65$ MSU/Call,$B = 7.3$ MSU/Call);

　　L 为平均 MSU 长度(160 bit/MSU);

　　T 为平均占用时长(90 s)。

上述括弧中的数值为一般取定数值。

(2) 纯汇接局到 LSTP 信令链路

根据《No.7 信令网维护规程(暂行规定)》的规定,对于独立 STP 设备,一条信令链路正常负荷为 0.2 Erl。则对汇接局而言的 SP 到 LSTP 的 A 链路的数量可按下式计算:

$$N_A = \frac{G}{0.2} = \frac{C \times e \times B \times L}{T \times 64\,000 \times 2 \times 0.2} \tag{8.22}$$

或者可按简单近似的方法计算:

- 在本地电话网中一条信令链路在正常情况下可以负荷本地呼叫的 2 850 条话路;
- 在长话自动呼叫时一条信令链路正常情况下可以负荷 2 818 条话路。

但因所假设的电路呼叫模式不准确,且各地差别较大及参数取值的差异等,加之目前尚未考虑信令网支持 ISDN、智能网、移动网以及信令网管理等业务,此外要考虑信令网的安全性,

因此,每一条信令链路负荷的电路数应按不大于 2 000 话路来计算,则

$$N_A = 中继电路数 / 2\,000 \qquad (8.23)$$

3. B 链路的设置和 D 链路的计算

目前多数 LSTP 对间未开设 B 链路,所有跨分信令汇接区及出省的信令业务均通过 HSTP 对转接,这无疑会使得 HSTP 对的压力较大,由此也导致信令转接次数的增加。为此,在规划中要考虑信令业务流量较大的 LSTP 对间开设一定数量的 B 链路。特别在一个城市内建成第二对 LSTP 时,两对 LSTP 之间必须设置 B 链路,并且最好是高速信令链路。

D 链路主要负责分信令汇接区之间长途信令业务以及出省信令业务的转接,D 链路数的计算可按类似于式(8.21)的通用式进行计算:

$$N_D = \frac{Y \times M \times L}{64\,000 \times T \times A} \qquad (8.24)$$

式中,Y 为所承载的转接话务量;其余参数同前。由于固定长途业务中同时有 PSTN 和 ISDN 的业务,它们有着不同的基本参数值,需要分别计算。

8.3 本地网智能汇接局组网方式设计

8.3.1 智能汇接局组网的概念及业务功能说明

智能汇接局组网的核心是在现有固定电话网中引入 SHLR(用户归属寄存器)新网元。交换机通过扩展 ISUP、扩展 MAP(移动通信应用协议)等协议与 SHLR 进行信息交互,实现用户数据查询和业务属性触发,为用户提供多样化的增值服务。此时的 HLR 可以称之为"用户归属寄存器",即 SHLR。

SHLR 定位为所辖地域内,跨专业网络的用户数据统一管理中心,在全网范围内各地 SHLR 功能应统一。其主要功能如下。

(1)集中管理用户数据。SHLR 集中存储用户的属性信息,包括号码信息、业务信息、网络标识等,并具备数据扩充能力。

(2)提供号码可携带的能力。SHLR 中用户号码分离成两种号码:逻辑号码和物理号码。逻辑号码是用户对外公布的号码,用于主叫号码显示和计费;物理号码是反映用户实际位置的路由号码,用于呼叫的路由接续。SHLR 存储这两种号码及其对应关系,交换机通过查询获取相应的号码信息。

(3)提供基于用户属性触发业务的能力。SHLR 中存储用户的签约业务属性,交换机或软交换设备通过查询获取属性对应的接入码,然后触发相应的增值业务。

实现智能汇接局组网后,现有固网在提供现有的基本业务和补充业务基础上,还可提供以下业务:移机不改号(混合放号+个人号码携带)业务、固网彩铃业务、VPN(广域 Centrex)业务、一号双机业务、一号通(真实号码)业务、话费立显业务、一呼同振(PHS 和固话)业务、报本机号码业务、固网预付费业务等,其中基于号码类业务如移机不改号业务和 VPN 业务等由智能网提供的业务将改由 SHLR 提供,固网预付费业务由手工拨打接入码或话机代拨接入码方式改为由 SHLR 根据用户属性提供服务。

① 混合放号——个性化号码业务

混合放号业务针对本地网内包括固网、PHS 网络的用户,进行号码资源统筹规划,实现固话网络与 PHS 网络的融合。用户拨打电话使用的号码 DN 与业务网络、局归属没有直接关系,同一号首的不同号码可以在 PHS 网、固网以及软交换、3G 网中任意使用。

对于目前号码资源越来越紧张和珍贵的状况,随着混合放号业务的开展,号码利用率将会有所上升,减少号段资源利用不充分的问题。

混合放号业务的用户数据一般在 SHLR 中进行维护,逻辑号码 DN 跟随用户固定不变,物理号码依据实际的网络位置进行更新。

② 号码携带(移动机不改号)业务

采用全网智能化实现的号码携带业务与现网"统一个人号码"业务功能类似,但实现方式有极大的区别。现网"统一个人号码"业务采用 SCP 来实现,这样比较烦琐且会造成话路迂回。通过 SHLR,实现了真正意义上本地网内号码可携带,又可以避免话路迂回。

由于在本地网中用户的逻辑号码与物理位置没有联系,用户就可以携带自己的号码在本地范围灵活移动,不再受到区域规划的限制。用户在新位置的话机终端上进行业务登记,SHLR 中就会改变用户逻辑号码对应的物理号码,用户就实现了号码的随身携带,用户属性自动跟随到新的位置,业务管理十分方便。

③ 彩铃业务

彩铃业务是指通过被叫用户设定,当有其他用户呼叫时,在被叫摘机前,对主叫用户放一段音乐、广告或被叫用户自己设定的留言,主叫用户听到的就已经不是单调的"嘟,嘟"回铃音,而是由被叫用户在系统中设定的个性化回铃音。

在目前的网络中,一般由被叫所在交换机对落地呼叫加插接入码,然后接续到彩铃中心,彩铃中心完成彩铃业务接续后再将呼叫接续回端局。或者采用呼叫转移的方式接入彩铃中心。由 SHLR 来管理本地网的用户数据后,可以将被叫用户签约的彩铃业务信息存储在 SHLR 中,当呼叫此被叫用户时,可以在路由请求响应消息中将接入码加到被叫号码前,由主叫直接将呼叫送到彩铃中心。

因此,采用 SHLR 后,不需端局交换机具有识别彩铃用户的功能或者占用呼叫转移功能,降低了对端局交换机的要求和维护工作量;同时,减少了中继占用,避免了话路的迂回。

④ 预付费业务

预付费业务用户在开户时或通过购买有固定面值的充值卡充值等方式,卡号为用户号码,并预先在自己的账户中注入一定的资金。在呼叫建立时,基于用户的账户决定是否接受或拒绝呼叫,呼叫过程中进行实时计费并在用户账户中扣除通话话费。当用户余额不足时,播放相应的录音通知提示用户进行充值。

传统方式需要主叫用户拨打预付费业务的接入码,或要求主叫交换机能够识别主叫用户为预付费用户,从而在主叫拨打的被叫号码前自动添加预付费业务的接入码。采用 SHLR后,主叫交换机可以方便地触发预付费业务(包括主叫和被叫预付费业务)。

⑤ 一号通业务

"一号通"业务是指一个对外公开的号码可以对应多个用户号码,其中多个用户号码之间有一个轮选顺序,作被叫时依次进行振铃,也可以选择同时振铃,该业务需要智能网支持。

在全网智能化方案中实现的"一号通业务"与传统实现方式不同。该方案中,可以将任意号码作为一号通号码,而不需要专门的号码段或特殊号码(如特服接入码)。因为当呼叫"一号通"用户时,与正常呼叫一样,局所到 SHLR 查询被叫信息时,获知被叫是"一号通"用户,则触发至智能网处理。

8.3.2 智能汇接局组网的网络结构设计

智能汇接局组网一般采用"汇接局完全访问SHLR"方案。

"汇接局完全访问SHLR"方案是指各层交换机(端局、关口局及长途局)负责将接续的所有呼叫路由都接续到汇接局,由汇接局统一查询SHLR获取主叫或被叫用户的号码信息或智能业务接入码,然后再进行后续的业务触发或接续。

"汇接局完全访问SHLR"方案网络连图如图8.17所示。

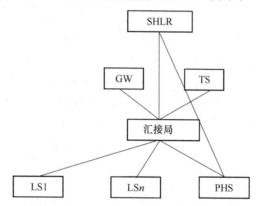

LS:本地端局　PHS:小灵通局　GW:关口局　TS:长途局　SHLR:用户归属寄存器

图8.17 "汇接局完全访问SHLR"方案网络连图

"汇接局完全访问SHLR"方案组网特点如下。

(1)汇接局与SHLR进行信息交互,获得用户物理号码和逻辑号码的对应关系、智能签约业务信息及其他补充业务信息。

(2)市话端局只与两个汇接局相连,所有话务都需经过汇接局转接。

(3)小灵通IGW与SHLR进行信息交互,实现小灵通用户数据管理、移动性管理、漫游管理和短信功能等。PHS网内话务由IGW处理,网外话务包括PHS网与中国电信PSTN网以及其他运营商网络之间的话务通过汇接局转接。

在本地网较大的情况下,一般是设置两个汇接局和一对SHLR,每个端局分别接至两个汇接局,局间中继采用话务分担方式,连接示意图如图8.18所示。

8.3.3 话务量与中继电路容量计算

1. 话务模型

各地的话务模型取值都是根据当地条件而定,这里给出固网智能化话务模型计算的一般参考取值。

(1)忙时话务量

固定电话忙时话务量:0.03 Erl。

电话交换设备中继线忙时话务量:0.7 Erl。该值是在呼损率小于等于1%时,查爱尔兰呼损表得到的。

(2)话务模型

每个汇接区设置两个汇接局进行话务分担,各局承担话务为该汇接区内经汇接局转接的总话务量的50%,如有一汇接局故障,则另一局承担话务为该汇接区内经汇接局转接的总话务量的100%。

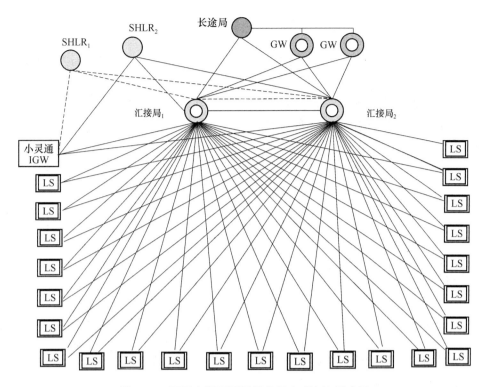

图 8.18　局间中继采用话务分担方式连接示意图

例如,某地电信分公司话务数据取定如表 8.9 所示。

表 8.9　某本地网话务数据详表

固定电话用户忙时话务量	0.03 Erl
中继线忙时话务量	0.7 Erl
中继线利用率	100%
汇接区内两汇接局总话务分摊比例	50%∶50%
本局市话∶局间市话∶网间话务∶长话	15%∶25%∶45%∶15%
业务增长率	10%

2. 话务量与中继电路容量

(1) PHS—汇接局

PHS—汇接局局间话务量:

PHS 用户数 × (话务量/线) × PHS 用户与固定电话通话话务比例

PHS—汇接局局间中继电路容量(2 M 数):

(PHS—汇接局局间话务量/0.35)/30

本来每条中继电路忙时承载的话务量是 0.7 Erl,考虑两个汇接局话务均摊,并考虑当一个汇接局故障时中继电路不会超负荷,故取值 0.35。30 是指 PCM 一次群系统,每系统可提供 30 个话路。以后的计算都以该数值计算。

(2) 本地端局(LS)—汇接局中继电路容量计算

$$中继电路容量(2\,M) = \frac{局内呼叫话务 \times 量 \times 2 + \times 局间来话话务量 + 局间去话话务量}{0.35 \times 30}$$

(8.25)

式中:局内呼叫话务量＝LS 用户数×(话务量/线)×局内呼叫百分比;

    ×2 是因为局内呼叫需占用出局中继和入局中继;

    (局间来话话务量＋局间去话话务量)＝ LS 用户数×(话务量/线)−局内呼叫话务量;

    考虑每中继线在呼损率小于等于 1% 时承载的话务量是 0.7 Erl,并由两个汇接局各为 50% 分担,当某一汇接局故障时另一汇接局完全承担,故取为 0.35;

    30 是考虑每个 2M 链路有 30 条中继。

(3) 关口局 GW—汇接局中继电路容量计算

$$关口局\ GW-汇接局话务量＝\Big[\Big(\sum LS\,用户数×(话务量/线)\Big)＋PHS\,用户数×$$
$$(话务量/线)\Big]×网间话务比例$$

$$关口局\ GW-汇接局局间中继电路容量(2\,M)＝\frac{关口局\ GW-汇接局话务量}{0.35×30} \quad (8.26)$$

(4) 长途局 TS—汇接局

$$长途局\ TS-汇接局话务量＝\Big[\Big(\sum LS\,用户数×(话务量/线)\Big)＋PHS\,用户数×$$
$$(话务量/线)\Big]×长话话务比例$$

$$长途局\ TS-汇接局局间中继电路容量(2\,M)＝\frac{长途局\ TS-汇接局话务量}{0.35×30} \quad (8.27)$$

3. 汇接局到 LSTP 信令链路容量计算

(1) 中继线产生的信令业务量

与汇接局相连接的只是中继线,所以应计算中继线产生的信令业务量,即纯汇接局的 A 链路的信令业务量。

中继产生的信令业务量

$$G=\frac{C×e×B×L}{T×64\,000×2} \quad (8.28)$$

式中,G 为中继产生的信令业务量;

    C 为中继电路数;

    e 为话务量/中继(0.7 Erl/line);

    B 为双向平均 MSU 数/呼叫(如前假定 $M=3.65$ MSU/Call,$B=7.3$ MSU/Call);

    L 为平均 MSU 长度(160 bit/MSU);

    T 为平均占用时长(90 s)。

上述括弧中的数值为一般取定数值。

(2) 纯汇接局到 LSTP 信令链路

根据电信总局(No.7 信令网维护规程(暂行规定))中规定,对于独立 STP 设备,一条信令链路正常负荷为 0.2 Erl。则对汇接局而言的 SP 到 LSTP 的 A 链路的数量可按下式计算:

$$N_A=\frac{G}{0.2}=\frac{C×e×B×L}{T×64\,000×2×0.2} \quad (8.29)$$

或者可按简单近似的方法计算:

在本地电话网中一条信令链路在正常情况下可以负荷本地呼叫的 2 850 条话路;

在长话自动呼叫时一条信令链路正常情况下可以负荷 2 818 条话路。

但因所假设的电路呼叫模式不准确,且各地差别较大及参数取值的差异等,加之目前尚未考虑信令网支持 ISDN、智能网、移动网以及信令网管理等业务。此外要考虑信令网的安全

性。因此,每一条信令链路负荷的电路数应按不大于 2 000 话路来计算。则

$$N_A = 中继电路数 / 2\,000 \qquad (8.30)$$

8.4　中继传输网的规划与设计

8.4.1　业务量与对应电路需求数量的一般计算方法

各业务网、支撑网所需的业务流量,需要用传输电路来实现这些业务量在网络节点间的流动,这个网络就是局间中继传输网。不同的业务网其业务量的表现形式不同。对于以电路交换为基础的网络,如 PSTN、ISDN 和 PLMN,其业务量是用一条线路在忙时内被占用的时间比,即 Erl 为单位表示;对于数据网,其业务量一般用比特量或比特流量,即 kbit/s、kbit/s 或 Mbit/s 等来表示;对于支撑网和附加业务网,将根据该种网络所传递信息的性质来表示;数字同步网目前则直接用 2 Mbit/s 电路来表示;No.7 信令网和智能网对传送信息的需求尽管有每秒消息信号单元的个数(MSU/s)、每忙秒试呼次数(CAPS)其单位为(call/s)和每忙秒查询量(Query/s)等几种业务量单位表示,但最终都归结为比特率 bit/s 表示。传送网电路层的首要任务,就是把这些形形色色的业务量流动的需求变换为传送网电路层网的电路或电路群需求。

对于电话网或所有基于固定比特率的电路交换网络,可以利用全利用度的爱尔兰公式计算。爱尔兰公式的原型是不适于计算的,可以化成如下形式:

$$E_n(A) = \frac{A \times E_{n-1}(A)}{n + A \times E_{n-1}(A)} \qquad (8.31)$$

式中,A 为话务量(Erl);

　　n 为电路数(ch 或 trunk);

　　$E_n(A)$ 为话务量为 A、电路数为 n 时的呼损率。

式 8.26 表达了电路数 n、话务量 A 和呼损率 $E_n(A)$ 3 个量之间的关系。利用这一公式进行计算需要作大量的数字计算,为了使用方便已绘制成表格,称为爱尔兰呼损公式计算表。利用爱尔兰呼损公式计算表在已知话务量 A 和呼损率 $E_n(A)$ 的条件下就可以求得所需电路路数 n(与 8.1.3 本地网规划设计中继电路数的计算方法相同)。

例　设 $A = 7.3$ Erl;$E_n = 0.005$,求 n。

解　根据题中给定数值,利用查表法可得出所需电路数为 $n = 15$。如图 8.19 所示。

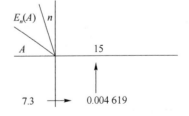

图 8.19　查爱尔兰呼损表示意图

呼损率取值按原邮电部的有关规定:长—市中继线呼损率为 5‰;市—长中继线呼损率为 5‰;市—市中继线低呼损电路的呼损率为 1.0%,人工长途台中继线呼损率为 5‰;特服中继线呼损率为 1.0%。根据所采用不同的电路性质,以其对应的呼损率和业务量,即可求得相应的电路数。

在实际传输信息时,如果每一条电路都用一条物理线路来实现,则传输线路设备将变得非常庞大和不经济,为此常常采用组成电路群之后再进行物理传输,这是通过传送网的复用功能

来实现的。目前对数字电路的组群,世界上通行的有北美标准和欧洲标准,我国是跟随欧洲标准的,即以每 30 条 64 kbit/s 的数字电路组成一个数字电路群,称为一次数字群或简称一次群。这种全数字化的中继传输网的路由选择与计算方法可用 T. H. F 图的图解法确定,与前述讨论相同。

8.4.2 SDH 中继传输网设计举例

1. 本地网的逻辑拓扑结构及说明

某地区电信局的网络结构如图 8.20 所示。

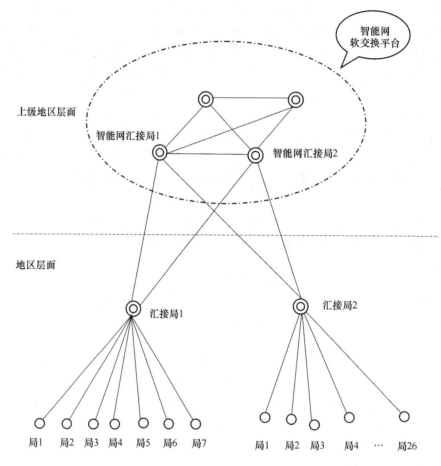

图 8.20 某地区电信局的网络结构图

图中的汇接局 1 和汇接局 2 均是不带用户的纯汇接局,均采用星型网结构。汇接局 1 共汇接 8 个局,汇接局 2 共汇接 26 个局。为了便于集中计费和实现新业务,上级地区本地网已经采用智能网软交换平台,采用了智能网软交换平台后,要求本地网内任一端局的任一次呼叫必须经过智能网软交换平台交换后,才能到达目的局。所以即使一个端局内的用户呼叫本端局的另一用户,也必须经过智能网软交换平台,才能到达本端局的另一用户。所以本地区的二个汇接局之间无直达电路,各端局之间也无直达电路,各端局只与汇接局有电路。

本次设计是以本地区电信局网络结构图中汇接局 1 和其所连接的 7 个端局所组成的传输网为例,详细地说明设计的步骤、设计的过程,其中包括中继电路业务量的计算、中继距离的计算、中继电路数量的计算,还有通路组织、环路组织、保护方式、环路同步设计等,最后给出整个本地区传输网的拓扑结构图。

2. 所设计的传输网所连接的本地网的逻辑结构

如图 8.21 所示可知,本次设计的传输网所连接的局站共有 8 个,有汇接局 1 和其所连接的其中的 7 个端局。

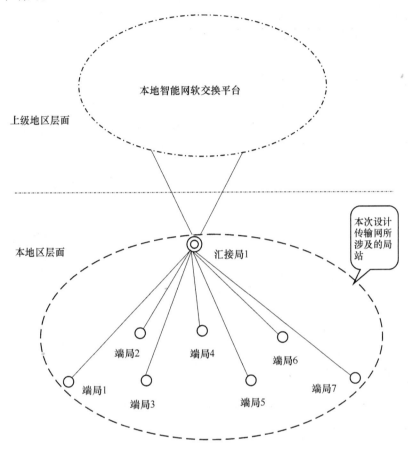

图 8.21 所设计的传输网所连接的本地网的逻辑结构

本次设计的传输网的物理结构图如图 8.22 所示。

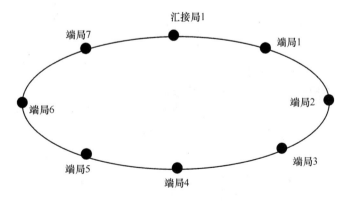

图 8.22 设计的传输网的物理结构图

3. 本地网中话务流量预测及话务矩阵表

由本地网的逻辑结构可知,本次设计的小环的传输网所连接的 8 个局站中,7 个端局之间无电路,7 个端局只与所连接的汇接局有电路。由于采用了智能网软交换平台,所以每一端局发生的任一次呼叫均出局,即每一端局发生的任一次呼叫均需要经过所连接的汇接局汇接,其中包括本端局的用户呼叫本端局的用户。所以在计算各局站之间的业务量时,只进行 7 个端局到所连接的汇接局的业务量的计算,即只计算 7 个端局各自发生的所有话务量。

各端局发生的所有话务量的计算公式:

$$用户数×各局的每户平均话务量$$

其中的用户数是各局的用户数,各局的每户平均话务量是根据各局的话务量观察和统计得到的。表 8.10 是 7 个端局的用户数和各局的每户平均话务量表。

表 8.10　7 个端局的用户数和各局的每户平均话务量

局站	用户数	每户平均话务量
端局 1	3 230	0.065 2
端局 2	5 158	0.051 4
端局 3	4 927	0.056 2
端局 4	4 288	0.049
端局 5	3 238	0.054 2
端局 6	3 410	0.053 5
端局 7	6 726	0.041 2

A(端局 1)＝3 230×0.065 2＝210.596 Erl

A(端局 2)＝5 158×0.051 4＝265.121 2 Erl

A(端局 3)＝4 927×0.056 2＝276.897 4Erl

A(端局 4)＝4 288×0.049＝210.112 Erl

A(端局 5)＝3 238×0.054 2＝175.499 6 Erl

A(端局 6)＝3 410×0.053 5＝182.435 Erl

A(端局 7)＝6 726×0.041 2＝277.111 2 Erl

4. 各局站之间的中继电路数和 2 M 电路数的计算

各局站之间的 2 M 电路数的计算方法:依据计算出的各点之间的业务量的大小,根据中继电路呼损率的要求(小于 1%)查爱尔兰表即可求得中继电路数,再被 30 除就是 2 M 的电路数。

下面以端局 1 到汇接局 1 的中继电路数和 2 M 电路数的计算过程为例,给出 7 个端局到汇接局的中继电路数和 2 M 数。如表 8.11 所示。

表 8.11　7 个端局到汇接局的中继电路数和 2M 数量

局站	到汇接局的中继电路数	到汇接局的中继 2M 数量
端局 1	301	11
端局 2	379	13
端局 3	396	14
端局 4	301	11
端局 5	251	9
端局 6	261	9
端局 7	396	14

本次设计的传输环网各局站之间的 2 M 电路数量表如表 8.12 所示。

表 8.12　各局站间的 2M 数量

局名	汇接局	端局 1	端局 2	端局 3	端局 4	端局 5	端局 6	端局 7	小计
汇接局		11	13	14	11	9	9	14	81
端局 1	11								11
端局 2	13								13
端局 3	14								14
端局 4	11								11
端局 5	9								9
端局 6	9								9
端局 7	14								14
小计	81	11	13	14	11	9	9	14	162

端局 1 到大汇接局 1 的中继电路数根据其业务量的大小是 210.596 Erl,根据中继电路呼损率的要求(小于 1%)查爱尔兰表即可求得中继电路数是 301 条,208 再被 30 除得 2 M 的电路数是 11。

5. 所设计环的容量的设计

我国的光同步传输网技术规定中的复用映射结构是以 G.709 建议的复用结构为基础的,根据此规定的复用结构和本次设计的传输环网各局站之间的 2M 数量表中的 2 M 数量,本次设计的环网的容量是 STM-4,即本次设计的小环是一个 622 M 的环。

6. 通路组织时隙分配

通路组织时隙分配如图 8.23 所示。

7. 局间中继距离的计算

最大中继距离是光纤通信系统设计的一项主要任务,在中继距离的设计中应考虑衰减和色散这两个限制因素。特别是后者,它与传输速率有关,高速传输情况下甚至成为决定因素。下面首先介绍最大中继距离计算的理论知识,然后再根据本次设计的特点计算出本系统实际可达的中继距离。

8. 最大中继距离计算的理论知识

在光纤通信系统中,光纤线路的传输性能主要体现在其衰减特性和色散特性上,所以中继距离受限主要体现为衰减受限和色散受限两个方面,下面分别介绍。

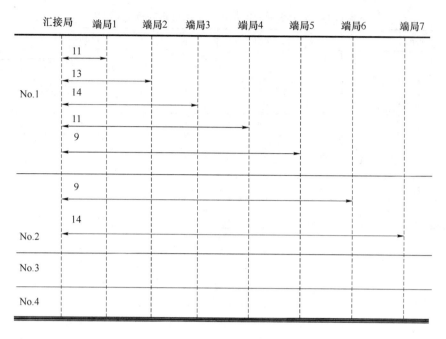

图 8.23　通路组织时隙分配

（1）衰减受限的光中继段设计

光纤传输衰减（损耗）的概念是指光功率随传输距离的增加而按指数规律下降。

在衰减受限系统中，中继距离越长，则光纤系统的成本越低，获得的技术经济效益越高，因而这个问题一直受到系统设计者们的重视。当前，广泛采用的设计方法是 ITU-T G.958 所建议的最坏值设计法，计算站点 S、P 之间的传输距离。

通道衰减计算通常应用最坏值设计法，即所有参数均取最坏值，可以保证系统在寿命终了（20～25 年）时仍能符合传输性能指标。一般认为，实建的光缆和设备性能会高于最坏值，因此设备的传输系统可能有较多的衰减余量。

最坏值计算法的计算式及参数值如下：

$$L_{\max} = \frac{P_S - P_R - M_E - 2\alpha_C - P_P - M_C}{\alpha_f + \alpha_j} \tag{8.32}$$

或

$$L_{\max} = \frac{P_S - P_R - M_E - 2\alpha_C - P_P}{\alpha_f + \alpha_j + M_C} \tag{8.33}$$

式中：P_s——发送机在 S 点最小平均发送光功率（dBm）；

P_R——接收机在 R 点最差灵敏度（BER＝10－10 时）（dBm）；

M_e——设备富余度，一般取 3 dB，在光接口参数中已考虑；

P_P——最大光通道代价（dB）；

α_C——光纤连接器损耗，通常一个中继段两端各一个连接器，损耗每个取 0.5 dB；

α_f——光纤衰减，G.652 型光纤衰减系数为

一级光纤：1 310 nm　$\alpha_f \leqslant 0.36$ dB/km；

　　　　　1 550 nm　$\alpha_f \leqslant 0.22$ dB/km；

α_f——光纤接头损耗，通常取 0.03 dB/km；

M_C——线路富余度,取 0.04 dB/km。

按照公式(8.33)进行计算举例如下。

① 155 M 光接口:S1.1 光纤,发送光功率为-12 dBm;接收灵敏度为-28 dBm。

$$L_{max}=\frac{P_S-P_R-M_E-2\alpha_C-P_P}{\alpha_f+\alpha_j+M_C}$$

$$=[-12-(-28)-1-1]/(0.36+0.03+0.04)$$

$$=32.5 \text{ km}$$

② 2.5G 光接口:S16.1 光纤,发送光功率为-5 dBm;接收灵敏度为-20 dBm。

$$L_{max}=\frac{P_s-P_R-M_e-2\alpha_c-P_P}{\alpha_f+\alpha_j+M_C}$$

$$=[-5-(-20)-1-1]/(0.36+0.03+0.04)$$

$$=30.2 \text{ km}$$

(2) 色散受限的光中继段设计

信号在光纤中是由不同频率成分和不同模式成分的光信号携带的,这些不同的频率成分和模式成分的光信号有不同的传播速度,这样在接收端接收时就会出现前后错开,这就是色散现象,使波形在时间上发生了展宽。在光纤通信系统中,如果使用不同类型的光源,则由光纤色散对系统的影响各不相同。

① 使用多纵模激光器(MLM)和发光二极管(LED)时的计算公式

$$L_D=\frac{\varepsilon\times10^6}{B\times\Delta\lambda\times D}\quad \text{km} \tag{8.34}$$

式中,B ——线路码速率(Mbit/s);

D ——色散系数(ps/km·nm);

$\Delta\lambda$——光源谱线宽度(nm);

ε ——与色散代价有关的系数。

其中 ε 由系统中所选用的光源类型来决定:若采用多纵模激光器,则具有码间干扰和模分配噪声两种色散机理,故取 $\varepsilon=0.115$;若采用发光二极管,由于主要存在码间干扰,因而取 $\varepsilon=0.306$。

② 使用单纵模激光器(SLM)时的计算公式

使用单纵模激光器(SLM)的色散代价主要是由啁啾声决定的,其中继距离计算公式如下:

$$L_C=\frac{71\ 400}{\alpha\cdot D\cdot\lambda^2\cdot B^2} \tag{8.35}$$

式中,α——频率啁啾系数。当采用普通 DFB 激光器作为系统光源时,α 取值范围为 4~6;当采用新型的量子阱激光器时,α 值可降低为 2~4;而对于采用电吸收外调制器的激光器模块的系统来说,α 值还可进一步降低为 0~1。

B——线路码速率(Tbit/s)。

D——色散系数(ps/km·nm)。

色散主要是指集中的光能(如光脉冲)经过光纤传输后在输出端发生能量分散,导致传输信号畸变。在数字通信系统中,由于信号的各频率成分或各模式成分的传输速度不同,在光纤中传输一段距离后将互相散开,脉冲加宽。严重时,前后脉冲将互相重叠,形成码间干扰,增加误码率,影响了光纤的带宽,限制了光纤的传输容量。光纤中的色散主要包括模间色散、材料色散和波导色散。

与光纤色散有关的系统性能损伤有多种因素,主要有码间干扰、模分配噪声和啁啾噪声

(chirping)3 种。

对于高比特率的传输系统,色散是限制中继段传输长度的主要因素。色散功率代价随传输距离、光谱宽度和色散系数等参数值的增加而迅速增加。为了防范由于色散功率代价的迅速增加而导致的系统性能恶化,应该使系统有足够的工作余度,避开高功率代价区。一般认为1 dB 功率代价所对应的光通道色散值($D*L$)定义为通道最大色散值。

就目前含 EDFA 的光通信系统工程应用的情况来看:光缆均采用 G.652 光纤,波长范围为 1 535~1 565 nm,属于单模传输,故不存在模分配噪声;对于 STM-1 和 STM-4 系统,系统一般采用 DFB 光源,由于速率不高,输出功率不大(小于等于 3 dBm),虽采用内调制方式,但啁啾噪声很小,可以忽略;而 STM-16 和 STM-64 系统一般采用外调制,激光器中没有啁啾噪声。因而系统色散对于目前的光通信系统的损伤主要是码间干扰。下面就分别对不同系统的色散受限距离进行计算。

对于 155 Mbit/s 及 622 Mbit/s 系统,一般不考虑色散受限问题。

根据 G.957,对于 STM-16 系统色散代价取 2 dB。色散系数也取 18 ps/km·nm。计算方法同上。得到 $\varepsilon=0.491$,当-20 dB 谱宽为 1 nm 时,计算的 $D*L$ 值为 1 192 ps/nm,这与 G.957 所规定的值一样,计算的具体结果见表 8.13。

表 8.13 STM-16 不同的频谱宽度对应的 $D*L$ 值和色散受限距离

-20 dB 谱宽/nm	$D*L$/ps·nm^{-1}	色散受限距离/km
1	1 192	66
0.5	2 384	132
0.3	3 973	220
0.2	5 960	330

对于某一传输速率的系统而言,在考虑上述两个因素同时,根据不同性质的光源,可以利用式(8.33)、式(8.34)或式(8.35)分别计算出两个中继距离 L_{max}、L_D(或 L_C),然后取其较短的作为该传输速率情况下系统的实际可达中继距离。

9. 环路保护方式设计

本次设计采用二纤单向通道保护环。

具体实现如下:在每个环中,均采用二根光纤,每个环中的二根光纤各有自己的流向,其中一根为顺时针方向,另一根为逆时针方向,规定顺时针流向的光纤为主用光纤,逆时针流向的光纤为备用光纤,通过网管将这每个环设置成二纤单向通道保护环。下面以所设计小环中的端局 5 和汇接局 1 为例说明其保护的实施过程。

环的结构图如图 8.24 所示。当信息由汇接局 1 插入时,一路经端局 1→端局 2→端局 3→端局 4 到达端局 5,另一路经端局 7→端局 6 到达端局 5,这样在端局 5 同时从主用光纤(顺时针流向光纤)和备用光纤(逆时针流向光纤)中分离出所传送的信息,再按分路通道信号的优劣决定哪一路信号作为接收信号。同样当信息由端局 5 插入后,分别由主用光纤和备用光纤所携带,前者经端局 6→端局 7 到达汇接局 1,后者经端局 4→端局 3→端局 2→端局 1 到达汇接局 1,这样根据接收的两路信号的优劣,优者作为接收信号。

当端局 4 与端局 5 两节点出现线路故障时,如图 8.25 所示。

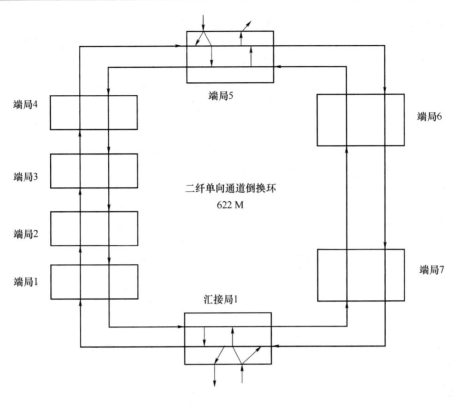

图 8.24　二纤单向通道保护环

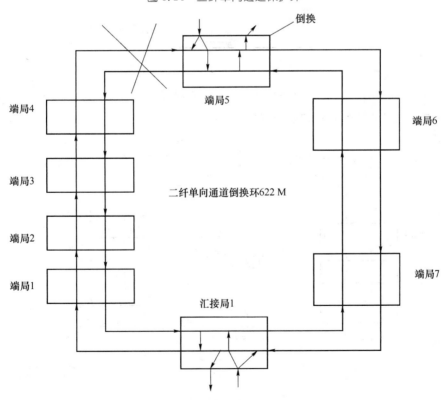

图 8.25　二纤单向通道保护环保护的实施过程

当信息由汇接局1插入时,分别由主用光纤和备用光纤所携带,一路由备用光纤端局1→端局2到达端局5,而经主用光纤插入的信息不能到达端局5,这样根据通道选优原则,在节点端局5倒换开关由主用光纤转至备用光纤,从备用光纤中选取接收信息。当信息由端局5插入时,信息同样在主用光纤和备用光纤中同时传送,但只有经主用光纤的信息可达到汇接局1,因而汇接局1只能以来自主用光纤的信息作为接收信息。

10. 环路时钟同步方式设计

在本次设计的各环中,汇接局1的时钟是通过外同步定时源的方法直接从 BITS 提取;各点的时钟与汇接局1的时钟同步,各点的时钟从接收信号中提取,具体是采用线路定时的办法来提取的。图 8.26 所示为环路时钟引入图。

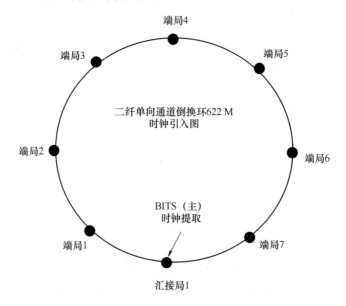

图 8.26 环路时钟引入图

图 8.27 所示是此环的时钟跟踪示意图。

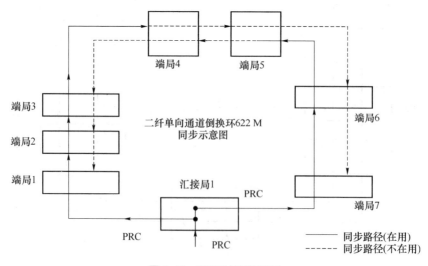

图 8.27 环路时钟跟踪图

正常情况下,由于此环采用的是双纤单向通道保护环,各点的时钟根据定义好的设置从第一等级提取,在非正常情况下(某一点光纤断),则环中有的点从第一等级提取不到时钟,它会自动根据定义好的设置从第二等级提取。假设图 8.27 中端局 3 到端局 4 的光纤断如图 8.28 所示,可知只有端局 4 提取不到第一等级的时钟,端局 4 会根据的定义好的设置从第二等级提取时钟,它会从端局 5 方向提取时钟,而其余各点还是从第一等级提取时钟。

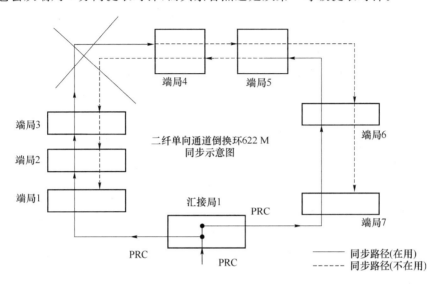

图 8.28　保护状态的环路时钟跟踪图

8.5　传输网络的生存性

8.5.1　传输网络的生存性的基本概念

网络的生存性又称网络生存率,是指网络在正常使用环境下一旦出现故障时,能调用冗余的传送实体,完成预定的保护和恢复功能的能力。传统提高网络生存性的基本方法是通过提供冗余传送实体,一旦检测到缺陷或性能劣化时去替换这些失效或劣化的传送实体。最新的观点表明,要提高网络生存性最有效的方法是在网络中引入有自动交换能力的传送节点,这就是最新的自动交换传送网络(ASTN),ITU-T 专为此推出一个 G.807 建议。

8.5.2　网络冗余度与生存性的计算

1. 网络的冗余度计算

$$\text{网络的冗余度} = \frac{\sum_{i=1}^{n} \text{线段的冗余度} \, i \times \text{线段允许的容量} \, i}{\sum_{i=1}^{n} \text{线段允许的容量} \, i} \tag{8.36}$$

$$\text{线段的冗余度} = \frac{\text{线段允许的容量} - \text{线段的业务量}}{\text{线段允许的容量}} \tag{8.37}$$

例　假设如图 8.29 所示的网络的各段均采用 2.5 Gbit/s 的线速率,即线段允许的最大容

量为 $16 \times STM\text{-}1$,而实际每段传输的业务量如图 8.29 所示。为方便书写,以下均省去 STM-1 的单位。

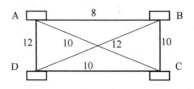

图 8.29　线段冗余度计算示例图

从式(8.37)可算得各段的冗余度如下:

AB 段冗余度 $= \dfrac{16-8}{16} \times 100\% = 50\%$

BC 段冗余度 $= \dfrac{16-10}{16} \times 100\% = 37\%$

CD 段冗余度 $= \dfrac{16-10}{16} \times 100\% = 37\%$

AD 段冗余度 $= \dfrac{16-12}{16} \times 100\% = 25\%$

AC 段冗余度 $= \dfrac{16-10}{16} \times 100\% = 37\%$

BD 段冗余度 $= \dfrac{16-12}{16} \times 100\% = 25\%$

则

$$网络冗余度 = \frac{50\%+37\%+37\%+25\%+37\%+25\%}{6} = 35.2\%$$

2. 计算网络的生存性

$$网络的生存性 = \frac{\sum_{i=1}^{n} 线段的生存性 i \times 线段业务容量 i}{\sum_{i=1}^{n} 线段业务量 i} \tag{8.38}$$

$$线段的生存性 = \frac{\sum_{i=1}^{n} 某迂回路由能疏导的业务量 i}{线段的总业务量} \tag{8.39}$$

某迂回路由能疏导的业务量是指经某一迂回路由能利用的部分容量,这一能利用的部分容量是指除已使用的业务容量外的冗余容量的适当分配。现以同样的网络数据列举生存性计算的例子。

例　假设各段之间均采用 2.5 Gbit/s 的速率,其中 4/12 表示该传输段的冗余业务量与已使用业务量之比,单位为 STM-1,如图 8.30 所示。

从式(8.39)可算得各段的生存性如下:

AB 段的生存性 $=(2+6)/8=100\%$,A—C—B

BC 段的生存性 $=(2+6)/10=80\%$,B—D—C

CD 段的生存性 $=(2+4)/10=60\%$,C—A—D

AD 段的生存性 $=(2+6)/10=80\%$,A—C—D

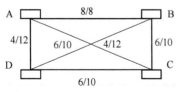

图 8.30　线段生存性计算示例图

AC 段的生存性＝(8＋4)/12＝100％，A—B—C

BD 段的生存性＝(4＋6)/12＝100％，B—C—D

则

$$网络的生存性＝\frac{100％×8＋80％×10＋60％×10＋80％×10＋100％×12＋100％×12}{8＋10＋10＋10＋12＋12}$$

$$＝87％$$

8.6　用户接入网的规划与设计

8.6.1　城市接入网规划的重点

城市接入网规划的重点应包括 5 个方面。

（1）业务预测

业务预测从用户的业务需求入手,作为规划设计的基础。

（2）交换局服务区和接入网小区的划分

① 确定每个交换局的服务区:应结合原邮电部对本地网目标网市/县的局数量、局容量规模的规定,组织接入网的规模和覆盖范围。

② 接入网小区的划分:根据城市现有小区状况、用地规划、道路规划、城建小区规划和交换局/业务节点的服务区范围,以城市主要街道为界线的原则划分接入网小区。城市光接入网的小区服务半径一般不应超过 0.8 km,以便于用铜缆进行小区内的覆盖。

③ 规划小区中心(DP 点),即设备间:原则上一个小区中心配置一个光远端节点,但也可以两个甚至多个小区共享一个光远端节点。

④ 拥有重要用户的小区可以隶属于两个光远端节点,以交叉方式向小区提供双路由,甚至可提供双归路由。

（3）主干层网的网络组织

主干层节点,即光交接点的选择。城市接入网主干网视业务量、用户性质和重要性、业务类型等,采用光缆环网或 SDH 环网。

（4）配线层网的网络组织

配线层节点 DPAP 接入网小区中心的选择,应尽可能处于小区的位置中心。

（5）引入段和线缆的考虑

主要为星型单路由结构,业务大户或重要用户应是双路由。对于综合性商业大厦等有综合布线的建筑,引入线就是综合布线系统;其他无须综合布线的引入线,还是要利用现有的铜缆。

8.6.2　SDH 技术在接入网中的应用

SDH 技术应用到接入网中具有一系列优点。首先,对于有高质量、高可靠要求的业务大户,可提供理想的网络环境和业务可用性。其次,SDH 组网的灵活性,能更有效向用户提供所需的短期的或长期的业务需求。第三,增加传输带宽,提高网管能力,提供网络的自愈特性,简化维护管理。第四,随着 V5 接口的引入,SN 与 AN 间采用 2 Mbit/s 速率为基础的接口后,应用 SDH 技术去处理将会使组网得到简化。最后,为未来宽带、综合业务的发展奠定基础。

接入网应用 SDH 技术的方式可以有:

① 点到点的连接,适合于带宽需求在 34 Mbit/s 以上的大企事业用户;

② STM-l 子速率,即 Sub STM-1 的连接;

③ 利用放置在 DP 上的 SDH-TM 设备连向多个用户组成星型网连接;

④ 主干段用环型、配线段用星型的环型-星型的连接方式;

⑤ 综合的 SDH 终端复用器(TM)的连接等。

接入网应用 SDH 技术的方式如图 8.31 所示。

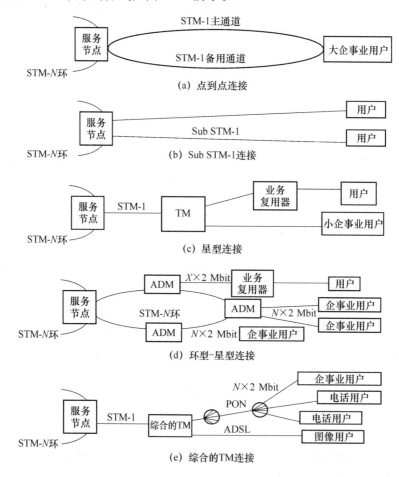

图 8.31　接入网应用 SDH 技术的方式

SDH 技术用于接入网的一个重要问题是如何向小用户提供较小的带宽。有关的方法还在发展之中,已经实现的有:SDH 设备制造商推出的支路板从过去 21 个、16 个 2 Mbit/s,向只有几个 2 Mbit/s 的方向发展;使用子速率 Sub STM-1 连接,既对于小带宽用户较经济,又能保持全部 SDH 的功能和管理;将 PON 集成进 STM-1 的 ADM 或 TM 中并设置在路边,可同时为大、小用户服务;利用 SDH 开销中的配 C 通路进一步扩展至非 SDH 设备;应用 SDH 灵活复用器,即 SDH 特点与灵活复用器结合形成的新型业务复用器 SDH-FM。

另外一个方向是向特殊用户提供特大的带宽。近年来多个 ATM 交换机以光传输 SDH 方式串接在接入网中是一种趋势。随着对接入网带宽需求的不断增加,2.5 Gbit/t SDH 系统已用在接入网中。

8.6.3   接入网组网涉及的概念

1. 光交接点(FP)

光交接点对于铜缆就是交接箱,对于光缆网就是主干段与配线段的连接处,故又称为光交接点。其设置应满足:业务量比较集中,位置相对重要;光缆进出方便,一般应有两个方向;发展相对稳定,不易受市政建设工程影响等。

2. 分配点(DP)

分配点或称业务接入点(SAP),对于铜缆网就是分线盒,对于光缆网就是光节点或称光网络单元(ONU)。原则上一个 ONU 服务于一个接入网小区,具体设备可设置在室内或室外。如果设置在大楼内就是 FTTB,在大型企事业单位、党政机关、大专院校或住宅小区中心就是FTTC。

3. 接入网小区(Cell)和小区中心(Cell Center)

这是规划接入网组织结构中的最小单元,原则上一套接入网设备服务于一个小区。小区中心就是分配点(DP),每 DP 是放置接入网设备(如 ONU)的地方,故也常称为接入设备间。

4. 接入网服务区(Service Area)

接入网服务区是由接入网的一个主干网服务所覆盖的区域。可以有单局覆盖的服务区,也可以有双局覆盖的服务区。接入网服务区允许出现部分重叠现象。

8.6.4   接入网网络组织结构

从接入网的端局作为源头逐步向用户端,依次分为主干层、配线层(或称分配层)和引入层3 个层网的结构。这时,主干层网上的节点就是 FP,如果主干网是采用光缆网,则把 FP 称为光交接点,因为常常在这点上设置 ODF,实现光纤接点的交接。分配层上的节点就是 DP,一般是在 DP 上配置接入网设备,因此最好把它设置在接入网小区中心;如果分配层网仍为光缆网,则设备就是 ONU。引入层网当前一般是由 DP 为顶点的星型铜缆网,连接到每个用户。接入网分层结构示意图如图 8.32 所示。

接入网进行分层的好处如下。

① 网络的层次清晰,有利于各层独立规划和建设,独立采用新技术和新设备,独立进行网络的优化,方便运行管理和维护。

② 可迅速扩大光接入网的覆盖面,有利于逐步推进实现光纤到户的长远目标。

③ 主干网络相对稳定,有利于适应业务节点和用户的需求,提高网络利用率,节约投资。采用配线层和引入层,能较灵活地适应各种用户对业务不断变化的需求。

④ 便于接入网从窄带向宽带的过渡。

接入网建设当前以及未来长期的重点是光纤化,应提前进行规划和光缆敷设。光纤化应首先从主干层开始,然后逐步向配线层、引入层推进。在技术合理,经济允许的前提下,尽量让光纤靠近用户。

目标交换局是接入网主干层组网的关键和网络的源头。出于网络保护以及业务发展的考虑,主干层网应尽量采用环路通过或贯穿两个目标交换局的环型结构或总线型结构。总线型结构虽然也有保护功能,但服务区不易规划安排,故实际应用并不多,绝大部分还是环型网。建议在规划时,主干层环可以适当扩大覆盖范围,环型网可以采用光纤线路保护环或 SDH 自愈环。

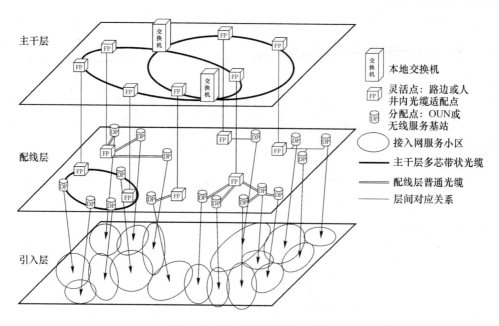

图 8.32　接入网分层结构示意图

　　城市近郊及乡镇中心地区,或者以非目标交换局作为源头组织的主干网也应采用光缆,可以是单局网也可以是双局网,并应尽量成环。实在不具备成环条件的,可暂时采用无递减配芯的光缆,组成星型或树型结构,以便日后能成环。

　　当主干光缆已具备双路由保护时,可以是单个光节点,也可以串联几个相邻的光节点一道,按双路由接入到单个或两个主干节点上,与主干光缆一起构成大环型拓扑结构;或者也可以采用星型、树型或总线型结构,以单路由或双路由接入到主干环的 FP 上,获得部分传输段的保护。

　　主干层节点 FP 与配线层节点 DP 应统一规划。有时可以利用大用户和重要用户驻地的地理位置作为主干层或分配层节点,既可解决接入网设备机房,又便于当引入 SDH 设备时直接利用 ADM 的电口与设备相连,同时也有利于业务的保护。

　　目前引入层较多采用铜质双绞线,也可酌情采用 5 类线或光缆。对于已经实现 FTTB 的商住大楼,其引入层就是楼内的布线部分。

8.6.5　接入网的两种主干光纤环型网络结构

　　接入网的主干光纤环型网有两种用纤方式:光缆线路保护环和光设备保护环。光缆线路保护环的特点是每个 ONU 单独占用一组纤芯,独享这组纤芯的传输带宽,并通过环形光缆从两个方向通达局点,利用线路倒换的方法实现故障时的保护。从本质上说,这种方式在物理上是环网,但在逻辑上则是每个节点都具有双路由的星型网,其示意图如图 8.33 所示。

　　该方式应用较灵活,易于升级,但占用纤芯很多。目前厂家生产的多芯带状光缆最适合此种应用,成品光缆的纤芯数已有多达 1 000 芯以上。

　　另一种环型网络结构是光设备保护环。它是利用设备,特别是一组 SDH 设备,连接到同一组环型纤芯上,组成自愈环实现保护。这些设备共享一组纤芯传输带宽,因而线速率采用较高,如 155 Mbit/s、622 Mbit/s 甚至更高,如图 8.34 所示。依靠 SDH 设备组织自愈环的好处在用纤少,有大得多的传输容量,强大的维护管理功能,完善的自愈保护机制,便于向宽带过渡等,但用纤方式不灵活,设备价格也较贵。它是未来的发展方向。当然,光缆线路保护环和光设备保护环并不是互不相容的。恰恰相反,由于主干光缆网络结构和所采用的光纤接入设备的系统结构之间并无固定的关系,即同一种网络结构可采用具有不同组网能力的设备,组成结构不同的网络,由此可提供很大的灵活性。例如,在一个物理光缆环上也可以同时实现两种环型网方式。

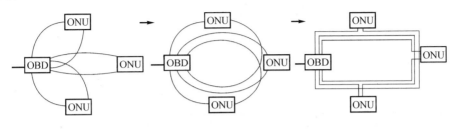

图 8.33　双路由的星型结构

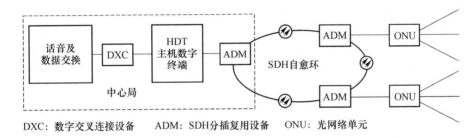

DXC:数字交叉连接设备　　ADM:SDH分插复用设备　　ONU:光网络单元

图 8.34　光缆设备保护 SDH 自愈环

最后是关于一个主干光缆环网与多少个局相联系的问题。与主干层光缆环网的路由相联系的目标局可以只有一个,也可有两个,有时还可有多个。以单个目标局组织主干环是目前用得较多的方式,它能简化接入网的组网,简化维护与管理,并可节约成本,也符合当前大部分用户的实际需要。跨越两个目标局组织主干环,能够保证业务大户和重要用户实现与两个业务节点相连接。

小　　结

1. 固定电话网的规划与设计

(1) 业务量与业务流量的预测与计算

(2) 本地网的规划设计——局所规划、本地网的中继网络规划、用户线路网规划与设计

2. No.7 信令网的规划与设计

(1) No.7 信令网的组织结构规划

(2) No.7 信令网信令链路的计算——端局信令链路的计算、信令转接点 STP 设备的处理能力的需求计算、纯汇接局到 LSTP 信令链路的计算

3. 本地网智能汇接局组网方式设计

(1) 智能汇接局组网的网络结构设计

(2) 话务量与中继电路容量计算——PHS—汇接局、本地端局 LS—汇接局中继电路容量计算、关口局 GW—汇接局中继电路容量计算、长途局 TS—汇接局中继电路容量计算、汇接局

到 LSTP 信令链路容量计算

4. 中继传输网的规划与设计

（1）业务量与对应电路需求数量的一般计算方法

（2）SDH 中继传输网设计举例

5. 传输网络冗余度与生存性的计算

6. 用户接入网的规划与设计的概念说明

复 习 题

1. 简述固定电话网建设的几个应考虑的问题。

2. 简述通信业务预测的内容。

3. 已知某市 1987—1996 年每千人拥有的电话机部数如表 8.14 所示。试用几何平均数法预测 2000 年每千人拥有的电话机部数。

表 8.14　1987—1996 年每千人拥有的电话机部数

年份	电话机部数（部/千人）	年份	电话机部数（部/千人）
1987	7.6	1992	83.3
1988	9.1	1933	100.4
1989	13.6	1994	124.6
1990	28.8	1995	143.8
1991	52.0	1996	168.1

4. 某市话网共有用户 10 000 户，且用户均匀分布，交换区为长方形，长 $a=6$ km，宽 $b=8$ km，问：（1）理想的交换局址应设在什么位置？为什么？

（2）当局址偏离理想位置 10% 时，用户电缆使用量降增加多少？

5. 欲设计一用户环路，已知交换局使用的交换机的环路电阻限值为 1 800 Ω，话机电阻小于 300 Ω，若用户距交换机距离为 5 km，试求：用户电缆每公里直流电阻为多少？

6. 已知某本地网如图 8.35 所示，长方形 $a=8$ km，$b=6$ km，用户均匀分布，欲设立两个交换局，则按交换局址确定原则，两个交换局应如何分布，此时用户线平均长度为多少？

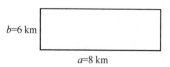

$b=6$ km

$a=8$ km

图 8.35　某本地网

第9章

软交换及下一代网络技术

9.1 软交换及软交换系统构成

9.1.1 软交换的概念

在我国《软交换设备总体技术要求》中对软交换的定义是:"软交换是网络演进以及下一代分组网络的核心设备之一,它独立于传送网络,主要完成呼叫控制、资源分配、协议处理、路由、认证、计费等主要功能,同时可以向用户提供现有电路交换机所能提供的所有业务,以及多样化的第三方业务。"

简单地说,软交换是实现传统程控交换机的"呼叫控制"功能的实体。传统的"呼叫控制"功能是和业务结合在一起的,不同的业务所需要的呼叫控制功能不同,而软交换是与业务无关的,这要求软交换提供的呼叫控制功能是各种业务的基本呼叫控制,这些业务是包含语音、图像、视频等的多媒体综合业务。

1. 软交换的组成

传统的"呼叫控制"功能是和业务结合在一起的,不同的业务所需的呼叫控制功能不同,这就要求软交换提供的呼叫控制功能是各种业务的基本呼叫控制,智能功能则尽可能移至外部的业务服务器。软交换功能结构如图 9.1 所示。

软交换是 NGN(下一代网络)的控制功能实体,为 NGN 提供具有实时性要求业务的呼叫控制和连接控制功能,是 NGN 呼叫与控制的核心。其主要功能如下。

(1) 呼叫控制功能

呼叫控制功能是软交换的基本功能,软交换应具备如下呼叫控制功能。

① 软交换可以为基本呼叫的建立、维持和释放提供控制功能,包括呼叫处理、连接控制、智能呼叫触发检出和资源控制等。

② 软交换应可以接收来自业务交换功能的监视请求,并对其中与呼叫相关的事件进行处理;接收来自业务交换功能的呼叫控制相关信息,支持呼叫的建立和监视。

③ 软交换应支持基本的两方呼叫控制功能和多方呼叫控制功能,提供对多方呼叫控制功能,包括多方呼叫的特殊逻辑关系、呼叫成员的加入/退出/隔离/旁听,以及混音过程的控制等。

④ 软交换应能够识别媒体网关报告的用户摘机、拨号和挂机等事件；控制媒体网关向用户发送各种音信号，如拨号音、振铃音和回铃音等；提供满足运营商需求的拨号计划。

⑤ 当软交换设备内部不包含信令网关时，软交换应能够采用 SS7/IP 协议与外设的信令网关互通，完成整个呼叫的建立和释放功能，其主要承载协议采用 SCTP(流控制传输协议)。

⑥ 软交换应可以控制媒体网关发送 IVR，以完成诸如二次拨号等多种业务。

⑦ 软交换应可以同时直接与 H.248 终端、MGCP 终端和 SIP 客户端终端进行连接，提供相应业务。

⑧ 软交换位于 PSTN/ISDN 本地网时，应具有本地电话交换设备的呼叫处理功能。

⑨ 软交换位于 PSTN/ISDN 长途网时，应具有长途电话交换设备的呼叫处理功能。

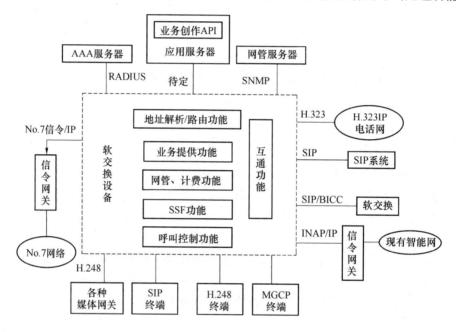

图 9.1　软交换的组成

(2) 协议功能

软交换是一个开放的、多协议的实体，因此必须采用标准协议与各种媒体网关、终端和网络进行通信。

(3) 业务提供功能

由于软交换在网络从电路交换向分组网演进的过程中起着十分重要的作用，因此软交换应能够实现 PSTN/ISDN 交换机能提供的全部业务，包括基本业务和补充业务。同时，应该可以与现有智能网配合提供现有智能网的业务。软交换还应提供可编程的、逻辑化控制的、开放的 API(应用编程接口)接口，实现与外部应用平台的互通。

(4) 业务交换功能

业务交换功能与呼叫控制功能相结合，提供呼叫控制功能和业务控制功能(SCF)之间进行通信所要求的一组功能。业务交换功能主要包括：业务控制触发的识别以及与 SCF 间的通信；管理呼叫控制功能和 SCF 之间的信令；按要求修改呼叫/连接处理功能，在 SCF 控制下处理 IN 业务请求；业务交互作用管理。

（5）与其他网络互通的功能

软交换是下一代网络的核心设备,各运营商在组建软交换网络时,必须考虑与其他各种网络的互通。

- 软交换应可以通过信令网关实现分组网与现有 No.7 信令网的互通。
- 可以通过信令网关与现有智能网互通,为用户提供多种智能业务;允许 SCF 控制 VoIP 呼叫且对呼叫信息进行操作(如号码显示等)。
- 可以通过软交换中的互通模块,采用 H.323 协议实现与现有 H.323 体系的 IP 电话网的互通。
- 以通过软交换中的互通模块,采用 SIP(会话初始协议)协议实现与未来 SIP 网络体系的互通。
- 以与其他软交换设备互通互连,它们之间的协议可以采用 SIP 或 BICC(与承载无关的呼叫控制协议)。供 IP 网内 H.248 终端、SIP 终端和 MGCP(媒体网关控制协议)终端之间的互通。

（6）资源管理功能

软交换应提供资源管理功能,对系统中的各种资源进行集中的管理,包括资源的分配、释放和控制等。

（7）认证与授权功能

软交换应能够与认证中心连接,并可以将所管辖区域内的用户、媒体网关信息送往认证中心进行认证与授权,以防止非法用户/设备的接入。

（8）地址解析功能

软交换应可以完成 E.164 地址至 IP 地址和别名地址至 IP 地址的转换功能,同时也可完成重定向的功能。

（9）操作维护功能

该功能主要包括业务统计和告警等。

（10）计费功能

软交换应具有采集详细话单及复式计次功能,并能够按照运营商的需求将话单传送到相应的计费中心。当使用记账卡等业务时,软交换应具备实时断线的功能。

2. 软交换模式与电路交换模式的对比

采用软交换技术,将传统交换机的功能模块分离为独立网络部件,各部件按相应功能进行划分,独立发展。采用业务/呼叫控制分离、传送/接入分离技术,实现开放分布式网络结构,使业务独立于网络。通过开放式协议和接口,可灵活、快速地提供业务,个人用户可自己定义业务特征,而不必关心承载业务的网络形式和终端类型。

在电路交换网中,呼叫控制、业务提供以及交换矩阵均集中在一个交换系统中,而软交换的主要设计思想是业务与控制、传送与接入分离,各实体之间通过标准的协议进行连接和通信,以便在网上更加灵活地提供业务。电路交换模式与软交换模式的对比如图 9.2 所示。

更具体地讲,软交换是基于“网络就是交换”的理念,它是一个基于软件的分布式交换/控制平台,将呼叫控制功能从网关中分离出来,利用分组网(IP/ATM)代替交换矩阵,通过开放业务、控制、接入和交换间的协议以实现网络运营环境,并可以方便地在网上引入多种业务。

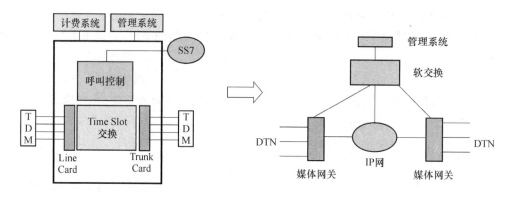

图 9.2　电路交换模式与软交换模式的对比

软交换是下一代网络的控制功能实体,为下一代网络提供具有实时性要求的业务的呼叫控制和连接控制功能,是下一代网络呼叫与控制的核心。简单地看,软交换是实现传统程控交换机的"呼叫控制"功能的实体,但传统的"呼叫控制"功能是和业务结合在一起的,不同的业务所需要的呼叫控制功能不同,这要求软交换提供的呼叫控制功能是各种业务的基本呼叫控制。

软交换技术作为业务/控制与传送/接入分离思想的体现,是 NGN 体系结构中的关键技术,其核心思想是硬件软件化,通过软件的方式来实现原来交换机的控制、接续和业务处理等功能,各实体之间通过标准的协议进行连接和通信,便于在 NGN 中更快地实现各类复杂的协议及更方便地提供业务。

软交换设备是多种逻辑功能实体的集合,提供综合业务的呼叫控制、连接以及部分业务功能,是下一代电信网中语音/数据/视频业务呼叫、控制、业务提供的核心设备,也是目前电路交换网向分组网演进的主要设备之一。

9.1.2　软交换的主要特点

软交换主要有以下特点:
- 业务控制与呼叫控制分开;
- 呼叫控制与承载连接分开;
- 提供开放的接口,便于第三方提供业务;
- 具有用户话音、数据、移动业务和多媒体业务的综合呼叫控制系统,用户可以通过各种接入设备连接到 IP/ATM 网络。

由于上述特点软交换系统可有以下优点。

(1) 高效灵活

软交换体系结构的最大优势在于将应用层和控制层与核心网络完全分开,有利于以最快的速度、最有效的方式引入各类新业务,大大缩短了新业务的开发周期。利用该体系架构,用户可以非常灵活地享受所提供的业务和应用。

(2) 开放性

由于软交换体系架构中的所有网络部件之间均采用标准协议,因此各个部件之间既能独立发展、互不干涉,又能有机组合成一个整体,实现互连互通。这样,"开放性"成为软交换的一个最为主要的特点,运营商可以根据自己的需求选择市场上的优势产品,实现最佳配置,而无须拘泥于某个公司、某种型号的产品。

（3）多用户

软交换的设计思想迎合了电信网、计算机网及有线电视网三网合一的大趋势。模拟用户、数字用户、移动用户、ADSL 用户、ISDN 用户、IP 窄带网络用户、IP 宽带网络用户都可以享用软交换提供的业务，因此它不仅为新兴运营商进入语音市场提供了有力的技术手段，也为传统运营商保持竞争优势开辟了有效的技术途径。目前各运营商都认为可以对软交换进行深入研究，探索其在网络发展、演进和融合过程中的作用。

（4）强大的业务功能

软交换可以利用标准的全开放应用平台为客户定制各种新业务和综合业务，最大限度地满足用户需求。特别是软交换可以提供包括语音、数据和多媒体等各种业务，这就是软交换被越来越多的运营商接受和利用的主要原因。

9.1.3 软交换网络分层

与传统电路交换网相比，软交换网络是一个全开放的体系结构，如图 9.3 所示，它包括 4 个相对独立的层次，从下到上分别是接入层、传送层、控制层和业务层。

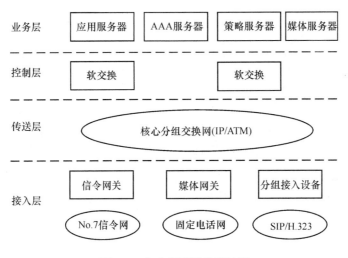

图 9.3 软交换网络分层结构

接入层为固定、移动电话以及各种数据终端提供访问软交换网络资源的入口，这些终端需要通过网关或者其他接入设备接入软交换网络。

传送层（或称为承载层）的主要任务是传递业务信息。目前有一个广泛的共识，就是采用分组交换网络（IP 或 ATM）作为软交换网络的核心传送网。不管传送什么样的业务信息，如电话呼叫、Web 会话、多方游戏、视频会议和数字电影等，都采用单一的分组传送网络。

控制层的主要功能是呼叫控制，即控制接入层设备，并向业务层设备提供业务能力或特殊资源。控制层的核心设备是软交换，软交换与业务层之间采用开放的 API 或标准协议进行通信。

业务层的功能是创建、执行和管理软交换网络增值业务，其主要设备是应用服务器还包括其他一些功能服务器，如媒体服务器、AAA 服务器、目录服务器，以及策略服务器等，它们的作用是与应用服务器协作提供特征更为丰富的增值业务，同时增强业务的可运营性、可维护性和可管理性等。

9.1.4　软交换网络的体系结构及工作流程

1. 软交换网络的体系结构

软交换网络由软交换设备、应用服务器、媒体服务器、中继网关、接入网关、综合接入设备(IAD)、智能终端(如 SIP 终端和 H.323 终端等)、路由服务器、AAA 服务器及网络管理服务器等构成,如图9.4所示。

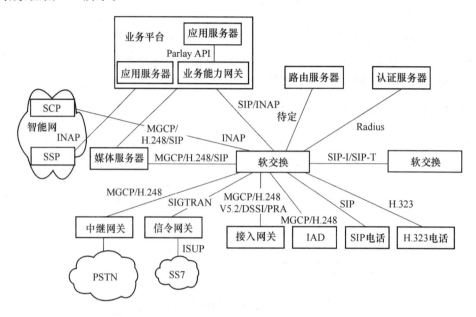

图 9.4　软交换网络的体系结构

(1) 业务平台

业务平台提供软交换系统的业务开发环境、业务执行环境和业务管理功能,应用服务器是业务平台中的核心功能实体。

(2) 应用服务器(Application Server, AS)

应用服务器提供业务逻辑执行环境,负责业务逻辑的生成和管理。

(3) 媒体服务器(Media Server, MS)

媒体服务器主要提供音频或视频信号的播放、混合和格式转换等处理功能;可以提供语音识别和语音合成等功能;在软交换实现多方多媒体会议呼叫时,媒体服务器还提供多点处理功能,即会议桥功能。

(4) 路由服务器(Routing Server, RS)

路由服务器为软交换提供路由信息查询功能。路由服务器可以支持相互之间的信息同步交互,可以支持 E.164、IP 地址和 URI(统一资源标识符)等多种路由信息。目前,路由服务器与软交换之间的接口,以及路由服务器之间的接口尚未有统一标准。

(5) AAA 服务器(Authentication, Authorization and Accounting Server)

AAA 服务器主要完成用户的认证、授权和鉴权等功能。

2. 软交换系统的构成及工作流程

软交换是下一代网络的核心设备,各运营商在组建以软交换为核心的软交换网络时,其网络体系架构可能有所不同,但至少应在逻辑上分为两个层面:运营商内部软交换网络层面和与其他运营商互通的软交换互通层面,见图 9.5。其中,软交换网代表运营商内部的软交换网络,负责为该运营商内的用户提供呼叫控制、地址解析、用户认证、业务等功能。

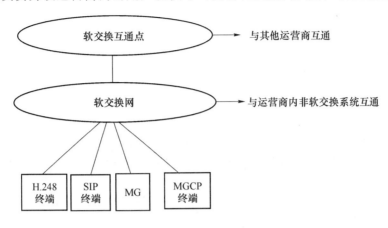

图 9.5　软交换网络总体框架

软交换系统主要构件除软交换设备外,还包括信令网关、媒体网关(包括中继媒体网关和接入媒体网关)、媒体服务器、应用服务器等,如图 9.6 所示。

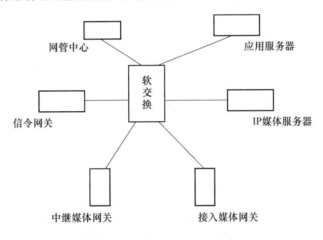

图 9.6　软交换系统主要构件

9.1.5　软交换网络主要设备

1. 媒体网关

媒体网关(Media Gateway,MG)的基本功能是将媒体流从某一类型的格式转化为另一种类型的格式,如电路交换网的媒体流(64 kbit/s 的 PCM 时隙)和分组交换网的媒体流(IP 网上的 RTP 分组)之间的相互转化。媒体网关在电路交换网和分组交换网的媒体相关实体之间提供相互通信的双向接口,它可以处理音频、视频和 T.120 编码的媒体流,实现不同媒体的全双工转化。软交换通过 MGCP/Magaco 协议对媒体网关进行控制。

(1)语音处理功能

媒体网关设备要求支持如下语音处理功能:

① 语音信号的编解码功能,支持 G.711、G.729、G.723.1 算法;

② 回声抑制抵消功能;

③ 静音压缩功能；

④ 媒体网关必须设有输入缓冲，以消除时延抖动对通话质量的影响；

⑤ 舒适噪声插入功能；

⑥ 在软交换的控制下，网关设备应具备语音编码的动态切换的功能(可选)，即网关设备可以自动地在较高速率的语音编码和较低速率的语音编码之间切换。

(2) 呼叫处理与控制功能

① 对于模拟线用户，媒体网关应能够识别出用户摘机、拨号和挂机等事件，检测出用户占线和久振无应答等状态，并将用户事件和用户状态向软交换报告，在软交换设备控制下，媒体网关应向用户发送各种音信号，如拨号音、振铃音和回铃音等。

② 对于 ISDN BRI/PRI 用户，媒体网关要求支持 DSS1 信令功能，以完成 ISDN 呼叫控制功能。

③ 对于 IP 网络侧接口，支持 RTP/RTCP 协议(实时传输协议/实时传输控制协议)，分配端口号，在 PCM 中继电路和 RTP/RTCP 端口之间完成媒体流的映射。

④ 对于 ATM 网络侧接口，在 PCM 中继和 ATM 连接的 AALX(ATM 适配层)之间完成媒体流的映射。

⑤ 网关设备应能根据软交换的命令对它所连接的呼叫进行控制，如完成接续、中断和动态调整带宽等操作。

⑥ 媒体网关必须具备向主叫用户发送回铃音的功能。

⑦ 媒体网关设备应具有 DTMF(双音多频)检测和生成的功能。

⑧ 媒体网关应能根据软交换的指示向用户播放提示音。

⑨ 媒体网关应可以检测 Modem 音和 Fax 音，并通过事件描述符向软交换报告，在软交换控制下进行相关操作。

(3) 协议功能

协议功能包括：优先选择 H.248 协议，可选 MGCP 协议，支持 DSS1、V5.2、ATM 协议、SCTP、IUA、V5UA 以及各种相关路由协议，支持模拟用户信令。

(4) 资源控制功能

① 在软交换的控制下，网关设备必须具备对其自身相关资源进行申请、预约、占用和释放等操作的功能。相关资源包括用户侧用户电路或中继电路接口资源、分组网络侧接口资源，以及信号或媒体流相关处理资源(如 DTMF 资源、Modem 资源和语音压缩资源)等。

② 当媒体网关设备资源的状态发生变化(如发生故障、故障恢复或因管理行为而执行的状态改变或资源不可用)时，网关设备要具有向软交换进行汇报的能力。

(5) 与软交换之间的维护和管理功能

① 媒体网关设备应能检测到由通信链路的故障/拥塞或软交换故障或自身故障而造成的与软交换之间连接的中断，并应能在故障恢复或拥塞消除时主动恢复与软交换之间的连接。

② 在软交换的控制下，媒体网关设备应能做到使网关设备的资源使用状态与软交换设备的资源管理状态同步。

③ 媒体网关设备应能接收来自软交换的启动/重启指示，在重启动后必须向软交换重新注册，并报告其配置状况。

④ 媒体网关在注册软交换失败后，在有备份软交换的情况下，媒体网关设备应有序地向备份软交换进行注册，直到注册成功。

⑤ 在软交换发生故障的情况下,媒体网关设备中处于运行态的媒体流应继续维持。

⑥ 媒体网关设备应能向软交换报告物理链路和连接的故障,如 TDM 链路故障等,媒体网关设备应能报告超出业务等级协定的 QoS 门限值的媒体流事件。

⑦ 当由于异常事件而使得媒体网关设备单方面地终止某个终节点上业务时,网关设备应向软交换报告该终节点业务已经被终止,并通告原因,网关设备也应能够向软交换请求释放某个终节点并通告原因。

（6）分组语音的 QoS 管理功能

① 网关设备应能根据网络的负载情况动态调整输入缓冲,以使网络的端到端时延在当前网络条件下是最小的。

② 网关设备应能在软交换的控制下对不同 QoS 要求的媒体流进行不同的映射。

（7）统计信息的收集和汇报功能

媒体网关必须具备统计信息收集和向软交换报告的能力,收集的统计信息如下所述。

① 设备相关的统计信息,如系统资源占用情况,成功的呼叫连接次数,失败的呼叫连接次数。

② 端口相关的统计信息,如中继端口的占用情况,IP 端口的带宽使用情况,ATM 端口的连接及带宽等资源使用情况,端口相应媒体流的统计信息。

③ 连接或终节点相关的统计信息,如发送的 RTP 包数,接收的 RTP 包数,丢失的包数,平均时延,发送的 ATM 信元数及 AAL 数,接收的 ATM 信元数及 AAL 数,ATM 信元丢失率及误差率,平均时延等信息。

这些统计信息可以在软交换控制下定期、定时或实时向软交换系统报告。

（8）ATM 功能

当媒体网关使用 ATM 接口时,其相关的协议参考模型和分层功能应与建议 I.321 一致,功能特性应符合 ITU 建议 I.731 和 I.732 的要求。系统应支持 PVC、SVC(任选)和 Soft SVC 3 种呼叫连接类型,支持 AAL1、AAL2(任选)和 AAL5(任选)3 种 ATM 媒体适配类型,支持点到点连接和点到多点连接(任选)两种连接类型。网关设备应能识别和了解所有类型的公众 ATM 地址并能按照这个地址选路。

（9）媒体网关的存在形式

在实际应用中,媒体网关是以如下 3 种设备形式存在的。

① 中继网关(Trunking Gateway)

中继网关直接和电路交换机的中继线相连,从中提取电路时隙,将其转化成 IP 话音;或者相反,将 IP 话音转换成电路时隙信号。

② 接入网关(Access Gateway)

接入网关通常用于终结电路交换机的 ISDN 用户网络接口(如 PRI),提取其中的信令和话音时隙,并转化成适合 IP 网传输的格式。接入网关的主要用途是与网络接入服务器(NAS)或远程接入服务器(RAS)一起,为普通电话用户提供访问 Internet 的途径。

③ 用户驻地网关(Residential Gateway)

用户驻地网关提供传统的模拟用户线(RJ11)到 VoIP 分组网络的接口,它直接将普通电话机接入 EP 网。用户驻地网关的例子有普通电话、机顶盒、Cable Modem、xDSL 设备,以及宽带和无线接入设备等。

2. 信令网关

No.7 信令网关(SG)的功能是要完成 No.7 信令消息与 IP 网信令消息的互通。

信令网关的协议包含两部分:电路信令侧协议和 IP 网络侧协议。在电路信令侧,信令网关的作用是发送和接收标准的电路信令消息,如标准的 No.7 信令协议簇,这可以根据相关的电路信令标准来实现;IP 网络侧的协议则有些复杂,目前还没有一个统一的标准。

信令网关可以是一个独立的物理设备,也可以嵌入在其他设备(如软交换或媒体网关)中实现。

(1) 组网方式

信令网关设备必须支持两种组网方式,即信令转接点(STP)方式和代理信令点方式。

① 信令转接点方式

- 必须支持 TUP/ISUP/SCCP 在 EP 网上传送的功能。
- 在 No.7 信令网侧,信令网关支持 MTP-1、MTP-2、MTP-3 和 SCCP,并能同时与多个信令点/信令转接点互通。
- 在分组网侧,信令网关必须具备 M3UA、M2PA 和 SCTP 功能,并能与多个软交换机或者基于 IP 的智能业务控制点(IP-SCP)互通。
- 在分组侧,信令网关必须支持信令路由的冗余配置。
- 信令网关具有自己独立的信令点编码,提供完整的信令转接点功能。
- 信令网关必须支持 PSTN 到 IP,IP 到 PSTN 和 PSTN 到 PSTN 的信令消息承载层的转换。

② 代理信令点方式

- 信令网关必须支持 TUP/ISUP/SCCP 在 IP 上传送的功能。
- 支持 PSTN 到 IP 和 IP 到 PSTN 的信令消息承载层的转换。
- 在 No.7 信令网侧,信令网关必须支持 MTP-1、MTP-2 和 MTP-3 的功能,详细要求参见 GF001—9001《中国国内电话网 No.7 信号方式技术规范及其补充规定》中的要求,并能够同时与多个信令点/信令转接点互通。
- 在分组侧,信令网关必须支持 M3UA 和 SCTP 的功能,并能够与多个软交换机互通。

(2) 协议要求

当采用信令转接点组网方式时,信令网关应支持以下协议:MTP-2(64 kbit/s)、MTP-2 (2 Mbit/s)、MTP-3、SCCP、M3UA、M2UA(可选)、M2PA、SCTP 和 IP。

(3) 计费功能

SG 设备除按照计费的原则,根据收到的消息总长度进行计费外,还可以提供计费的证实数据。计费的证实功能是对发送消息的计费确认和证实,以核对下一个节点对本节点的计费。

(4) 信令网关的操作、管理和维护功能

信令网关设备可以由信令网络管理中心(NMC)通过它们之间的接口进行操作、管理和维护,信令网关也可以通过本地操作工作台进行操作、管理和维护。信令网关设备应具有配置管理、状态管理、故障管理和性能管理能力。

信令网关使得 No.7 信令应用部分无须作任何修改就可在 IP 网中传送,而且 IP 网中的业务平台也可以通过信令网关无缝地访问传统的 No.7 信令网。可见,信令网关是网络业务融合的关键设备。

3. 综合接入设备

综合接入设备(IAD)是 NGN 网络接入层的一个重要部件,它作为小容量的综合接入网关,提供语音和数据的综合接入能力。IAD 的网络位置更靠近最终用户,无专门的机房,因此,需要更多的管理维护手段和更强的故障自愈能力。LAD 提供丰富的上行和下行接口,满足用户的不同需求,主要面向小区用户、密度较低的商业楼宇和小型企业集团用户。LAD 设备的主要功能如下。

(1) 语音处理功能

① 具有语音编解码功能,支持 G.711、G.729、G.723.1 等语音压缩算法。

② 具有回声抑制功能。

③ 具有静音检测和压缩功能。

④ 具有舒适噪声插入功能。

(2) 呼叫处理功能

① 应能根据软交换的要求检测并报告规定检测的事件和状态,如摘机、拨号、挂机、久振不应答和占线等。

② 应能按照软交换的指示向用户发送各种铃流和信号音,如拨号音、忙音、回铃音和振铃音等。

③ 具备 DTMF 生成和检测功能。

④ 能够执行软交换下发的呼叫建立、保持和释放等各种命令。

(3) 资源控制和汇报功能

① 在软交换的控制下,IAD 必须具备对其自身相关资源进行操作的功能,相关资源包括用户侧电路、分组网络侧接口资源,以及信号或媒体流相关处理资源(如 DTMF 资源和语音压缩资源)等,资源控制主要包括对用户侧电路、分组网络侧端口的申请、预约、占用和释放等。

② 当 LAD 资源的状态发生变化(如发生故障、故障恢复或因管理行为而执行的状态改变或资源不可用)时,LAD 要具有向软交换进行汇报的能力。

(4) 维护和管理功能

① 应能检测到与其他设备物理连接的中断,并应能在故障恢复或拥塞消除时恢复连接。

② 应能检测和报告底层连接的异常和故障,如网络拥塞或超出 QoS 门限值。

③ 当启动/重启时,应向软交换发出启动/重启消息,并报告配置状况。

④ 应能接收来自软交换的启动/重启消息,进行注册并报告配置状况。

⑤ 当向软交换注册失败时,在有备份软交换的情况下,应有序地向备份软交换进行注册,直至注册成功。

⑥ 当软交换发生故障时,IAD 应保持已建立的呼叫媒体流连接。

⑦ 当由于 IAD 单方面故障而终止连接时,应通知软交换并告知原因,或请求释放连接并告知原因。

(5) IP 语音的 QoS 管理功能

① IAD 应能根据网络的负载情况动态调整输入缓冲,以使网络的端到端时延在当前网络条件下是最小的。

② IAD 应能在软交换的控制下,将不同 QoS 要求的媒体流进行不同的映射。

(6) 支持以太网接入

(7) 支持 ADSL 接入

（8）支持 HFC 接入

4．接入网关

接入网关（AG）与 IAD 的功能相似。AG 一般是运营商的局端设备，容量较大；IAD 容量较小，放在用户侧。AG 能够实现用户侧语音和传真等信号到分组网络媒体信息的转换，用户侧接入的用户可以是：

- POTS 接入；
- ISDN BRI 和 PRI 接入；
- V5 接入；
- 远端模块接入；
- xDSL 接入；
- LAN 接入；
- 专线接入。

5．软交换通信流程示例

下面以主叫用户通过用户媒体网关发起呼叫后的呼叫建立过程为例，说明软交换设备在整个呼叫过程中所起的作用，如图 9.7 所示。

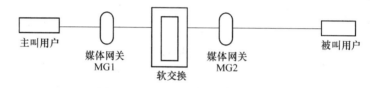

图 9.7　软交换通信过程示例

（1）首先，软交换设备向 MG1 和 MG2 分别发送命令，等待摘机事件。

（2）主叫摘机，MG1 向软交换设备报告，软交换设备返回命令，等待收号，主叫用户听拨号音。

（3）MG1 将收到的被叫号码送至软交换设备。

（4）MG1、MG2 各自按照协议创建一个关联（context），并在其中分别设置电路交换和 IP 网络的相关参数。

（5）软交换通知 MG1 远端地址。

（6）被叫摘机，软交换收到后切断振铃和回铃音，双方通话。

9.1.6　软交换系统功能

1．软交换系统功能要求

软交换是多种逻辑功能实体的集合，提供综合业务的呼叫控制、连接以及部分业务功能，是下一代电信网中语音/数据/视频业务呼叫、控制、业务提供的核心设备，也是目前电路交换网向分组网演进的主要设备之一。

软交换的主要设计思想是业务/控制与传送/接入分离，各实体之间通过标准的协议进行连接和通信。其主要功能包括以下几部分：

- 呼叫控制功能；
- 业务提供功能；

- 业务交换功能；
- 互通功能；
- SIP 代理功能；
- 计费功能；
- 网管功能；
- H.248 终端、SIP 终端、MGCP 终端的控制和管理功能；
- No.7 信令（即 MTP 及其应用部分）功能（任选）；
- H.323 终端控制、管理功能（任选）。

2. 软交换的主要功能说明

（1）呼叫控制和处理功能

软交换设备可以为基本呼叫的建立、维持和释放提供控制功能，包括呼叫处理、连接控制、智能呼叫触发检出和资源控制等。例如，当用户 A 希望与用户 B 通信并拨打用户 B 的号码后，该号码由媒体网关通过 H248 协议送往软交换，由软交换对用户 B 的号码进行分析，完成用户 A 和用户 B 的呼叫建立。此时要求软交换应能够识别媒体网关报告的用户摘机、拨号和挂机等事件。控制媒体网关向用户发送各种信令信号，如拨号音、振铃音、回铃音等。

另外，软交换还可以支持两方呼叫控制和多方呼叫控制功能，如多方呼叫的特殊逻辑关系、呼叫成员的加入/退出/隔离/旁听以及混音过程的控制等。

（2）协议功能

前面已经提到，开放性是软交换体系结构的一个主要特点，因此软交换应具备丰富的协议功能，具体如下。

① 呼叫控制协议：ISUP，TUP，PRI，BRI，BICC，SIP-T，H.323 等。

② 传输控制协议：TCP，UDP，SCTP，M3UA，M2PA 等。

③ 媒体控制协议：H.248，MGCP，SIP 等。

④ 业务应用协议：PARLy，INAP，MAP，LDAP，RADIUS 等。

⑤ 维护管理协议：SNMP，COPS 等。

它们分别应用于软交换与网络中其他部件之间，如软交换与媒体网关之间、软交换与信令网关之间、软交换与软交换之间、软交换与 H323 终端之间等。

（3）业务提供功能

网络发展的根本目的是提供业务。目前，许多厂家提供的软交换可以支持电路交换机提供的业务，如软交换自身可以提供如呼叫前转、主叫号码显示、呼叫等待、缩位拨号、呼出限制、免打扰服务等程控交换机提供的补充业务，软交换还可以与现有智能网配合提供现有智能网提供的业务等。

下一代网络可以说是业务驱动的网络，软交换的引入主要是提供控制功能，而应用服务器（Application Server）则是下一代网络中业务支撑环境的主体，也是业务提供、开发和管理的核心，从这个角度来看，下一代网络是以软交换设备和应用服务器为核心的网络。软交换的业务提供功能应主要体现在可以与第三方合作，提供多种增值业务和智能业务。这样不仅增加了服务的种类，而且加快了服务应用的速度。

（4）业务交换功能

所谓业务交换功能就是识别智能网呼叫并把它上报给业务控制功能(SCF),最终由SCF控制整个呼叫从而保证软交换网络内的用户享用现有智能业务。SCF的主要功能是提供对智能业务进行逻辑控制的业务逻辑,处理与业务有关的行为。

业务交换功能与呼叫控制功能相结合提供了呼叫控制功能和业务控制功能之间进行通信所要求的一组功能,它主要包括:

① 业务控制触发的识别以及与SCF间的通信;

② 管理呼叫控制功能和SCF之间的信令;

③ 按要求修改呼叫/连接处理功能,在SCF控制下处理的业务请求;

④ 业务交互作用管理。

(5) 操作维护功能

操作维护系统是软交换设备中负责系统的管理和操作维护的部分,是用户使用、配置、管理、监视软交换设备的工具集合。

软交换应可以支持SNMP协议配置、脱机/在线配置、远程配置,提供数据备份功能,提供命令行和图形界面两种方式对整机数据进行配置,提供数据升级功能等。

软交换应具备完善的告警系统,主要包括:系统资源告警,如系统CPU占有率、存储空间占有率、设备倒换等;各类媒体网关及连接状况告警,如媒体网关工作状态、媒体网关连接状态、媒体网关倒换重启等;No.7信令网关告警,如信号链路倒换、No.7信号路由告警等;传输质量告警:如丢包率告警、重发指标越界告警、事务处理出错告警等。

软交换应能够提供业务统计功能,以反映本设备的业务负荷信息和运行状况。同时软交换还应具有业务量测和记录功能,如对国内长途呼叫,可以测量摘机后久不拨号次数、占用次数、接通次数、应答次数、久叫不应次数、被叫忙次数等,可以统计软交换处理机占用率,按目的码进行业务量的统计,对去话中继群业务量进行统计。

软交换可以根据对话务统计数据和设备运行状态的分析,通过人机命令预定或即时执行话务控制命令,达到有效疏通正常话务、遏制超量话务对网络冲击的目的。话务控制命令可预定执行起止日期时间,如输入时省略执行日期时间参数和周期,则要求命令立即执行,直到输入解除控制命令。

软交换应对维护员的访问权限有严格的规定。维护员登录时要求账户和密码,系统对每次访问作记录。根据维护员的需要,系统可以对其权限进行分类,如系统管理员、配置管理员、维护管理员等。

(6) 计费功能

软交换具有根据计费对象进行计费和信息采集的功能,并负责将采集信息送往计费中心。例如,当用户接入授权认证通过并开始通话时,由软交换启动计费计数器;当用户拆线或网络拆线时终止计费计数器,并将采集的原始记录数据(Call Detail Record,CDR)送到相应的计费中心,再由该计费中心根据费率生成账单,并汇总上交给相应的结算中心。再如,当采用账号(如记账卡用户)方式计费时,软交换应具有计费信息传送和实时断线功能。在用户接入授权认证通过后,与软交换连接的计费中心应从用户数据库(漫游用户应在其开户地计费中心查找)提取余额信息并折算成最大可通话时间传给软交换设备,软交换设备启动相应的定时器以免用户透支。开始通话时由软交换设备启动计费计数器,在用户拆线或网络拆线时终止计费计数器。最终由软交换设备将采集的数据送到相应的计费中心,由该计费中心生成 CDR,并根据费率生成用户账单并扣除记账卡用户的一定的余额(对漫游用户应将账单送到其开户地相应的计费中心,由它负责扣除记账卡用户的一定的余额),并汇总上交给相应的结算中心。

对智能业务的计费,主要是由 SCP 决定是否计费、计费类别及计费相关信息,但记录由软交换生成。当呼叫结束后,软交换将详细计费信息送往计费中心,将与分摊相关的信息送到 SCP,由 SCP 送往 SMP,再送到结算中心,由结算中心进行分摊。在软交换中应有计费类别 (Charge Class)与具体的费率值的对应表。

(7) 软交换与其他网络的互通

软交换是下一代网络的核心设备,各运营商在组建以软交换为核心的软交换网络时,其网络体系架构可能有所不同,但必须考虑与其他各种网络的互通,如与现有 No.7 信令网的互通,与现有智能网的互通,以及与采用 H.323 协议的 IP 电话网的互通等。

① 软交换与 H.323 网络互通的网络框架

基于 H.323 协议的 IP 电话网络已经覆盖了我国主要省市,因此在组建软交换为核心的网络时,应充分考虑与现有 H.323 网络的互联互通,互通协议建议采用 H.323 协议,互通方式见图 9.8。其中,当软交换网与 H.323 网分别在不同运营商时,互通点设置在软交换互通点和顶级网守之间;当软交换网与 H.323 网在同一运营商时,互通点由各运营商根据网络建设的实际情况来确定。

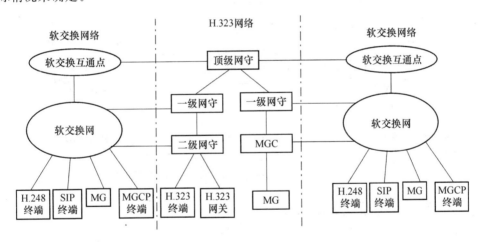

图 9.8 软交换网络与基于 H.323 协议的 IP 电话网互通示意图

图 9.8 中,在同一运营商的网络内,软交换网络与现有 IP 电话网互通的互连点设置在软交换设备与最低级网守之间,即通过软交换与 H.323 体系中的二级或一级(在没有二级网守的情况下)网守完成这两个网络体系之间的互通。在不同运营商之间的互通的互连点设置在软交换与顶级网守之间。

② 软交换与 PSTN/ISDN 互通的网络框架

• 软交换位于端局/城域网时的互通框架结构

当软交换位于 PSTN/ISDN 本地网中端局的位置或城域网内时,软交换网与 PSTN/ISDN 的互通方式见图 9.9。具体连接方式将随着运营商的不同而有所不同。

图 9.9 中综合接入媒体网关用于为各种用户提供多种类型的业务接入,如模拟用户接入、ISDN 接入、V5 接入,并接入到 IP 网或 ATM 网。当综合接入媒体网关与 ATM 交换机连接

时,其间采用 PVC 或 SVC。

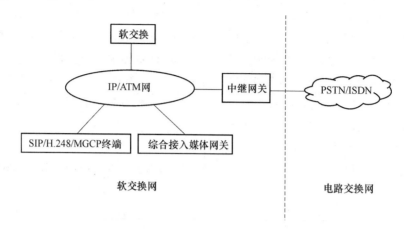

图 9.9　软交换位于端局/城域网时的互通框架结构

- 软交换位于汇接局或长途网时的互通框架结构

当软交换位于汇接局或长途网时,与 PSTN/ISDN 网的互通框架结构见图 9.10。图中中继网关应位于电路交换网和分组网之间,用来终结大量的数字电路。

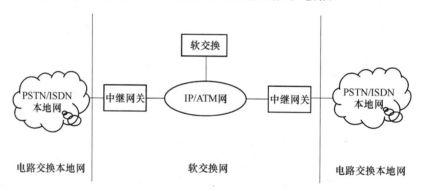

图 9.10　软交换位于汇接局或长途网时的互通框架结构

9.1.7　软交换系统支持的协议

1. H.248

H.248 协议是媒体网关控制协议之一,应用在媒体网关和软交换之间,软交换与 H.248 终端之间,如图 9.11 所示。

H.248 是由 ITU-T 第 16 组提出来的。它引入了终接点(termination)和关联(context)两个重要概念。终接点为媒体网关或 H.248 终端,它是可以发送或接收媒体流或控制流的逻辑实体,一个终接点可发起或支持多个媒体流或控制流,中继时隙 DS0、RTP 端口或 ATM 虚信道均可以用终接点进行抽象。关联用来描述终接点之间的连接关系,如拓扑结构、媒体混合或交换的方式等。

2. MGCP

在软交换系统中,MGCP(多媒体网关控制协议)主要用于软交换与媒体网关或软交换与 MGCP 终端之间的控制过程。如图 9.12 所示。

图 9.11　H.248 应用范围　　　　　图 9.12　MGCP 的应用范围

MGCP 模型基于端点和连接两个构件进行建模。端点用来发送或接收数据流,可以是物理端点或虚拟端点,连接则由软交换控制网关或终端在呼叫所涉及的端点间进行建立,可以使点到点、点到多点连接。一个端点上可以建立多个连接,不同呼叫的连接可以终接于同一个端点。

3. SIP

SIP(会话初始协议)主要用于 SIP 终端和软交换之间、软交换和软交换之间以及软交换与各种应用服务器之间,如图 9.13 所示。

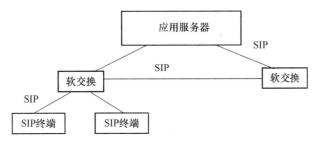

图 9.13　SIP 的应用范围

SIP 的出发点是想借鉴 Web 业务成功的经验,它通过使用 SIP 终端将网络设备的复杂性推向边缘,同时 SIP 可以充分利用已定义的头域,对其进行简单必要的扩充就能很方便地支持各项新业务和智能业务,有利于与 Internet 的各项应用集成开发 VoIP 的增值业务。

4. BICC 协议

BICC 协议的全称为与承载无关的呼叫控制协议,它是由 ITU-T 第 11 组提出的信令协议。

BICC 协议属于应用层控制协议,可用于建立、修改和终结呼叫,可以承载全方位的 PSTN/ISDN 业务。它采用呼叫信令和承载信令功能分离的思路,重新定义一个骨干网络中使用的呼叫控制信令协议,包括 No.7 信令网络、ATM 网络和 IP 网络在内的各种网络。呼叫控制协议基于 N-ISUP 信令,沿用 ISUP 中的相关消息,并利用 ATM(Application Transport Mechanism)机制传送 BICC 特定的承载控制信息。由于采用了呼叫与承载分离的机制,使得异种承载的网络之间的业务互通变得十分简单,只需要完成承载级的互通,业务不用进行任何修改。

BICC 协议可以在软交换之间使用。目前软交换之间可以采用的控制协议有两种,即 SIP 协议和 BICC 协议,但具体应该采用哪种还没有定论。从协议的成熟度上讲,由于 SIP 协议的研究比 BICC 协议开展得要早,所以其成熟度要高于 BICC 协议。但 BICC 协议由于采用了

ISUP 形式,其与现有 No.7 信令互通方面要强于 SIP。

5. SCTP

SCTP(流控制传送协议),主要是在无连接的网络上传送 PSTN 信令消息,该协议可以在 IP 网上提供可靠的数据传输协议。SCTP 用来在确认方式下,无差错、无重复地传送用户数据。SCTP 根据通路的 MTU 的限制,进行用户数据的分配并在多个流上保证用户消息的顺序递交;把多个用户的消息复用到 SCTP 的数据块中;利用 SCTP 偶联的机制来提供网络级的故障情况下,用户信息可靠传送的保证;同时 SCTP 还具有避免拥塞的特点和避免遭受泛播和匿名的攻击。

SCTP 可以在 IP 网上承载 No.7 信令,完成 IP 网与现有 No.7 信令网和智能网的互通。同时 SCTP 还可以承载 H.248、ISDN、SIP、BICC 等控制协议,因此可以说 SCTP 是 IP 网上控制协议的主要承载者。

6. M2PA

M2PA(MTP2 层用户对等适配层协议)是把 No.7 的 MTP3 层适配到 SCTP 层的协议。它描述的传输机制可使任何两个 No.7 节点通过 IP 网上的通信完成 MTP3 消息处理和信令网管理功能,因此能够在 IP 网连接上提供与 MTP3 协议的无缝操作。此时软交换应具有一个独立的信令点。M2PA 提供的传输机制支持 IP 网络连接上的 MTP3 协议对等层的操作。

7. M3UA

M3UA(MTP3 层用户适配层协议)是把 No.7 的 MTP3 层用户信令适配到 SCTP 层的协议。它描述的传输机制支持全部 MTP3 用户消息(TUP、ISUP、SCCP)的传送、MTP3 用户协议对等层的无缝操作、SCTP 传送偶联和话务管理、多个软交换之间的故障倒换和负荷分担以及状态改变的异步报告。M3UA 和上层用户之间使用的原语同 MTP3 与上层用户之间使用的原语相同,并且在底层也使用了 SCTP 所提供的服务。

9.1.8 软交换系统组网实例及对软交换设备的性能评价

1. 软交换系统组网实例

图 9.14 所示是利用现有 IP 骨干网提供长途汇接电信业务的软交换系统组网示意图。采用软交换设备、中继媒体网关、信令网关的结合使用,可提供传统交换机长途、汇接功能,有网间接口局功能,而且可以与现有智能网互通。

图 9.15 所示是本地接入解决方案示意图,本地接入方案目前一般都利用现有宽带 IP 城域网或 IP 核心网提供本地的话音数据综合接入,本地接入可有多种方式,如普通双绞线、电缆、以太网线、无线等,可提供 POTS、LAN、xDSL 用户以及智能终端用户等接入。方案的主要设备除了有软交换设备、中继网关、信令网关设备外,还需多种接入设备,如接入网关、IAD、以太网交换机等。

2. 对软交换设备的性能评价

对软交换设备的性能评价主要关注设备容量、处理能力、过载保护能力、呼叫接通率等方面。

(1)设备容量

软交换设备作为软交换网络的核心控制设备,其处理能力及容量与具体网络实施所依据的话务模型及设备配置都有关系。

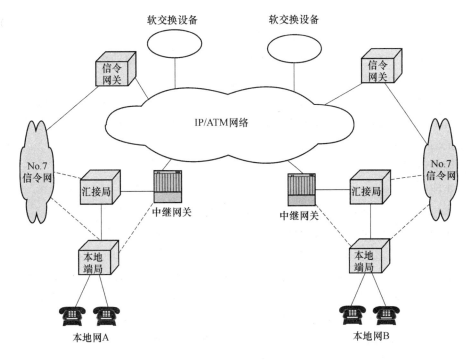

图 9.14 长途交换的解决方案示意图

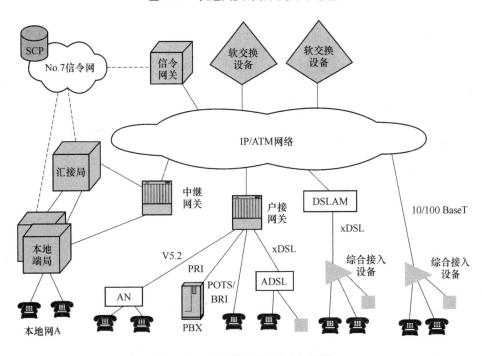

图 9.15 本地接入解决方案示意图

首先,软交换设备的容量与网络规划所依据的话务模型有关。在不同的网络话务模型下(如市话模型和长话模型的区别),软交换设备的容量指标也会有所不同。

传统的话务模型计算主要由两个因素构成:用户忙时话务量(单位:Erl)、平均呼叫时长(单位:s)。对于前者,不同业务的忙时话务量可根据不同地区、不同用户群确定,大致范围在

0.02～0.2 Erl 之间。对于后者，不同业务的平均呼叫时长也不尽相同。例如，本地市话业务的平均呼叫时长一般为 60 s，长话一般在 120 s 左右；而视频电话业务的平均呼叫时长则大都维持在 140 s 以上。软交换网络在实际规划和建设时，要根据当地的电信消费市场，甚至是电信运营策略等实际情况来确定合适的话务模型。

《软交换设备总体技术要求》中对软交换设备的容量有相应的要求，但由于国际上对此相关指标没有具体的规定，所以该要求仅仅是中国的暂时规定。《要求》中规定如下：当软交换设备位于端局时，设备容量为 10 万用户；当软交换设备位于汇接局时，设备容量为 20 万中继，并可根据需要灵活扩展。

（2）处理能力

在一定的话务模型下，软交换设备的处理能力与所配置的用户/中继资源类型相关，性能指标具体可体现为软交换设备的忙时试呼数。

《软交换设备总体技术要求》中对软交换设备的处理能力规定如下：当软交换设备位于端局时，处理能力为 140 万 BHCA；当软交换设备位于汇接局时，处理能力为 300 万 BHCA。另外，由于软交换设备是一个开放的、多协议的实体，采用各种协议与媒体网关、终端和网络进行通信。目前业界主流的软交换产品在处理不同的协议类型（如 GCP/H. 248/SIP/H. 323 等）时，由于其耗费的资源各有不同，在不同协议类型的用户配置情况下，软交换设备的处理能力也会有所不同。所以从软交换设备性能角度出发，在进行软交换网络设计规划和性能优化时，需要针对软交换的具体应用环境加以考虑。

传统的程控交换机的话务处理能力是指处理机在忙时能及时处理的最多呼叫次数，也称忙时试呼数，用 BHCA 表示。它由中央处理机的处理能力决定。

软交换设备在设备选型时需根据需要的 BHCA 数值进行核算，具体核算方法可参照程控交换机的核算方法进行。交换机处理的呼叫有两大部分：本局用户的发话呼叫和其他局对本局的呼叫。BHCA 的具体计算公式为

$$R_0 = N_{Sub} \times \frac{A_{S0} \times 3\,600}{T} + N_{ict} \times \frac{A_T \times 3\,600}{T}$$

式中，R_0——所需的话务处理能力（BHCA）；

　　　N_{Sub}——用户电路数（条）；

　　　N_{ict}——来话中继电路数；

　　　A_{S0}——用户电路的发话负荷（Erl）；

　　　A_T——来话中继电路的设计负荷（Erl）；

　　　T——平均通话时长（s）。

当软交换设备位于端局时可按上述两部分考虑，当软交换设备位于汇接局时可只考虑中继线部分。另外，还应考虑软交换采用各种协议与媒体网关耗费的资源各有不同，所以在不同协议类型的用户配置情况下，软交换设备的处理能力也会有所不同，需要针对软交换的具体应用环境加以考虑。

（3）过载保护能力

电信级的设备要求软交换设备在实际话务量超出其设备处理能力，即负荷过载时，应该具备一定程度的过载告警和过载保护能力。

例如，软交换设备如果设定其呼叫主控模块的 CPU 利用率＝70％作为设备负荷过载的

临界阈值,此时的设备处理能力可用 BHCAO 来表示。那么当实际话务量大于 BHCAO 或者呼叫主控模块的 CPU 利用率高于临界阈值时,软交换设备应当能够产生光电显示的过载告警信息;同时还应该具备一定的过载保护能力,如随机或者有选择性地拒绝后续部分呼叫,以避免软交换设备因负荷过重而瘫痪,确保设备对于当前呼叫业务的有效处理和保持。

（4）呼叫接通率

软交换设备的重要功能之一就是呼叫控制和处理功能,呼叫接通率也是软交换设备较为关键的性能指标之一。

呼叫接通率的测试方法是通过模拟大量的呼叫信令,发起大话务量的呼叫来对软交换设备的处理能力进行客观评估。呼叫期间,检查设备丢包以及处理时延的变化,以确定设备是否达到其最大的处理能力。

《软交换设备总体技术要求》中规定:软交换设备必须达到或超过 99.999％的可用性。

9.1.9　软交换系统媒体网关的具体应用

1. 网关

现行的各种网络将作为边缘网络并通过一个称为网关的设备接入 IP 骨干网,从而实现全网的融合。网关的作用就是完成两个异构网络之间信息(包括媒体信息和用于控制的信令信息)的相互转换,以便使一个网络中的信息能够在另一网络中传输。

众所周知,H.323 网络就是基于 VoIP 技术的 IP 电话网络之一,它实现了 PSTN 和 IP 网络的融合。IP 网络和 PSTN 网络存在 3 个基本不同之处:第一,两种网络的地址解决方案不同,在 PSIN 中以 E.164 地址方案来表示端点,而 IP 网络使用的地址有 IP 地址、域名系统(DNS)和统一资源定位标识符等;第二,两种网络的语音编码方式不同,PSTN 使用 G.711 编码,而 IP 网络则需要压缩编码,如 G.729;第三,两种网络使用的信令协议不同,PSTN 主要的信令协议是 No.7 信令,而 IP 网络最著名的信令解决方法有 H.323 和 SIP 协议。由于 PSTN 与 IP 网络的这些差别,需要有一个功能实体来适配,该功能实体就是网关。

网关的引入,促进了 IP 电话系统的发展,为 PSTN 用户节省了长途电话费用。为了建立 PSTN 和 Internet 之间的连接,网关不但要执行媒体格式转换,还要进行信令转换,而且需要控制内部资源,以便为每个呼叫建立内部的语音通路。网关的这种结构对于 IP 电话系统的大规模部署具有相当的制约,主要表现如下。

（1）扩展性

运营商期望未来的 IP 电话系统能支持数百万用户,但现有网关大多只能支持几千用户。其原因是网关既要支持媒体变换,又要支持媒体控制和信令,功能过于复杂。

（2）与 PSTN 的无缝融合

运营商和用户都希望未来 IP 电话的使用方法和传统的 PSTN 完全相同,但现有 IP 电话系统均要求进行二次拨号,即先拨业务接入码和网关相接,然后才能拨被叫用户号码。

（3）可用性

运营商要求系统业务中断时间和 PSTN 相仿,每年仅几分钟,但现有的网关结构缺乏故障保护机制,难以满足此要求。

（4）No.7 信令能力

运营商期望目前由 No.7 信令网提供给 PSTN 用户的各种业务也能提供给 IP 电话用户,但现有许多网关,尤其是 ISP 提供的网关尚不能支持 No.7 信令。

因此,网关体系结构的突破势在必行,网关功能分解已成为当前最佳解决方案。在对现有网关功能进行分解中看到,IETF的RFC2719给出了网关的总体模型,将网关的特征分为3个功能实体:媒体网关(MG)功能、媒体网关控制(MGC)功能和信令网关(SC)功能。

2. 媒体网关

媒体网关是将一种网络中的媒体转换成另一种网络所要求的媒体格式的设备。媒体网关功能在物理上一端终接于PSTN电路,另一端则是作为IP网络路由器所连接的终端。设置媒体网关的主要目的是将一个网络中的比特流转换为另一种网络中的比特流,并且在传输层和应用层都需要进行这种转换。在传输层,一方面要进行PSTN网络侧的复用功能,另一方面还要实现IP网络侧的解复用功能。这是因为在PSTN网络中,多个语音通路以时分复用机制(TDM)复用为一帧,而IP网则将语音通路封装在实时传输协议(RTP)的净负荷中;在应用层,PSTN和IP网络的语音编码机制不同,PSTN主要采用G.711编码,而IP网络采用语音压缩编码以减少每个话路占用的带宽。这就导致了两个结果:语音质量的降低和时延的增加。因此,媒体网关功能除了利用IP网络中提供的用来提高QoS的技术外,还具有支持IP网络流量旁路或其他增强功能,如播放提示音、收集数字和统计等。实际上,这些增强功能还可以进一步被旁路到一个专用的设备中。

媒体网关主要功能:

- 进行不同媒体格式之间的转换;
- 一般位于传统交换网和分组网之间;
- 处理音频、视频等媒体流。

(1)媒体网关在网络中的位置

媒体网关在NGN中位于接入平面,将各种用户和网络接入到传输网络平面(控制平面)。媒体网关包括:IP中继媒体网关、综合接入媒体网关和ATM中继媒体网关,如图9.16所示。

图9.16 媒体网关在网络中的位置

(2)媒体网关的分类

媒体网关在NGN中扮演着重要的角色,如果说软交换是NGN的"神经",应用层是NGN的"大脑",那么媒体网关就是NGN的"四肢",任何业务都需要媒体网关在软交换的控制下实现。媒体网关是将一种网络中的媒体转换成另一种网络所要求的媒体格式的设备。

媒体网关能够在电路交换网的承载通道和分组网的媒体流之间进行转换,可以处理音频、视频或T.120,也具备处理这三者任意组合的能力,并且能够进行全双工的媒体翻译,实现IVR功能,同时还可以进行媒体会议等。

媒体网关从设备本身讲并没有一个明确的分类,因为媒体网关负责将各种用户或网络综合接入到核心网络,但并不是说任何一个媒体网关设备都要支持所有的接入功能。媒体网关同样要遵循开放性原则,未来的 NGN 中的媒体网关都要受到软交换系统的统一控制。根据媒体网关设备在网络中的位置,可以将其分为如下几类。

① 中继媒体网关

在不同网络之间提供媒体流映射或代码转换功能。主要针对传统的 PSTN/ISDN 的中继媒体网关,负责 PSTN/ISDN 的 C4 或 C5 的汇接接入,将其接入到 ATM 或 IP 网络,主要实现 VoATM 或 VoIP 功能。

PSTN 中继网关应用连接示意如图 9.17 所示。

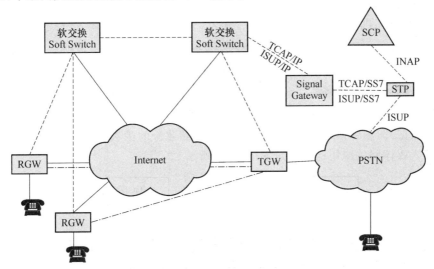

图 9.17 PSTN 中继网关应用连接示意图

(a) 中继网关(Trunking Gateway,TGW)

- TGW 负责桥接 PSTN 和 IP 网络,完成话音 TDM 格式和 RTP 数据包的相互转换,并经 MGCP 受呼叫代理的控制,完成连接建立。
- 在 PSTN 侧,话音是经由中继线由交换机接入的,因此 TGW 必须能支持多种类型的中继线,如 No.7 信令中继线、MFC 中继、模拟中继线等。还需要能提供中继接入所需的各种音信号,如 No.7 信令的导通检测音、MFC 中继的多频信号音等,能检测和解释这些信号音并向呼叫代理报告。需要时,还可装备录音通知或交互式语音应答设备,在呼叫代理的控制下提供与 PSTN 用户的交互。

(b) 住宅网关(Residential Gateway,RGW)

RGW 负责采集 IP 电话用户的事件信息(如摘机、挂机),并将这些事件经 IP 网传送给呼叫代理。

ATM 中继媒体网关应用连接示意如图 9.18 所示。

- VoIP 媒体网关:网关分组侧连接的是 IP 网,媒体网关将语音流转换成 IP 包。
- VoATM 媒体网关:网关分组侧连接的是 ATM 网,媒体网关将语音流转换成 ATM 信元。
- VoIPoATM 媒体网关:网关分组侧连接的是 ATM 网,媒体网关将语音流先转换成 IP 包,再转换为 ATM 信元。

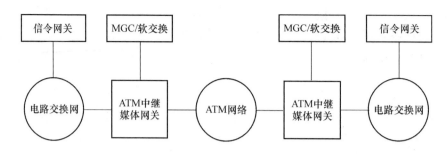

图 9.18 ATM 中继媒体网关应用连接示意图

② 综合接入媒体网关

综合接入媒体网关负责各种用户或接入网的综合接入,如直接将 PSTN/ISDN 用户、Ethernet 用户、ADSL 用户或 V5 用户接入。这类综合接入媒体网关一般放置在靠近用户的端局,同时它还具有拨号 Modem 数据业务分流的功能。

③ 小区或企业用媒体网关

从目前的情况看,放置在用户住宅小区或企业的媒体网关主要解决用户语音和数据(主要指 Internet 数据)的综合接入,未来可能还会解决视频业务的接入。

综合接入媒体网关应用连接示意如图 9.19 所示。

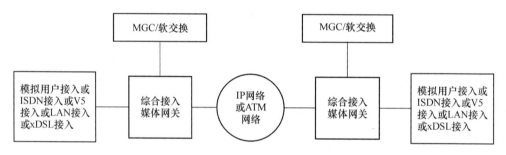

图 9.19 综合接入媒体网关应用连接示意

- 综合接入媒体网关:用于实现本地用户接入,一般被放置在最靠近用户的端局,实现本地用户的分组语音业务。为用户提供多种类型的业务接入、模拟用户接入、ISDN 接入、V5 接入、xDSL 接入、LAN 接入等。
- 无线接入媒体网关:主要提供无线接入手段,将无线用户接入软交换网络中。

(3) 媒体网关的功能

媒体网关在 NGN 中位于接入平面,将各种用户和网络接入到传输网络平面,同时媒体网关也要接受位于控制平面的软交换的控制。媒体网关涉及的功能可以归纳如下。

① 用户或网络接入功能

媒体网关负责各种用户或各种接入网络的综合接入,如普通电话用户、ISDN 用户、ADSL 接入、以太网用户接入或 PSTN/ISDN 网络接入、V5 接入和 3G 网络接入等。媒体网关设备是用户或用户网络接入核心媒体层的"接口网关"。具体来说,媒体网关能够和各种接入网络、各种用户进行互操作。网关设备应具有 DTMF 检测和生成的功能。对于模拟线用户,媒体网关应能够识别出用户摘机、拨号和挂机等事件,检测出用户占线、久振无应答等状态,并将用户事件和用户状态向软交换报告。

② 接入核心媒体网络功能

媒体网关以宽带接入手段接入核心媒体网络。目前接入核心媒体网络主要通过 ATM 或 IP 接入。AIM 是面向连接的第 2 层技术,具有可靠的业务质量(QoS)保证能力,IP 则是目前应用广泛的第 3 层技术。当采用 IP 接入时,为了保证一定的 QoS,媒体网关可以具有 Diffserv、RSVP 功能。

③ 媒体流的映射功能

在 NGN 中,任何业务数据都被抽象成媒体流,媒体流可以是语音、视频信息,也可以是综合的数据信息。由于用户接入和核心媒体之间的网络传送机制的不一致性,因而需要将一种媒体流映射成另一种网络要求的媒体流格式。但是由于业务和网络的复杂性,媒体流映射并不是简单的映射,它涉及媒体编码格式、数据压缩算法、资源预约和分配、特殊资源的检测处理、媒体流的保密等多项与媒体流属性相关的内容。此外,对不同的业务特性又有其特殊的要求,如语音业务对回声抑制、静音压缩、舒适噪音插入等有其特别要求。当采用 ATM 接入时,应该支持 AAL1、ML2、AAL5 媒体适配类型。当网络侧是 IP 接口时,网关应支持 RTP/RTCP 封装功能。对于语音信号的编解码功能,网关应该支持 G.711、G.729、G.723.1 算法。媒体网关必须设有输入缓冲,以消除时延抖动对通话质量的影响,而且缓冲区大小能够根据网络状况动态调整。

④ 受控操作功能

媒体网关受软交换的控制,它绝大部分的动作,特别是与业务相关的动作都是在软交换的控制下完成的,如编码、压缩算法的选择,呼叫的建立、释放、中断,特殊信号的检测和处理等。在软交换设备控制下,媒体网关应向用户发送各种信令信号,如拨号音、振铃音、回铃音等,能根据软交换的指示向用户播放提示音。在软交换的控制下,媒体网关设备必须具备对其自身相关资源进行申请、预约、占用、释放等操作的功能。相关资源包括用户侧用户电路或中继电路接口资源、分组网络侧接口资源以及信号或媒体流相关处理资源(如 DTMF 资源、Modem 资源、语音压缩资源)等。当媒体网关设备资源的状态发生变化(如发生故障、故障恢复或因管理行为而执行的状态改变或资源不可用)时,媒体网关设备要向软交换进行汇报。媒体网关和软交换之间的特殊关系决定了它们之间控制协议的重要性,MGCP 和 H.248 就是软交换和媒体网关之间的控制协议。MGCP 由 IETF 定义,实现相对简单,早期应用比较多,但目前的趋势则是转向了由 ITU-T 定义的 H.248 标准(可以说 H.248 是 IETF 与 ITU-T 结合的标准,IETF 中叫 MEGACO)。

⑤ 管理和统计功能

作为网络中的一员,媒体网关同样受到网管系统的统一管理,媒体网关也要向软交换或网管系统报告相关的统计信息。收集的统计信息包括:

- 设备相关的统计信息,如系统资源占用情况、成功的呼叫连接次数、失败的呼叫连接次数;
- 端口相关的统计信息,如中继端口的占用情况、IP 端口的带宽使用情况、ATM 端口的连接、带宽等资源使用情况、端口相应媒体流的统计信息;
- 连接或终结点相关的统计信息,如发送的 RTP 包数、接收的 RW 包数、丢失的包数、平均时延、发送的 ATM 信元数和 AAL 数、接收的 ATM 信元数和 AAL 数、ATM 信元丢失率和误差率。

（4）媒体网关的协议

媒体网关负责将各种用户或网络综合接入到核心网络,由于各种用户的接入方式多种多样,接入到核心网络的方式也有多种,媒体网关对多种媒体的处理方式各有不同(即使对同一种媒体也有多种处理方法),同时软交换控制媒体网关采用的协议也有多种,因此可以把媒体网关主要涉及的协议分成5类:用户接入协议、核心网接入协议、控制层(软交换、网管)接口协议、媒体处理协议、网络管理和统计协议。

① 控制层接口协议

媒体网关位于接入层,本身不具有智能,要靠位于控制层的软交换的控制才能实现完整的功能。目前主要控制协议有 MGCP 和 H.248MEGACO 两种,MGCP 是 IETF 较早定义的媒体网关控制协议,主要从功能的角度定义媒体网关控制器(软交换)和媒体网关之间的行为,实现比较简单,没有 H.248 那样对包和属性的详细定义,事件交互的机制也比较简单。事件交互由一个操作和一个响应组成,对属性参数没有过多的定义。因此,MGCP 具有实现简单等特点,但其互通性和支持业务的能力受到限制。

H.248/MEGACO 因其功能灵活、支持业务能力强而受到重视,而且不断有新的附件补充其能力,是目前媒体网关和软交换之间的主流协议。目前国内通信标准推荐软交换和媒体网关之间应用 H248 协议。H.248 和 MEGACO 在协议文本上相同,只是在协议消息传输语法上有所区别,H248 采用 ASN.1 语法格式(ITU-TX.6801997),MEGACO 采用 ABNF 语法格式(RFC2234)。

② 用户接入协议

NGN 的重要特点之一就是综合业务接入能力,媒体网关必须提供多种方式的用户接入,包括:ISDN 用户接入(BRA、PRA)、模拟 Z 接口用户接入、集中的语音数字中继接入。各种接入方式都有其对应的协议。

③ 核心网接入协议

• ATM 和 IP

在媒体网关中,ATM 和 IP 之间的争论主要集中在两者承载语音和视频的能力上,IP 是 Internet 协议,本质是无连接的基于包的交换,传统的 IP 对 QoS 没有足够的保证,是一种"尽力而为"的机制,相比之下,ATM 采用定长信元、面向连接的机制,提供完善的 QoS 保证和流量控制机制,ATM 对各种业务的承载有着不可替代的优势。在 IP QoS 机制没有完善以前(目前 IP 吸收了很多 ATM 的特性,还有很多技术在研究 IP 的 QoS 保证机制,如 RSVP、IPv6 等),在 IP 核心网采用 MPLS 技术,在 NGN 中,ATM 和 IP 还将共存一段相当长的时间,在对语音的支持上,ATM 具有明显的优势。但随着 IP QoS 保证机制的最后解决,IP 最终会成为下一代核心网络的承载标准。

综合接入媒体网关、小区或企业用媒体网关由于容量小,配置灵活,因此一般都采用 IP 协议接入核心网。中继媒体网关主要采用 ATM 或 IP 协议。当采用 ATM 协议时,支持呼叫连接有 3 种基本类型:永久虚电路(PVC)、交换式虚电路(SVC)、软永久虚电路(Soft PVC);支持 3 种 ATM 媒体适配类型:AAL1、AAI2、AALL。

• RSVP 和 Diffserv

RTP 用于一般多媒体通信(语音/图像/传真)信号的打包,它虽然能够为收发双方提供 QoS 的监测的能力,但本身不能提供保证服务质量的手段。要解决 NGN 网络的服务质量问题,还必须采用其他技术来确保通信的 QoS。目前所提出的解决方案受到广泛关注的有两种：

一是根据通信需要提前为呼叫准备足够的带宽的资源预留技术，主要采用的是 iETF 提出的资源预留协议（RSVP）；

二是根据不同性质数据流的服务需求，为其提供不同的处理措施，就是业务区分技术（Diffserv）。

这两种技术都适用于媒体网关。

④ 媒体处理协议

• 媒体编码协议

媒体流的映射功能是媒体网关的基本功能，由于用户接入和核心媒体之间的网络传送机制的不一致性，需要将一种媒体流映射成另一种网络要求的媒体流格式。对于中继媒体网关，从用户接入（PSTN 网）的一般是数字化的语音信号，映射到核心分组网时需要打包转换成分组语音流，采用的编码协议有 G. 711、G. 729、G. 723. 1 等。对于综合接入媒体网关，需要将用户的模拟语音、图像信号转换成分组的媒体流，采用的语音编码协议有 G. 711、G. 729、G. 723. 1 等，图像编码协议有 H. 261、H. 263 和 H. 263$^+$ 等。

• RTP 协议

RTP 协议是由 IETF 的 AVT（Audio Video Transmission）小组开发的，1996 年成为 RFC 正式文档，为 IP 网上语音、图像、仿真数据等多种需要实时传输的媒体数据提供点到点和点到多点的、端到端的传输功能。RTP 协议实际上包含两个相关的协议，RTP 协议（RFC1889）和 RTCP 协议（RFC1890）。前者用于传送实时的数据。RTP 本身不提供任何保证实时传送数据和服务质量的能力，而是通过提供负荷类型指示、序列号、时戳、数据源标示等信息，在收端根据这些信息来重新恢复正确的数据。RTCP 协议是用来提供 RTP 数据传输质量的反馈的，同时可以在会议业务中传送与会者的信息。

⑤ 网络管理与统计协议

媒体网关作为 NGN 网络中一个网络元素，应该接受网管中心的集中统一管理。目前网络使用最多的网管接口协议是 SNMP。SNMP 协议是为采用 TCP/IP 协议的网络设计的管理协议，其目的是建立管理主机和被管主机之间的联系，并保证在这两实体间的管理数据的安全。

SNMP 协议现已升级到 V3 版本（RFC2261 系列）。SNMPV2 系列建议与 SNMPV1（RF-CH57）相比主要是对其网管的安全性作了重大改进，并对其协议、功能等方面进行了有限的扩充。V3 在此基础上进一步作了扩充。

（5）媒体网关的一般结构及接口

图 9.20 所示是 ZXMSG7200 媒体网关的简单结构。

ZXMSG7200 媒体网关从结构上可分成数字中继单元、主控单元、交换网单元、信号音单元、用户单元、接入单元、以太网交换单元和路由器单元，其中各功能单元的功能描述如下。

• 数字中继单元：媒体网关与局之间和数字程控交换机与数字传输设备之间的接口设施，主要完成码型变换、帧同步时钟的提取、帧同步、信令插入和提取、检测告警。

• 主控单元：主要对所有媒体网关功能单元、单板进行监控，在各个处理机之间建立消息链路，为软件提供运行平台，满足各种业务需求。

• 交换单元：是一个单 T 结构时分无阻塞交换网络，完成主备用交换网的接续。

• 信令处理单元：完成多频互控信号 MFC、双音多频信号 DTMF、语音信号 TONE、Annoucement 的接收和发送，完成会议功能。

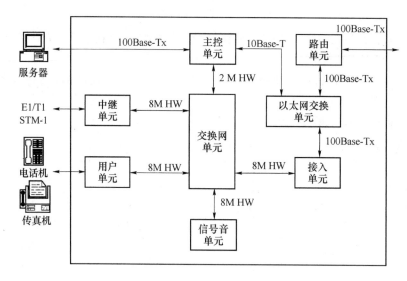

图 9.20 ZXMSG7200 媒体网关的简单结构

- 用户单元:完成各种电话用户的接入。
- 接入单元:用于处理接入业务的单元,具有处理对应协议、IP 协议及相应电信业务的功能。
- 以太网交换单元:完成各接入单元间、接入单元与局域网服务器之间 IP 数据包及网络帧的数据交换,提供与外部广域网或局域网的百兆出口。
- 路由器单元:连接到 IP 骨干网上,互连 MGC 和其他 MG。

ZXMSG7200 媒体网关可以用做综合媒体网关也可以用做纯中继网关。

- 综合媒体网关:ZXMSG 7200 提供媒体网关、接入网关、Media Server、No.7 信令网关功能,提供随路信令、DSS1、V5 信令的处理功能。
- 纯中继网关:当 ZXMSG 7200 作为中继网关 TG 应用时,其完成 PSTN/ISDN 中继侧的语音/传真与 IP 网侧语音/传真的转换互通功能,实现与 PSTN 交互,实现长途汇接业务功能。

ZXMSG 7200 媒体网关的物理接口有:

- Z 用户接口;
- AT 接口;
- BRI/PRI 接口;
- LAN 接口;
- T1/E1 接口;
- V5.2 接口;
- STM-1 接口;
- ISDN 接口。

(6)媒体网关的语音编码技术及带宽要求

在现有的软交换网络解决方案中,媒体网关都被用在传统电话网和分组网之间,实现语音流和分组包之间的转换。因此,媒体网关具备语音压缩功能,支持 G.711、G.729、G.723.1 等语音编码方式,并能在不同的编码方式之间切换。

从目前业界的观点看,编码方式的切换有多种方式:

　　① 在媒体网关上通过手工的方式进行切换；

　　② 在控制层的软交换设备上人工指定某种编码方式，并利用媒体网关控制协议通知媒体网关；

　　③ 控制层的软交换设备根据分组网的拥塞情况动态决定采用何种编码方式，并与媒体网关进行协商；

　　④ 媒体网关根据分组网的拥塞情况动态决定采用何种编码方式。

　　以上 4 种方式中，我们认为比较好的是后两种方式，即网关设备可以自动地或在软交换设备的控制下动态地完成较高速率的语音编码方式和较低速率的语音编码方式之间的转换。当网络拥塞时可以由高码速转换到低码速，当网络条件较好时，可以由低码速转换到高码速。

　　从模拟语音信号到 VoIP 的分组包需要经过以下几个过程：

　　① 模拟语音信号数字化，成为 64 kbit/s 速率的 PCM 语音信号；

　　② PCM 信号经过各种方式的压缩编码，成为各种速率的压缩语音信号；

　　③ 增加 RTP 头、UDP 头、IP 头后，成为 VoIP 分组包。

　　在软交换网络中，用得比较多的语音压缩编码方式有 G.711、G.726、G.729、G.723.1 等。

　　① G.711

　　G.711 是一种将语音在 64 kbit/s 的通道上进行编码的国际标准。它采用脉冲编码调制，8 kHz 的抽样频率，每个样值有 8 bit 编码。

　　② G.726

　　G.726 编码方式包括 4 种编码速率：40 kbit/s、32 kbit/s、24 kbit/s 和 16 kbit/s。

　　G.726 采用自适应差分脉冲编码调制（ADPCM）。ADPCM 方案以最小（语音）衰减用 32 kbit/s 提供了长途质量的语音。在这种方案中，编码器能制作成通过增加 4 bit 所表示的范围来适应斜率过载。原则上，在 4 bit 中隐含的范围能够增加或较少，从而可以匹配不同的情况。实际中，ADPCM 编码设备接收 PCM 编码的信号并运用特殊的算法将 8 bit 抽样减少至仅使用 5 个量化级别的 4 bit 码字。这些 4 bit 码字不再表示抽样幅度。ADPCM 不仅减少了需要传输数字语音的容量，而且也减少了需要用于语音波段数据的容量。

　　③ G.729

　　G.729 是一种 8 kbit/s 的编码算法，这种编码抗随机比特错误的能力和抗随机突发消失帧的能力相同。在噪音较大的环境下，它能有更好的语音质量。G.729 帧长为 10 字节，静音为 2 字节。声音段帧的格式特征为：一帧 10 ms；帧长为 10 字节；一个 RT 分组可以放 0 个、1 个或多个 G.729 和 G.729A 帧，后随 G.729B 的有效载荷。G.729 的抽样频率是 8 kHz，缺省打包时间段为 20 ms。编解码器可以进行单一包中连续 1～10 帧的编解码，接受方必须能接受 1～200 ms 的用户语音数据。

　　④ G.723.1

　　G.723.1 是一个在比特率、语音质量、复杂性和延时方面较为折中的编码方式。它有两种比特率：5.3 kbit/s 和 6.3 kbit/s。前者有更多的可变性，后者有更好的质量保证。对于编解码器来说两种速率都必须支持，而且在 30 ms 的帧边界上两种速率之间可以进行转换。在帧的第一个字节的最低两个比特定义了帧的长度和编码类型。所有编码比特流都是从最低有效位开始传送，直到最高有效位。

　　G.723.1 的抽样频率是 8 kHz，帧长为 30 ms。在同一个分组中，编解码器可以编解码几个连续的帧，接受方必须要能够连续接收 0～180 ms 的数据。

⑤ 各种编码方式的比较

表 9.1 所示为几种语音编码方式的带宽需求和延时比较。

表 9.1　语音编码方式的带宽需求和延时

编码方式	比特率/kbit·s⁻¹	分组大小/byte	带宽(含开销)/kbyte·s⁻¹	延时/ms
G.711(PCM)	64	40(5 ms)	142.4	0.125
		160(20 ms)	83.6	
G.726/G.727 (ADPCM)	32	20(5 ms)	110.4	0.125
		80(20 ms)	51.6	
G.729 (CS-ACELP)	8	5(5 ms)	86.4	15
		20(20 ms)	27.6	
G.723.1	6.3	4(5 ms)	83.5	37.5
		16(20 ms)	25.6	

对表 9.1 有几点需要说明。

- 一个 VoIP 分组中,RTP 头有 12~16 byte 开销,UDP 头有 8 byte 开销,IP 头最少为 20 byte 开销,即最少的开销需要 40~44 byte。

- 表中字段"分组大小"的含义为一个 IP 分组中所含的语音部分的大小,括号中为 1 个 IP 分组的时长,本次估算选取了 5 ms 和 20 ms 两种典型时长。例如,G.711(PCM)编码方式比特率为 64 kbit/s,则一个 IP 分组中语音部分的字节数为

$$5 \times 64 \div 8 = 40 \text{ byte}$$

- 本次估算,选用的 RTP+UDP+IP 头的开销为 49 byte,同样以 G.711(PCM)编码方式为例,所需的带宽为

$$(5 \times 64 + 49 \times 8) \div 5 = 142.4 \text{ kbyte/s}$$
$$(20 \times 64 + 49 \times 8) \div 20 = 83.6 \text{ kbyte/s}$$

由表 9.1 看出,在比特率方面,G.723.1 具有一定的优势,但是它固有的高时延会对通话产生很坏的影响。而在时延方面则 G.711 最具有优势,但它需要比较大的网络开销。因此,对编码方式的选择应该从比特率、复杂性和延时等各方面综合考虑,同时要加上网络的因素。

9.1.10　软交换系统信令网关的具体应用

信令网关(SC)功能负责网络的信令处理,如它可以将 No.7 信令的 ISUP 消息转换为 H.323 网络中的相应消息。信令网关功能一方面通过 IP 协议和媒体网关控制器(MGC)功能进行通信,另一方面通过 No.7 和 PSTN 进行通信。根据应用模型的不同,信令网关的作用也有所不同。

信令网关的作用就是完成两个网络之间信息(媒体信息和用于控制的信令信息)的相互转换,以便一个网络中的信息能够在另一个网络中传输。而信令网关是 No.7 信令网与 IP 网的边缘接收和发送信令消息的信令代理,信令网关的功能用在 No.7 信令网与 IP 网的关口,对信令消息进行中继、翻译或终结处理。信令网关功能也可以与媒体网关功能集成为一个物理实体,来处理由 MG 控制的与线路或中继终端有关的信令。

图 9.21 所示是信令网关在应用中的通用功能模型,图中的信令网关功能(SGF)、媒体网关控制功能(MGCF)/软交换和媒体网关功能(MGF)是功能实体,它们可以采用分离的设备

实现这些功能,也可以集成到一个设备中实现。如果功能实体位于不同的物理设备之上,信令传送(Sigtran)应当能够支持在实体之间对交换电路网(SCN)信令的传送,并满足预定的功能和性能要求。

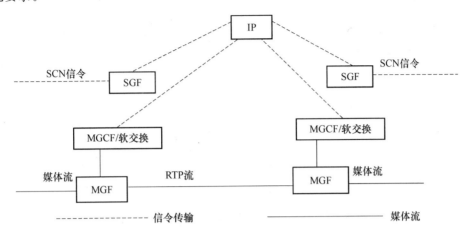

图 9.21　信令网关使用的功能模型

根据接入的 SCN 的信令类型是局间 No.7 信令和用户 ISDN 信令有不同的信令网关功能,这些不同的功能可以综合在一个信令网关实现,但是在实际应用中由于信令网关在网络中所处的地位和使用的目的地不同,也可以采用不同的物理设备实现这些信令网关功能。在实现 No.7 信令网关时根据 SCN 与 IP 网间 No.7 信令的连接结构和传送的信令信息类型的不同,信令网关又有不同的应用。

1. No.7 信令网关

No.7 信令网关的功能是要完成 No.7 信令消息与 IP 网中信令消息的互通,图 7.14 中给出了功能实体在物理实体中的具体实现,信令网关通过其适配功能完成 No.7 信令网络层与 IP 网中 Sigtran 的互通,从而透明传送 No.7 信令高层消息(TUP/ISUP 或 SCCP/TCAP)提供给 VoIP 和网络接入服务器(NAS)等业务应用。

(1) 与支持连接控制的 No.7 信令互通

为了实现与 No.7 信令网呼叫连接控制的互通,SG 首先需要终接 No.7 信令链路,然后利用信令传送将 No.7 信令的呼叫连接控制消息的内容传递给 MGC(软交换)进行处理。MG 只负责终接局间中继,并且按照来自 MGC 的控制指令的指示来控制中继。在图 9.22(a)中,SGF、MGCF 和 MGF 分别实现在不同的物理实体上;在图 9.22(b)中,MGCF 和 MGF 则实现在同一个物理实体上;在图 9.22(c)中,终接 No.7 信令链路的物理设备与终接局间中继的设备是同一设备。在这种实现中,SGF 与 MGF 共存于同一设备,SGF 使用回程(BacMIaul)方式将信令内容传递给 MGCF。从以上可以看出,图 9.22 (a)和图 9.22 (b)中 GW 都是以准直联链路连接 MGC,而图 9.21(c)中 GW 是以直联链路连接 MGC。

信令网关要支持 No.7 信令网中呼叫连接控制信令与 IP 网的互通,可以通过 IETF 定义的 MTP 第三级用户适配(M3UA)、MTP 第二级用户适配(M2UA)或 MTP 第二级对等适配(M2PA),来适配 No.7 信令的 MTP 而实现互通。

(2) 与支持数据库访问的 No.7 信令的互通

在 SCN 的 No.7 信令网中,No.7 信令使用信令连接控制部分(SCCP)的无连接传送业务实现对数据库的访问,如访问智能网中的业务控制点(SCP)或移动网中的归属信息存于主寄存器(EER)。SG 要实现 No.7 信令网与 IP 网中数据库的互通,可以通过支持无连接控制的信令网关应用来实现对 IP 网中数据库的互通。

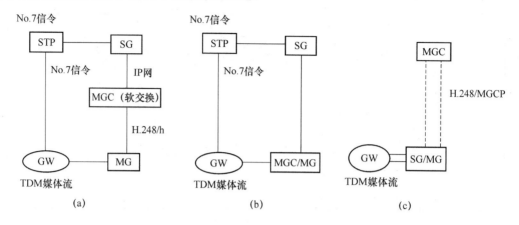

图 9.22　支持连接控制的信令网关应用

（3）IPSTP

信令网关的另一种应用是用于 IP 网的 No.7 信令转接点,简称 IPSTP。No.7 信令转接点是用于 No.7 信令网中会聚和转接 No.7 信令消息的,使用 No.7 信令转接点可以使 No.7 信令网组成分级的网络,而不是平面网,这样使网络的使用更经济、更有效。如果下一代网络是基于分组或基于 IP 的网络,要支持或提供窄带网的业务,那么使用 IPSTP 就可以组成 IP 网中的 No.7 信令网来支撑这些业务,如图 9.23 所示。

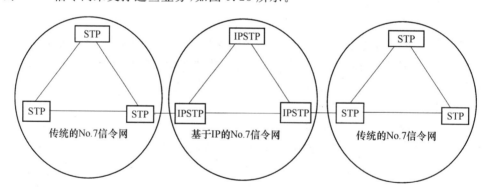

图 9.23　信令网关用于组建 No.7 信令网

在具体实现中,IPSTP 可以采用 M2PA 或 M3UA 来完成传统 No.7 信令与基于 IP 的 No.7 信令 MTP 的格式转换。

2. 用户信令网关

在 ISDN 接入 IP 网时,信令通路与数据通路在一起进行携带,因此处理 Q.931 信令的信令网关与处理数据流的 MG 功能在同一个物理设备中,Q.931 信令传送到 MGC 进行呼叫处理,信令传送则用于 SG 和 MGC 间,如图 9.24 所示。

在具体实现中,信令网关可以采用 IETF 定义的 ISDN Q.921 用户适配层(IUA)来适配 Q.931 信令,信令传送把 Q.931 信令透明地传送到 MGC。

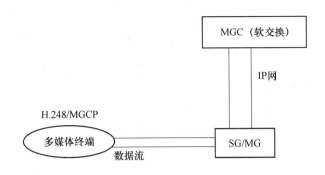

图 9.24　用户信令网关

3. No.7 信令网节点通过信令网关与软交换设备互联

No.7 信令网的节点通过信令网关访问软交换设备时,可以在信令网关使用不同的适配子层:M3UA、M2UA、M2PA。因此对于 No.7 信令网访问软交换设备时有以下 3 种应用方式。

(1) 使用 M3UA 的信令网关

不具备 SCCP 功能的信令网关从窄带 No.7 信令网或 IP 网接收到信令消息后,传递到 MTP-3 或 M3UA (MTP-3 用户适配层协议),然后,信令网关根据目的点码(Destination Point Code,DPC)或 IP 地址等,由节点直通功能(NIF)完成信令消息的传递,如图 9.25 所示。

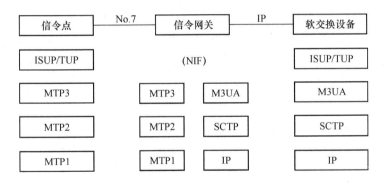

图 9.25　使用 M3UA 的信令网关

信令网关包含能完成全局码翻译(GTT)功能的 SCCP 协议层。如果消息来自 No.7 信令网,消息选路到信令网关的 SCCP 层,对消息的 SCCP 地址 GT 进行翻译,GT 的翻译结果 DPC 或 DPC/SSN 指向 IP 域,为了向目的地 IP 域选路,向本地 M3UA 网络地址翻译和映射功能发送 MTP-Transfer 请求原语。

同样,如果消息来自 IP 域,消息路由到信令网关的 SCCP 层,对消息的 SCCP 地址 GT 进行翻译,GT 的翻译结果 DPC 或 DPC/SSN 指向 No.7 信令网,为了向目的 No.7 信令网选路,向本地 MTP-3 发送 MTP-Transfer 请求原语。

(2) 使用 M2UA 的信令网关

不具备 MTP-3 功能的信令网关,不属于 No.7 信令网节点,只完成窄带 No.7 信令链路与 IPNo.7 信令网链路的转换,图 9.26 是使用 M2UA(MTP2 用户适配层协议)信令网关传送信令消息到 MGC/IP SCP 的示意图,其中传送的消息包括与电路相关的呼叫连接控制的信令消息和与电路无关的信令消息。

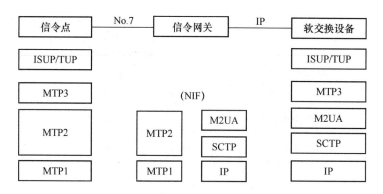

图 9.26 使用 M2UA 的信令网关

（3）使用 M2PA 的信令网关

具有 MTP-3 功能的信令网关,作为信令连接上的一个转接点,既可以传递与电路相关的呼叫连接控制的信令消息,又可以传送与电路无关的信令消息。图 9.27 给出了使用 M2PA（MTP2 对等适配层协议）信令网关传送信令消息到 MGCP/IP SCP 的示意图,电路交换网络中的节点一方面要知道 MGCP/IP SCP 信令点编码,同时也应了解作为信令转接点的信令网关的信令点编码。

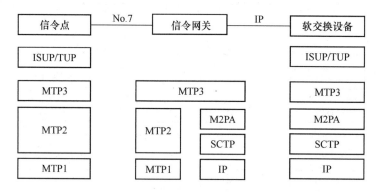

图 9.27 使用 M2PA 的信令网关

4. 信令网关设备的基本要求

（1）接口要求

① 窄带接口

如果是代理信令点的应用方式,信令网关的要求将遵循与之相关的业务点设备的窄带接口方面的要求。

如果是信令转接点组网的应用方式,那么信令网关的窄带接口的要求将遵循信令转接点设备的窄带接口方面的要求。

② IP 宽带接口

应该提供的包括 1OBaseT/Ex、100BaseT/Fx、1 000BaseT/LX/SX/CX 等。

（2）信令网关应提供的信令协议

信令网关应提供的信令协议包括：

- MTP2 64 kbit/s；
- MTP2 2 Mbit/s；

- MTP3；
- SCCP；
- M3UA；
- M2PA；
- SCTP；
- IP；
- LAN。

（3）容量要求

- 64 kbit/s 信令链路的最大数量应不小于 512。
- 2 Mbit/s 信令链路的最大数量应不小于 128。
- 最大信令链路组的数量应不小于 256。
- 最大信令路由的数量应不小于 2 000。
- 最大目的信令点数量应不小于 1 000。
- 最大信令点管理簇数量应不小于 1 000。
- 最大应用服务器数量应不小于 1 000。
- 最大 IP 接口吞吐量应不小于 160 Mbit/s。

（4）设备的信令处理能力

最大的信令处理能力应不小于 160 000 MSU/s。

（5）信令链路的负荷

信令链路的负荷是用信令链路上忙时传送消息信令单元的占用时长和可以传送的最大的消息信令单元的数量表示。

采用 64 kbit/s 信令链路时，在目前电话网和 ISDN 使用 No. 7 信令方式，只开通用户基本业务的情况下，一条信令链路的正常负荷应不小于 0.2 Erl，最大负荷应不小于 0.4 Erl，对消息长度为 18 个八位位组的条件下应处理每秒不小于 225 MSU。支持 INAP 的情况下，一条信令链路的正常负荷应不小于 0.4 Erl，最大负荷应不小于 0.8 Erl，对消息长度为 30 个八位位组的条件下应处理每秒不小于 225 MSU。

采用 2 Mbit/s 信令链路时，一条信令链路的正常负荷应不小于 0.2 Erl，最大负荷应不小于 0.4 Erl。

9.2　下一代网络技术

9.2.1　下一代网络的定义与概念

下一代网络（Next Generation Network，NGN）是一个定义极其松散的术语，泛指一个大量采用新技术，以 IP 技术为核心，同时可以支持语音、数据和多媒体业务的融合网络。

NGN 的出现是电信发展史上的一块里程碑，标志着新一代电信网络时代的到来。它是通信网、计算机网的一种融合和延伸，代表了 PSTN（公众电话网）、3G 等网络的发展方向。

NGN 从传统的以电路交换为主的 PSTN 网络逐渐迈向了以分组交换为主，承载了原有 PSTN 网络的所有业务，将大量的数据传输业务交由 IP 网络处理，并以 IP 技术的新特性，增加和增强了许多新老业务。

从这个意义上讲,NGN 是基于 TDM(时分复用)的 PSTN 语音网络和基于 IP/ATM(异步传输模式)的分组网络融合的产物。因此,NGN 是全业务的网络,包括电话和 Internet 接入业务、数据业务、视频流媒体业务、数字 TV 广播业务和移动等业务。

"下一代"提法最早是美国政府于 1997 年 10 月提出的下一代互联网(Next Generation Internet,NGI)行动计划。其目的是研究下一代先进的组网技术、建立试验网络、开发革命性应用。然而,到了 20 世纪 90 年代末,电信市场在世界范围内开放竞争,互联网的广泛使用使数据业务急剧增长,用户对多媒体业务产生了强烈需求,对移动性的需求也与日俱增,电信业面临着强烈的市场冲击与技术冲击。在这种形势下,出现了 NGN 的提法,并成为目前最为热门的一个话题。

9.2.2 下一代网络的特点

下一代网络将是以软交换为核心、光联网为基础的融合网络。下一代网络的主要特点可以总结如下:采用开放式体系架构和标准接口;呼叫控制与媒体层和业务层分离;具有高速物理层、高速链路层和高速网络层;网络层趋向使用统一的 P 协议实现业务融合;链路层趋向采用电信级分组节点,即高性能核心路由器加边缘路由器和 ATM 交换机;传送层趋向实现光联网,可提供巨大而廉价的网络带宽和网络成本,可持续发展的网络结构,可透明支持任何业务和信号;接入层采用多元化的宽带无缝接入技术。

下一代网络是可以提供包括语音、数据和多媒体等各种业务的综合开放的网络构架,有以下特征。

1. 采用开放的网络构架体系

将传统交换机的功能模块分离成为独立的网络部件,各个部件可以按相应的功能划分,各自独立发展。

采用软交换技术,将传统交换机的功能模块分离为独立网络部件,各部件按相应功能进行划分,独立发展。采用业务与呼叫控制分离、呼叫控制与承载分离技术,实现开放分布式网络结构,使业务独立于网络。通过开放式协议和接口,可灵活、快速地提供业务,个人用户可自己定义业务特征,而不必关心承载业务的网络形式和终端类型。

部件间的协议接口基于相应的标准。部件标准化使得原有的电信网络逐步走向开放,运营商可以根据业务的需要自由组合各部分的功能产品来组建网络。部件间协议接口的标准化可以实现各种异构网的互通。

2. 下一代网络是业务驱动的网络

(1)业务与呼叫控制分离

网络控制层即软交换,采用独立开放的计算机平台,将呼叫控制从媒体网关中分离出来,通过软件实现基本呼叫控制功能,包括呼叫选路、管理控制和信令互通,使业务提供者可自由结合承载业务与控制协议,提供开放的 API 接口,从而可使第三方快速、灵活、有效地实现业务提供多种综合业务。

(2)呼叫与承载分离

分离的目标是使业务真正独立于网络,灵活、有效地实现业务的提供。用户可以自行配置和定义自己的业务特征,不必关心承载业务的网络形式以及终端类型,使得业务和应用的提供有较大的灵活性。

3. 下一代网络是基于统一协议的分组网络

现有的信息网络,无论是电信网、计算机通信网还是有线电视网,都不可能以其中某一网络为基础平台来生长信息基础设施。但近几年随着 IP 技术的发展,才使人们真正认识到电信网络、计算机通信网络及有线电视网络将最终汇集为统一的 IP 网络,即人们通常所说的"三网"融合。IP 协议使得各种以 IP 为基础的业务都能在不同的网上实现互通,首次具有了统一的为三大网都能接受的通信协议,从技术上为国家信息基础设施(NII)奠定了最坚实的基础。IP 协议已经成为中国乃至世界信息产业界最热门的话题,它几乎成为信息网络的代名词,它将最终演化成为当今世界各国极力推行的 NII 和全球信息基础设施(GII)的核心。

4. 网络互通和网络设备网关化

通过接入媒体网关、中继媒体网关和信令网关等网关,可实现与 PSTN、PLMN、IN、Internet 等网络的互通,有效地继承原有网络的业务。

5. 多样化接入方式

普通用户可通过智能分组话音终端、多媒体终端接入,通过接入媒体网关、综合接入设备(IAD)来满足用户的语音、数据和视频业务的共存需求。

9.2.3　下一代网络的分层

下一代网络在功能上可分为以下 4 层,如图 9.28 所示。

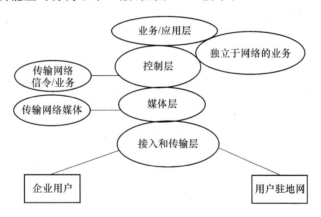

图 9.28　下一代网络的分层结构

（1）接入和传输层（Access and Transport Layer）

将用户连接至网络,集中用户业务并将它们传递至目的地,包括各种接入手段。

（2）媒体层（Media Layer）

将信息格式转换成为能够在网络上传递的格式。例如,将语音信号分割成 ATM 信元或 IP 包。此外,媒体层可以将信息选路至目的地。

（3）控制层（Control Layer）

包含呼叫智能。此层决定用户收到的业务,并能控制低层网络元素对业务流的处理。

（4）业务/应用层（Network Service/Application Layer）

在呼叫建立的基础上提供额外的服务。但将现有网络演变成下一代网络并非一日之工,而原有的网络与新网络将并存,所以新网络还需能够和原有网络互通,这要求新的网络体系能够完成以下功能:

① 与现有 No.7 信令网互通;

② 与现有的业务(如智能网提供的业务)互通;

③ 与现有的 PSTN 体系融合。

9.2.4 基于软交换系统的下一代网络体系结构

软交换是一种功能实体,为下一代网络(NGN)提供具有实时性要求的业务的呼叫控制和连接控制功能,是下一代网络呼叫与控制的核心。

简单地看,软交换是实现传统程控交换机的"呼叫控制"功能的实体,但传统的"呼叫控制"功能是和业务结合在一起的,不同的业务所需要的呼叫控制功能不同,而软交换则是与业务无关的,这要求软交换提供的呼叫控制功能是各种业务的基本呼叫控制。相信未来的软交换应该是尽可能简单的,智能控制功能则尽可能地移至外部的业务和(或)应用层。

软交换也称为呼叫代理、呼叫服务器或媒体网关控制器,是一种基于软件实现传统程控交换机的"呼叫控制"功能实体。具体地说,就是把"呼叫控制"功能从媒体网关中分离出来,通过服务器或网络上的软件来实现呼叫选路、连接控制(连接建立、连接拆除)、管理控制和信令互通(从 No.7 信令到 IP)。

传统的程控交换机,根据所执行功能的不同,一般可划分为 4 个功能层:呼叫控制层、媒体传传输、业务提供层、接入网关层。这 4 个功能层物理上合为一体,软、硬件互相牵制,不可分割。各个功能层处在一个封闭体内,他们之间没有开放的互联标准和接口,因此,增加新功能费用高、周期长,并且受到设备制造商的限制。

基于软交换网络体系结构同样有 4 个功能层,所不同的是控制、传输、业务和接入这 4 个功能层完全地分离,并利用一些具有开放接口的网络部件去构造各个功能层。因此,软交换系统是具有开放接口协议的网络部件的集合。基于软交换的网络系统结构如图 9.29 所示。从图中可看出,软交换位于控制层。

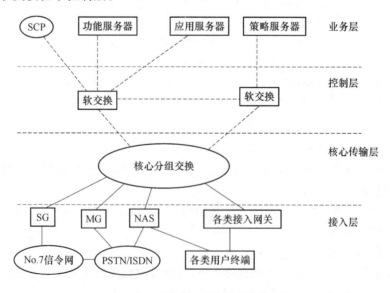

图 9.29 基于软交换网络体系结构

(1) 接入层

接入层包括信令网关(SG)、媒体网关(MG)、网络接入服务器(NAS)和各类接入网关。

① SG:完成电路交换网和分组交换网之间的 No.7 信令的转换,将 No.7 信令利用分组网

络传送。接入层总的功能是层提供各种用户终端,用户驻地网和传统通信网接入到核心网的网关。

② MG:指 H.323GW,在软交换控制下,实现将 VoIP 网络融合到软交换体系结构的NGN 体系中。

③ NAS:指现有网络中的拨号接入服务器等。

④ 各类接入网关:完成用户终端的数据、语音、图像等多媒体业务的综合接入功能。

(2) 核心传输层

核心传输层是一个基于 IP 路由器的核心分组网络,就是 NGN 架构中的承载层。软交换体系网络通过不同种类的媒体网关将不同种类业务媒体转换成统一格式的 IP 分组,利用 IP 路由器等骨干网传输设备实现传送。传输层为各种媒体提供宽带传输通道,并将信息选路至目的地。

(3) 控制层

控制层是整个软交换网络架构的核心,主要指交换控制设备。软交换是网络中的核心控制设备。它所完成的主要功能有:

- 呼叫处理控制功能,负责完成基本的和增强的呼叫处理过程;
- 接入协议适配功能,负责完成各种接入协议的适配处理过程;
- 业务接口提供功能,负责完成向业务层提供开放的标准接口;
- 互联互通功能,负责完成与其他对等实体的互联互通;
- 应用支持系统功能,负责完成计费、认证、操作维护等功能。

(4) 业务层

业务层主要是指面向用户提供各种应用和服务的设备。

策略服务器:完成策略管理的设备,策略是指规则和服务的组合,规则定义了资源接入和使用的标准。

应用服务器:利用软交换提供的应用编程接口,通过提供业务生成环境,完成业务创建和维护功能。

功能服务器:包括验证、鉴权、计费服务器等。

SCP:业务控制点,软交换可与 SCP 互通,以方便地将现有智能网业务平滑移植到NGN 中。

未来的网络要求愈来愈强的开放性和灵活性,控制与交换分离的新控制结构是实现这个目标的一个重要途径。智能网(IN)中业务交换功能(SSF)与控制功能(SCF)的分离可使网络经营商摆脱对交换机制造商的依赖,快速、灵活、经济地提供所需的新业务,业务创建环境(SCE)甚至允许最终用户远程参与新业务的生成是控制与交换分离的一个范例。正在研究的ATM 网中,信元交换与连接接纳控制(CAC)功能相分离也体现了这一思想。

目前正在开发一种新的电信网结构,即分布面向对象的网络结构(DONA),它也采用交换控制的分离。网络结构中包括了交换节点(SN)和控制节点(CN)。小容量的 SN 分布在靠近用户处,它包含了交换结构和用于驱动交换结构的软交换及节点通信的软件;CN 拥有高性能的控制软件,用以对各 SN 的功能和负荷进行动态分配。分布式处理环境(DPE)可支持网络资源在网内任意实时分布,并可从任意地点对其进行访问或使用。

软交换技术实际上是一组由多个功能平面中的网元协同执行并完成交换功能(建立端到端的通信连接)的和有效集成电路交换与分组交换网并传送融合业务功能(提供语音、数据、传真和视频相结合的业务以及未来通过软交换的开放应用程序接口 API 提供的新业务）的技术。

软交换解决方案的实质是基于软件控制平台的分布式交换,软交换的软件分布在相应的硬件设备上,相互配合完成某个功能,如同一个功能单元。控制层独立于特定的硬件和操作系统,支持 PSW、ATM 和 IP 等各种协议;可利用基于分组交换的技术使电信业务运行在数据网上;可接入电话与非话、窄带与宽带各类终端;可处理不同网络协议之间的交换。

由于历史原因,现有通信网根据所提供的不同业务被垂直划分为几个单业务网络（电话网、数据网、CATV 网、移动网等）,它们都是针对某类特定业务设计的,因而制约了向其他类型业务的扩展。

传统的基于电路交换的网络体系结构中,业务与交换、控制与交换结构互不分离,缺乏开放性和灵活性。虽然在智能网中可实现业务控制与业务交换的分离,但连接与控制（包括接入与控制）功能仍未分离,不便于网络融合时的综合接入。

多种网络长期并存的现实促使它们逐步走向融合,以便最大限度地利用原有网络资源。同时,人们也期望未来能有一个按功能进行水平分层的多用途、多业务的网络,并最终演进为一个能支持多媒体业务的综合业务网。

对于多业务网,人们寄希望于基于分组交换的下一代网络。要求这种网络要具有高度的开放性、灵活性和可扩展性,以满足技术和应用不断变化和发展的需要:能够快速、方便、经济地提供新业务和易于实现业务的客户化;相对低的建设和运营成本。

根据现有的认识和实践显然认为基于 IP 的网络特别适合于处理语音、传真、数据和视频图像的融合,能以较低的带宽来集成语音、数据和视频信息,方便地传送各种新的业务,而且采用因特网结构具有较低的成本。

随着客户对语音、数据和视频相结合的融合业务的需求日益增长,对网络的要求也越来越高,如果不从网络体系结构上加以变革,网络将变得愈来愈复杂,而且也难以达到预期的要求。因此,下一代网络应具有开放的和功能分层的网络体系结构,连接与业务相分离,快速、便捷、有效地提供新业务的能力,以及具有高度的灵活性和适应性。

在网络按功能分层体系结构中,单个通用的连接层可以处理所有的业务,从而支持综合的解决方案;通过不同的连接质量等级可支持基于不同质量要求的业务;网络采用中央服务器和开放接口,便于多厂商解决方案的引入和网络运营商与第三方开发的业务的快速引入;即插即用的流量管理功能可有效地处理网络的扩充;电话、数据和基于服务器结构之间的传送资源共享可降低网络的投资成本。

软交换技术正是能适应上述要求的下一代网络的解决方案。软交换将成为下一代网络的心脏和引擎。电话公司可用其取代 C4 或 C5 交换机,借此增容和增强提供业务的能力。IP 业务提供商可借此超越基本的因特网连通性,扩大其经营业务的范围。正在兴起的靠出售带宽的电信公司可采用软交换技术并利用其建立的专用光纤网来传送语音、传真和视频等融合数据。业务提供者可利用软交换技术无缝连接到 PSTN 来扩充,新的客户不必通过其光纤骨干网。总之,软交换技术的应用将在降低网络成本、提供业务多样性以及推动 PSTN 向基于 IP 的网络演进方面带来好处。

软交换是智能网的继承和发展。显然,在交换和业务分离上,软交换与 IN 有类似之处,但就整个体系结构上,两者有很大不同。自 20 世纪 90 年代中期朗讯的贝尔实验室提出"软交换"概念以来,软交换技术日趋成熟,并正在走向市场。目前它主要用于取代 PSTN 体系中 C4、C5 等级的交换机,处于汇接/长途局位置的配置中继媒体网关以及端局位置的配置接入媒体网关。这样,既可保留原先的全部功能,又可同时提供许多新功能和新业务。

软交换技术可用于构建下一代基于 IP/ATM 的多业务网,即在单一网络体系结构内可以同时提供语音、数据和视频等多种业务。软交换解决方案既适合于公用网,也适合于构建新一代面向企业用户的多业务网。图 9.30 为下一代网络结构示意图。

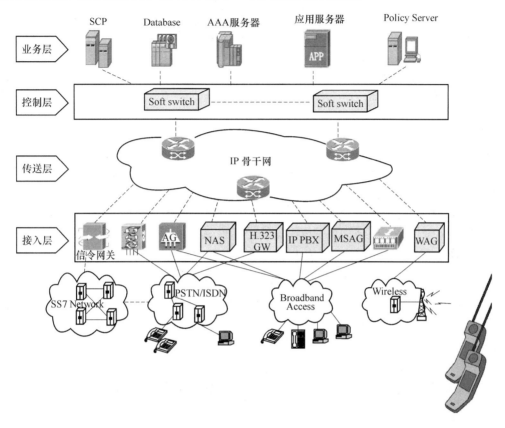

图 9.30　下一代网络结构示意图

下一代网络的特征是网络分层。一般认为,其层次结构可分为接入层(Access Layer)、传送层(Transport Layer)、控制层(Control Layer)和业务层(Service Layer)。

(1) 接入层

其功能是提供灵活的接入手段,保护已有的用户接口,同时支持更先进的接入技术。例如,各种宽窄带,移动或固定用户接入,包括各种媒体网关或智能接入终端设备,主要有:信令网关(SG)、中继网关(TG)、接入网关(AG)、综合接入设备(IAD)、无线接入网关(WAG)、媒体资源服务器、H.323 网关(H.323 GW)等。

(2) 传送层

其功能是负责将不同类型的信息格式转换成为能够在网络上传送的信息格式。例如,将来自 PSTN 的语音信号转换成 ATM 信元或 IP 包。此外,媒体层可以将信息媒体流选路至目的地。

(3) 控制层

提供呼叫智能,控制媒体层网络元素建立端到端连接。主要涉及软交换相关的功能,完成业务逻辑的具体执行,其中包含呼叫控制、资源管理、接续控制和路由等操作,实现各种信令协议的互通和转换。此层是 NGN 的核心神经,决定用户收到的业务,并能控制低层网络元素对业务流的处理。

（4）业务层

提供终端用户增值业务的网络管理功能。主要负责在呼叫建立的基础上提供各种各样的增值业务，控制逻辑相应的网络管理及服务，完成增值业务处理，如业务生成、业务逻辑定义和业务编程接口等。此外，业务层还负责业务相关的管理功能，如业务认证和业务计费等。同时提供开放的第三方可编程接口（API），易于引入新型业务。业务层由一系列的业务应用服务器组成，包括 SCP、AAA 服务器、数据库、应用服务器、网管服务器等。

9.2.5 NGN 的网络发展策略

1. 网络建设模式

从目前网络向 NGN 网络的过度，可采用分布建设策略。Soft Switch 是一种发展中的新技术，从标准到体系结构都在发展中逐步成熟。国际上已有运营商使用 Soft Switch 技术和体系结构建设端到端电话网，国内运营商在 2002 年也开始进行 NGN 技术实验，现开始小规模商用试验网建设。

大部分运营商在 NGN 的发展策略上采取了分步建设方式，降低网络风险，积累网络运营经验。建设初期先建立一个小规模商用实验网，采用单域组网结构，总容量在 5 万～10 万端口左右。使用少量软交换设备和分布式网关在全网或部分地区开展小规模实验运营，进行网络业务验证，积累网络运营经验。软交换设备对各城市进行逻辑划分成不同的域，支持所有城市的终端接入，域内 IP 电话的网内呼叫，由交换机完成呼叫处理，在网内完成一次呼叫的建立、通话、拆线全过程。当需要与 PSTN 实现互通时，则每个城市的有关中继网关必须与本地 PSTN 网互联。

第二步在商用实验网的基础上，采用分域处理话务呼叫控制方法，将全国分成多个域，每个域内设立软交换设备和分布式网关，分地域全网开展规模运营，每个区域有一套或多套软交换设备提供网络业务，负责维护域内路由数据。

第三步在前两个阶段网络运营取得成功的基础上，结合软交换技术，充分利用运营商网络资源，实现基于软交换技术的 NGN 网络规模建设，最终形成 NGN 网络。

2. 网络互通方式

在 NGN 的建设过程中，实现与原有网络的互通方式如下。

（1）NGN 与 PSTN/ISDN/GSM/CDMA 的互通

NGN 与 PSTN 电路交换网以及与核心网为电路交换的移动通信网（GSM、CDMA）的互通，均可通过中继网关（TMG）完成。

（2）NGN 与 No.7 信令网的互通

NGN 与 No.7 信令网的互通通过信令网关（SG）完成。

（3）软交换网络与现有智能网的互通

当软交换网络内的用户使用智能网业务时，如卡号业务，必须实现与智能网的互通，关键在于卡号数据；而对于 800 号业务，则必须实现 PSTN/ISDN 用户与软交换网络用户统一使用。实现方式有两种：一种是通过 TMG 与 PSTN 进行话路互通，在 PSTN 接入智能网，对软交换系统没有要求；另一种是软交换设备直接接入智能网，这种方式对软交换系统提出较高要求，但在网络资源占用、时延等方面具有优势。

9.2.6 NGN 存在的问题

目前虽然不少厂家推出了软交换的解决方案,各运营商也在积极进行相关的试验,但新技术的应用需要相当长的时间来完善。从目前厂家所提供的解决方案来看,存在的主要问题如下。

1. 组网方式

传统电信网经过长期的运营积累,在网络组织方面有一套很成熟的模式,而基于软交换的网络组织目前国内外尚无成熟的经验,是采用基于软交换的一种全新的平面结构,还是采用和PSTN 相同的分级方式,在技术和实践方面都有待进一步的探索。

2. 协议兼容性

软交换的协议尚未做到兼容性,标准还在发展之中。有关软交换的标准、协议是网络融合的关键,但不同厂家的软交换在协议的兼容性方面还难以做到相互兼容。BICC 协议、SIP-T协议和 H.248 协议也在发展之中。协议的选项需要运营商根据业务的需要进一步确定。

3. API（应用编程接口）

基于开放的业务平台,采用标准的 API 接口为网络运营商提供新业务开创了美好的前景,但相应的产品仍在探索和研发之中。

4. 业务开发

标准、开放的 API 接口能够快速、灵活地提供丰富的业务,这是软交换体系的一个优势所在,但目前厂家能够提供的业务多集中为基本语音业务及补充业务,还未出现使人眼前为之一亮的业务。

5. 网络 QoS

NGN 的业务实时性要求很高,因此对网络服务质量(QoS)提出了很高的要求。IETF 组织已经提出了多种服务模型和机制来满足 QoS 的需求,其中比较著名的有综合业务模型、区分业务模型、MPLS 技术、流量工程等,具体这些方案如何组合使用、可行性如何、效果如何,有待研究。

以上这些问题的存在并不会阻碍新技术的应用,相反运营商会与设备供应商一起冷静地解决这些问题,并积极进行试验,不断加以完善。

小　　结

1. 软交换的定义

在我国《软交换设备总体技术要求》中对软交换的定义是:"软交换是网络演进以及下一代分组网络的核心设备之一,它独立于传送网络,主要完成呼叫控制、资源分配、协议处理、路由、认证、计费等主要功能,同时可以向用户提供现有电路交换机所能提供的所有业务,以及多样化的第三方业务。"从广义来讲:软交换是指以软交换设备为控制核心的软交换网络,包括接入层、传送层、控制层及应用层,通常称为软交换系统。

2. 软交换的主要特点

(1) 业务控制与呼叫控制分开。

(2) 呼叫控制与承载连接分开。

（3）提供开放的接口，便于第三方提供业务。

（4）具有用户话音、数据、移动业务和多媒体业务的综合呼叫控制系统，用户可以通过各种接入设备连接到 IP/ATM 网络。

3. 软交换系统的构成

软交换系统主要构件除软交换设备外，还包括信令网关、媒体网关（包括中继媒体网关和接入媒体网关）、媒体服务器、应用服务器等。

4. 信令网关

信令网关位于 No.7 信令网和 IP 网的关口，对信令消息进行中继、翻译或终结处理，主要使用呼叫控制协议。信令网关具体分为两种：

（1）No.7 信令网关，完成 No.7 信令消息与 IP 网中信令消息互通；

（2）用户信令网关，主要用于 ISDN 接入 IP 网用，通常与媒体网关在同一设备中。

5. 媒体网关

媒体网关的功能是可以将一种网络媒体中的媒体转换成另一种网络所要求的格式，主要使用媒体控制协议，具体可分为：

（1）中继媒体网关，主要完成传统交换机的汇接接入功能；

（2）接入媒体网关，主要完成各种用户和接入网的接入。

6. 软交换系统功能

软交换是多种逻辑功能实体的集合，提供综合业务的呼叫控制、连接以及部分业务功能。

软交换的主要设计思想是业务/控制与传送/接入分离，各实体之间通过标准的协议进行连接和通信。其主要功能包括以下部分：

（1）呼叫控制功能；

（2）业务提供功能；

（3）业务交换功能；

（4）互通功能；

（5）SIP 代理功能；

（6）计费功能；

（7）网管功能；

（8）H.248 终端、SIP 终端、MGCP 终端的控制和管理功能；

（9）No.7 信令（即 MTP 及其应用部分）功能（任选）；

（10）H.323 终端控制、管理功能（任选）。

7. 软交换系统支持的协议

（1）H.248

H.248 协议是媒体网关控制协议之一，应用在媒体网关和软交换之间，软交换与 H.248 终端之间。

（2）MGCP

在软交换系统中，MGCP（多媒体网关控制协议）主要用于软交换与媒体网关或软交换与 MGCP 终端之间的控制过程。

（3）SIP 协议

SIP（会话初始协议）主要用于 SIP 终端和软交换之间、软交换和软交换之间以及软交换与各种应用服务器之间。

（4）BICC 协议

BICC 协议的全称为与承载无关的呼叫控制协议，它是由 ITU-T 第 11 组提出的信令协议。

BICC 协议属于应用层控制协议，可用于建立、修改和终结呼叫，可以承载全方位的 PSTN/ISDN 业务。

（5）SCTP

SCTP（流控制传送协议）主要是在无连接的网络上传送 PSTN 信令消息，该协议可以在 IP 网上提供可靠的数据传输协议。SCTP 用来在确认方式下，无差错、无重复地传送用户数据。

（6）M2PA

M2PA（MTP2 层用户对等适配层协议）是把 No.7 的 MTP3 层适配到 SCTP 层的协议，它描述的传输机制可使任何两个 No.7 节点通过 IP 网上的通信完成 MTP3 消息处理和信令网管理功能，因此能够在 IP 网连接上提供与 MTP3 协议的无缝操作。

（7）M3UA

M3UA（MTP3 层用户适配层协议）是把 No.7 的 MTP3 层用户信令适配到 SCTP 层的协议。它描述的传输机制支持全部 MTP3 用户消息（TUP、ISUP、SCCP）的传送、MTP3 用户协议对等层的无缝操作、SCTP 传送偶联和话务管理、多个软交换之间的故障倒换和负荷分担以及状态改变的异步报告。

8. 软交换系统应用

软交换的核心竞争力主要在软件方面，它既可作为独立的 NGN 网络部件分布在网络各处，为所有媒体提供基本业务和补充业务，又可以与其他的增强业务节点结合，形成新的产品形态。正是软交换的灵活性，使它可以应用在各个领域。

9. 下一代网络的定义与概念

下一代网络（Next Generation Network，NGN）是一个泛指大量采用新技术，以 IP 技术为核心，同时可以支持语音、数据和多媒体业务的融合网络。

NGN 标志着新一代电信网络时代的到来。它是通信网、计算机网的一种融合和延伸，代表了 PSTN（公众电话网）、3G 等网络的发展方向。

NGN 从传统的以电路交换为主的 PSTN 网络逐渐迈向了以分组交换为主，承载了原有 PSTN 网络的所有业务，将大量的数据传输业务交由 IP 网络处理，并以 IP 技术的新特性增加和增强了许多新老业务。

从这个意义上讲，NGN 是基于 TDM（时分复用）的 PSTN 语音网络和基于 IP/ATM（异步传输模式）的分组网络融合的产物。因此，NGN 是全业务的网络，包括电话和 Internet 接入业务、数据业务、视频流媒体业务、数字 TV 广播业务和移动等业务。

10. 下一代网络的特点

下一代网络是可以提供包括语音、数据和多媒体等各种业务的综合开放的网络构架，有以下特征。

（1）采用开放的网络构架体系。

- 将传统交换机的功能模块分离成为独立的网络部件，各个部件可以按相应的功能划分，各自独立发展。
- 部件间的协议接口基于相应的标准。

（2）下一代网络是业务驱动的网络。

- 业务与呼叫控制分离。
- 呼叫与承载分离。

（3）下一代网络是基于统一协议的分组网络。

（4）网络互通和网络设备网关化。

（5）多样化接入方式。

11. 下一代网络的分层

下一代网络在功能上可分为以下 4 层。

（1）接入和传输层

将用户连接至网络,集中用户业务并将它们传递至目的地,包括各种接入手段。

（2）媒体层

将信息格式转换成为能够在网络上传递的格式。例如,将语音信号分割成 ATM 信元或 IP 包。此外,媒体层可以将信息选路至目的地。

（3）控制层

包含呼叫智能。此层决定用户收到的业务,并能控制低层网络元素对业务流的处理。

（4）业务/应用层

在呼叫建立的基础上提供额外的服务。

复 习 题

1. 简述软交换的定义及基本概念。
2. 简述软交换的主要特点。
3. 软交换有哪几项主要功能?
4. 说明 H.248、MGCP、SIP 协议的主要功能。
5. 说明软交换中媒体网关、信令网关的主要功能。
6. 说明下一代网络的定义与概念。
7. 说明下一代网络的主要特点。
8. 说明下一代网络的分层结构及各层的主要功能。

第10章

移动通信网

10.1 移动通信基本网络结构

所谓移动通信,就是指通信的双方,至少有一方是在移动中进行信息传输和交换的。例如,固定点与移动体(汽车、飞机、轮船)之间、移动体之间以及活动的人与人、人与移动体之间的通信,都属于移动通信范畴。

10.1.1 基本网络结构

移动通信网的基本结构包括:移动台(Mobile Station,MS)、基站子系统(Base Station Subsystem,BSS)和构成网络节点的移动交换中心(Mobile Service Switching Center,MSC)等。图10.1所示为移动通信网的组成框图。

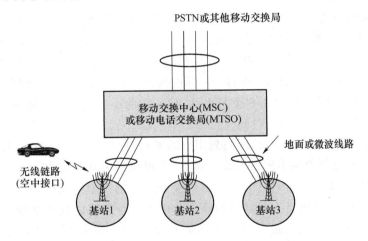

图 10.1　移动通信基本网络结构

图10.1所示是一个典型的但也是最基本的移动通信网络。在这个网络中存在着以下功能实体。

(1) 移动台

移动台由用户设备构成。用户使用这些设备可以接入蜂窝移动通信网中,得到所需的服务。每个移动台都包括一个移动终端(Mobile Termination,MT)。根据通信业务的需要,移动台还可以包括各种终端设备(Terminal Equipment,TE)或是它们的组合以及终端适配器(Terminal Adapter,TA)等。移动台分为车载台、便携台和手持台等类型。

（2）基站子系统

基站子系统由可在小区内建立无线电覆盖并与移动台通信的设备组成,通常包括基站(BTS)和基站控制器(BSC)。基站子系统实现的功能包括控制功能和无线传输功能。

（3）移动交换中心

移动交换中心对于位于其服务区内的移动台进行交换和控制,同时提供移动网与固定公众交换电话网(PSTN)的接口。作为交换设备,移动交换中心具有完成呼叫接续与控制的能力,以及无线管理和移动性管理的能力。

为了实现移动用户到基站的无线连接,需要使用公共空中接口通信协议建立无线链路的连接。这里的公共空中接口协议是一种"握手"通信协议,它定义了移动用户和基站是如何在无线频率上进行通信的,并定义了控制信道的信令。

建立了空中链路后,基站则要将语音业务经 MSC 传输到 PSTN。要完成移动用户到PSTN用户或其他移动用户的连接,则必须有一个好的网络策略和标准,以实现移动台到基站系统的无线连接,基站系统到移动交换中心以及移动交换中心到 PSTN 的链路连接。移动台到基站系统的无线连接技术称为空中接口的接入技术。

10.1.2　空中接口接入技术

无线电频谱是一种稀缺资源,非常宝贵。与其他如铜线和光纤传等输介质不同,人们不能根据自己的需要无限制地增加无线电频谱。人们可以获得的无线电频谱是有限的,所以有效地、尽可能充分地利用这些无线电频谱就显得至关重要,这也是移动通信中无线电接入技术的核心问题。

1. 频分多址技术接入

移动通信常用的接入技术有多种,频分多址(FDMA)技术是其中最简单的一种。采用FDMA 技术,可用的无线电频谱被分割成许多带宽一定的无线电信道,然后从中选取一部分信道分配给特定的蜂窝小区使用。例如,在模拟的 AMPS 系统中,可用频段被分割成许多30 kHz 宽的频带作为信道。系统再根据各个小区的通信负载,给每个小区分配一定数量的带宽为 30 kHz 的信道。如果有某个用户要打电话,他所在的小区就会给他分配一个30 kHz 的信道供其通话。

在绝大多数 FDMA 系统中,从网络到用户的通信(称为下行链路)和从用户到网络的通信(称为上行链路)分别使用不同的信道。例如,在模拟的 AMPS 系统中,当提到 30 kHz 信道时,所指的其实是两个 30 kHz 的信道,这两个信道分别用于不同的链路。这种方法又称为频分双工(FDD),通常用于上行链路的频率和用于下行链路的频率之间存在一个固定的频率间隔,这个间隔称为双工距离(Duplex Distance)。北美的许多系统所采用的双工距离是 45 MHz,所以,在这样的系统中,"1 号信道"指的其实是两个在频率上间隔为 45 MHz 的信道(上行链路和下行链路)。采用频分双工的 FDMA 技术如图 10.2 所示。

当然,频分双工并不是唯一的双工方式。还有另一种双工方式,称之时分双工(TDD)技术。在采用时分双工的系统中,上行链路和下行链路只使用同一个信道,但是使用信道的时段不同。信道在一个时段内被上行链路使用,随之在下一个时段里被下行链路使用,再下一个时段又被上行链路使用。

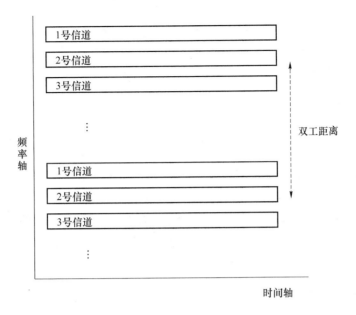

图 10.2　频分多址技术示意图

2. 时分多址技术接入

使用时分多址(TDMA)技术系统的无线电信道被划分成许多时隙,每个用户在使用信道时被分配一个特定的时隙。例如,在一个特定的无线电频率上,A 用户可能被分配了时隙 1,而 B 用户可能被分配了时隙 3。为用户分配时隙的工作是呼叫建立过程的一部分,由网络负责完成。这样,用户的终端设备能够准确地知道使用哪个时隙来维持呼叫,并根据所分配的时隙准确地安排它的传输。这种技术的工作原理如图 10.3 所示。

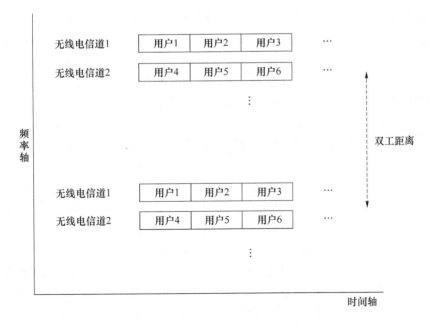

图 10.3　时分多址技术示意图

虽然有些 TDMA 系统在实现时采用了时分双工技术,但是典型的 TDMA 系统也是频分双工系统,如图 10.3 所示。另外,TDMA 系统通常也使用 FDMA 技术。这样,可用的频段首先像 FDMA 系统中那样被分割成许多小的信道,然后在这些信道上划分时隙。一个纯粹的 FDMA 系统和一个使用 FDMA 技术的 TDMA 系统的区别在于,在 TDMA 系统中,用户不能独占一个无线电信道。

3. 码分多址技术接入

码分多址(CDMA)系统为每个用户分配了各自特定的地址码,利用公共信道来传输信息。CDMA 系统的地址码相互具有准正交性,以区别地址,而在频率、时间和空间上都可能重叠。系统的接收端必须有完全一致的本地地址码,用来对接收的信号进行相关检测。其他使用不同码型的信号因为和接收机本地产生的码型不同而不能被解调。它们的存在类似于在信道中引入了噪声或干扰,通常称为多址干扰。码分多址系统工作示意图如图 10.4 所示。

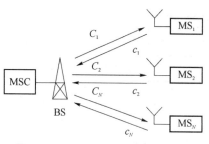

图 10.4　码分多址系统工作示意图

在 CDMA 通信系统中,用户之间的信息传输也是由基站进行转发和控制的。为了实现双工通信,正向传输和反向传输各使用一个频率,即通常所谓的频分双工。无论正向传输或反向传输,除了传输业务信息外,还必须传送相应的控制信息。为了传送不同的信息,需要设置相应的信道。但是 CDMA 通信系统既不分频道又不分时隙,无论传送何种信息的信道都靠采用不同的码型来区分。

使用 CDMA 技术,既不需要在时间域进行细分,又不需要在频率域进行细分。相反地,所有用户都在同一时间共享相同的无线电频率。显而易见,采用这种方法就意味着所有用户都会彼此相互干扰。如果将每个用户所使用的无线电频带限定在仅能支持单个用户通信所需要的带宽中,这种干扰就将无法忍受。所以,为了克服用户之间的相互干扰,CDMA 系统采用了一种称为扩展频谱的技术,其含义是将信号在一个较宽的频带上进行扩展。系统分配给每个用户一个码序列,这个码序列的比特率远远高于用户要传送的信息的比特率。用户传送的信号被这个码序列调制。在接收端,接收机寻找对应的码序列。一旦从其他信号(以噪声的形式出现)中分离出相应的码序列,就可以提取出该用户发送的信号。

TDMA 系统的容量可以很容易计算出来,因为每个小区都有确定数目的信道,每个信道也都具有确定数目的时隙。一旦所有的时隙都被占用,系统的容量就达到了极限。但是,在某种程度上,CDMA 系统是不同的。采用 CDMA 技术,系统的容量受到系统中噪声数量的限制。CDMA 系统中每增加一个用户,总的干扰就会随之增加,从所有用户的码序列中分离某个特定用户的码序列的难度就会越来越大。实际上,当噪声的能量达到某个等级时,继续增加用户,将会极大地削弱系统分离各个用户所传输的信号的能力,从而减小系统的容量。所以当系统的噪声能量达到这个等级时,系统的容量就达到了极限。虽然可以用数学建模的方法来模拟出这个容量极限,但是十分精确地模拟有一定困难,这是因为系统中的噪声强度取决于多种因素,如各个移动台的传输功率、系统的热噪声以及采用非连续发射方式(即当用户讲话时才发射电磁波)。然而,通过在设计阶段作一定的合理的假设,有可能设计出一个既能提供相对高的容量,又不会引起严重的质量衰减的 CDMA 系统。

CDMA 技术的一个突出的优点就在于它的提出实际上淘汰了频率规划。其他的系统对于电磁干扰是非常敏感的,这意味着一个特定的频率只能在足够远的范围之外才能被重复使用,以避免干扰。在一个商业移动通信网络中,经常会增加小区或者增加某个小区的通信容量,完成这些工作时,必须保证不会在小区之间引起过度的干扰。如果有可能引入干扰,就需要对网络的结构进行调整。这种调整经常会出现,而且花费巨大。但是,CDMA 系统设计得能够应付干扰,实际上,它允许在每个小区中重复地使用一个特定的 RF 载波,所以就不需要担心增加一个小区时需要调整网络结构了。

10.2　移动通信网的组成体制

　　移动通信在追求最大容量的同时,还要追求最大的覆盖,也就是无论移动用户移动到什么地方,移动通信系统都应覆盖到。当然现今的移动通信系统还无法做到上述所提到的最大覆盖,但是系统应能够在其覆盖的区域内提供良好的语音和数据通信。

10.2.1　移动通信网的组成

1. 移动通信系统的基本组成

移动通信系统的基本组成如图 10.5 所示。

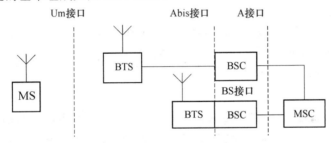

图 10.5　移动通信系统的基本组成

　　一般来说,移动通信系统由两部分组成:一部分为空中网络,另一部分为地面网络。

　　空中网络是移动通信系统的主要部分,主要介绍如下。

　　多址接入:在给定的频率资源下,如何提高系统的容量是蜂窝移动通信系统的重要问题。由于采用何种多址接入方式直接影响系统的容量,所以一直是人们研究的热点。

　　频率复用和蜂窝小区:频率复用和蜂窝小区是一种新的概念和想法。它主要是解决频率资源限制的问题,并大大增加系统的容量。

　　地面网络主要包括:

- 服务区内各个基站的相互连接;
- 基站与固定网络(PTSN、ISDN、数据网等)连接。

图 10.5 中所涉及的各种接口说明如下。

- A 接口——MSC 与 BSS 间的接口。A 接口主要传输呼叫处理、移动性管理、基站管理和移动台管理的消息。
- Abis 接口——BTS 与 BSC 间的接口。
- Um 接口——基站子系统 BSS 与 MS 间的接口。此接口为空中接口,是移动通信网的主要接口。

2. 移动通信网的基本组成

移动通信网的基本组成如图 10.6 所示。

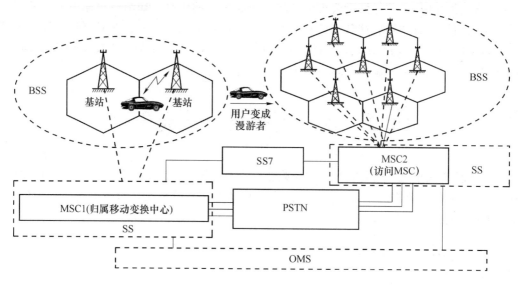

图 10.6　移动通信网的基本组成

图 10.6 所示为典型的蜂窝移动通信系统。移动通信无线服务区由许多正六边形小区覆盖而成,呈蜂窝状,通过接口与公众通信网(PSTN、PSDN)互联。移动通信系统包括移动交换子系统(SS)、操作维护管理子系统(OMS)、移动台(MS)和基站子系统(BSS)(通常包括 BTS、BSC),是一个完整的信息传输实体。

(1)移动台(MS)

MS 是移动用户设备,它由移动终端和客户识别卡(SIM 卡)组成。移动终端就是"机",它可完成话音编码、信道编码、信息加密、信息的调制和解调、信息发射和接收。SIM 卡就是"人",存有认证客户身份所需的所有信息,并能执行一些与安全保密有关的重要信息,以防止非法客户进入网路。SIM 卡还存储与网路和客户有关的管理数据,只有插入 SIM 卡后移动终端才能接入进网。

(2)基站子系统(BSS)

BSS 子系统可以分为两个部分:基站收发信台(BTS)负责无线传输;基站控制器(BSC)负责控制与管理。

一个 BSS 系统由一个 BSC 与一个或多个 BTS 组成,一个 BSC 可以根据话务量需要控制多个 BTS。

BSC 是 BSS 的控制部分,在 BSS 中起交换作用。BSC 一端可与多个 BTS 相连,另一端与移动交换中心(MSC)和操作维护中心(OMC)相连。BSC 面向无线网络,主要负责完成无线网络管理、无线资源管理及无线基站的监视管理,控制移动台和 BTS 之间无线连接的建立、接续和拆除等管理,控制完成移动台的定位、切换和寻呼,提供语音编码、码型变换和速率适配等功能,并能完成对基站子系统的操作维护功能。

无线基站即基站收发信台,是基站子系统(BSS)的无线部分,BTS 在系统中的位置处于移动台(MS)与基站控制器(BSC)之间。基站是由基站控制器控制,服务于某个小区的无线收发信设备,完成基站控制器与无线信道之间的转换,实现基站与移动台之间通过空中接口的无线传输以及相关的控制功能。

（3）移动交换子系统（SS）

SS 主要完成话务的交换功能，同时管理用户数据和移动性所需的数据库。SS 的主要作用是管理移动用户之间的通信和移动用户与其他通信网用户之间的通信。移动交换子系统主要由移动交换中心（MSC）与操作维护台（OMC）以及移动用户数据库所组成。

移动交换中心（MSC）是公用陆地移动网（PLMN）的核心。MSC 对位于它所覆盖区域中的移动台进行控制和完成话路接续的功能，也是公用陆地移动网（PLMN）和其他网络之间的接口。它完成通话接续、计费、BSS 和 MSC 之间的切换和辅助性的无线资源管理、移动性管理等功能。MSC 从移动用户数据库中取得处理用户呼叫请求所需的全部数据。反之，MSC则根据移动台位置信息的新数据更新移动用户数据库。

（4）操作维护子系统（OSS）

OSS 对整个网络进行管理和监控。通过它实现对网内各种部件功能的监视、状态报告、故障诊断等功能。OSS 主要包括网路管理中心（NMC）、安全性管理中心（SEMC）、集中计费管理的数据后处理系统（DPPS）、用户识别卡个人化管理中心（PCS）等。

3. 移动通信的体制

移动通信网的服务区域覆盖方式可分为：小容量的大区制和大容量的小区制。

（1）大区制

大区制就是在一个服务区域内只有一个基站，并由它负责移动通信的联络和控制，如图10.7 所示。

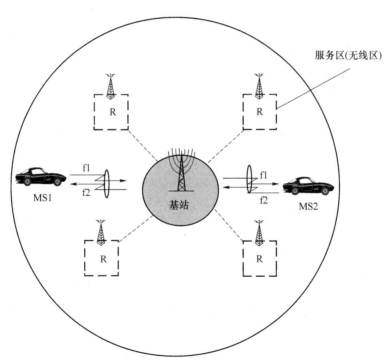

图 10.7　大区制移动通信示意图

通常为了扩大服务区域的范围，基站天线架设得都很高，发射机输出功率也较大（一般在200 W 左右），其覆盖半径大约为 30～50 km。由于一般移动台的发射功率较小，为了解决两个方向通信不一致问题,可在适当地点设立若干个分集接收站,如图 10.7 中虚线所示,以保证在服务区内的双向通信质量。

大区制的优点是简单、投资少、见效快,所以在用户较少的地域,这种体制目前仍得到广泛的运用。从远期规划来说,为了满足用户数量增长的需要,提高频率的利用率,就需要采用小区制的办法。

(2)小区制

小区制就是把整个服务区域划分为若干个小区,每个小区分别设置一个基站,负责本区移动通信的联络和控制。通过把覆盖区划分为小区,使得在不同的小区内可以再使用相同的频率即频率复用。但问题在于一个电话不一定在一个小区内通话。为了处理这个问题,就引入了切换的概念。小区制的引入提高了频率利用率,而且由于基站的功率减小,也使相互间的干扰减小了,容量也增加了。如图 10.8 所示。

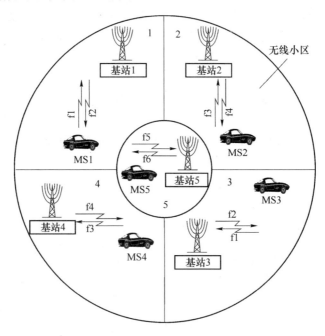

图 10.8　小区制移动通信示意图

10.2.2　移动通信网的分区

移动电话通信区域的覆盖分为两种形式:带状服务区和面状服务区。

1. 带状服务区

带状服务区是由于服务区的形状形似带状而形成的。带状服务区常设在高速公路、铁路、沿海航道及内河航道等区域,一般带状服务区划分成若干个小区,当服务区域狭长时,可采用定向天线。

在带状服务区中,为避免同频道干扰,服务区的构成需要一个、两个或更多个小区重复使用相同的频道群。在具体划分小区时,频率分群方式可采用"双群频率方式"和"三群频率方式"。前者是将服务区划分成"A"区和"B"区,交替使用两群频率;后者将服务区分成 A、B、C 3 个小区,交替使用三群频率,如图 10.9 所示。从减少干扰角度考虑,重复使用的频率群最好多于 3 个,但从移动台的成本和无线频道的有效利用来看,这又是不利的。

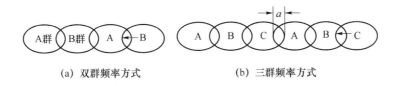

(a) 双群频率方式　　　　　　(b) 三群频率方式

图 10.9　带状服务区频率分群方式

小区划分时,还应考虑该小区内及外侧的地形和建筑物的特点,确定其交叠部分。一般来说,相邻小区交叠部分越大,则不良通信区域越小,但同波道干扰的危险也越大。

2. 面状服务区

面状服务区是因为服务区构成的形状是一个面状的。陆地移动电话通信的大部分服务区是宽广的面状区域。根据用户数的不同,面状服务区可分为以下几种。

(1) 大区式

大区式基站的覆盖区半径为 25~40 km。这种方式的组成单一,设备经济,构网也简单,可以复用两个基站相距较远的频道,频率利用率低。

(2) 中区式

中区式基站的覆盖区半径为 15~25 km。整个服务区由一个或几个发信基站及几个收信基站构成,重复使用频道的两个基站,其相距要比大区式的近,提高了频道利用率,但网的构成较为复杂。

(3) 小区式

由若干个半径约为 2~10 km 的小覆盖区组成一个小区群,再由几个这样的小区群构成所需大服务区。通过适当的安排,各个小区群中对应的小覆盖区所用的频道可以重复使用。这样,在频道数不增加的情况下,用户容量可大大增加,从而提高了频谱利用率。在目前的应用系统中,较多是采用小区方式。

小区构成的图形有多种,主要有正三角形、正方形和正六角形三类,如图 10.10 所示。

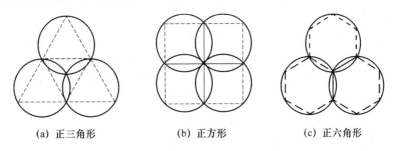

(a) 正三角形　　　　　(b) 正方形　　　　　(c) 正六角形

图 10.10　小区的构成图形

其中,正六角形小区的中心间隔最大,覆盖面积也最大;其交叠区域宽度最小,交叠区的面积也最小。因此,对于同样大小的服务区域,采用正六角形结构所需的小区数最少。正六角形小区构成的实例如图 10.11 所示。这种构成的形状与蜂窝相似,故称蜂窝式小区结构。

虽然实际上一个小区的无线覆盖是一个不规则的形状,并且决定于场强测量或传播预测模型,但是也需要一个不规则的小区形状来用于系统设计,以适应未来增长的需要。如果用六边形作为覆盖模型,则可用最少的小区数就能覆盖整个地理区域;而且,六边形最接近于圆形的辐射形式,全向的基站天线和自由空间传播的辐射模式就是圆形的。

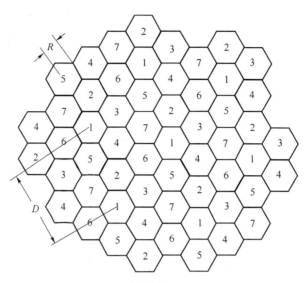

R：小区半径
D：同频小区中心距离

图 10.11　面状服务区覆盖

蜂窝网通常是先将若干个邻接的小区组成一个无线区群,再将若干个无线区群构成整个服务区。这样构造服务区的原因是为了克服同频干扰,提高频率的利用率。也就是为了降低小区间的干扰,相邻小区使用不同的频率,而为了提高频谱效率,用空间划分的方法,在不同的空间进行频率再用。即若干个小区组成的区群(Cluster),区群内小区占用不同的频率,并占用给定的频带。另一区群可重复使用相同的频带。不同区群中的相同频率的小区产生同频干扰,或共道干扰。

10.2.3　移动通信网的网络结构

1. 移动通信网的一般结构

为了实现移动用户和移动用户之间以及移动用户和固定用户之间的通信,移动通信网必须具有交换控制功能。由于目前几乎全国都采用小区制的移动通信网,因其基站很多,而移动台又不固定,为了便于控制和交换,移动通信网的一般结构通常如图 10.12 所示。

2. GSM 网络结构

全球移动通信系统(Global System for Mobile Communication,GSM)是欧洲针对以 900 MHz 波段工作的通信系统所制定的标准。GSM 虽然只是一个欧洲标准,但是却取得了全球性的成功。GSM 具有许多独一无二的特征,使其成为当今广泛认可的无线电通信标准。

GSM 由下述几个主要模块构成:交换系统(Switching System,SS)、基站子系统(Base Station Subsystem,BSS)和操作支持系统(Operations and Support System,OSS)。BSS 由基站控制器(Base Station Controller,BSC)和基站收发信台(Base Transceiver Stations,BTS)组成。在一般的结构中,几个 BTS 连接到一个 BSC 上,且几个 BSC 连接到移动交换中心(Mobile Switching Center,MSC)。

GSM 系统的无线电频道具有 200 kHz 的带宽。GSM 系统已经在几个不同的波段开通,它们分别是 900 MHz、1 800 MHz 和 1 900 MHz 频段。

GSM 网络体系结构如图 10.13 所示。

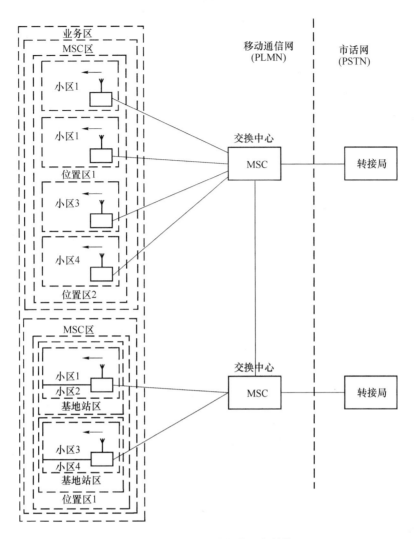

图 10.12 移动通信网的一般结构

在这个网络中,若干个基站与一个基站控制器(BSC)相连。BSC 包含控制每个基站的逻辑实体,它的基本功能是:当用户在不同的小区之间移动时,将用户的呼叫从一个基站切换到另一个基站。

与 BSC 相连的是移动交换中心(MSC),通常也把 MSC 称为移动电话交换局(Mobile Telephone Switching Office,MTSO)。MSC 是管理向移动用户建立或者终止呼叫的交换机。MSC 的很多特征和功能也是标准的 PSTN 交换机所具有的,但是 MSC 还具有一些专门用于移动通信的功能。例如,在某些系统中,MSC 可能与 BSC 功能模块结合在一起。如果 MSC 中不包含 BSC 模块,那么 MSC 就必须通过一个接口与很多 BSC 进行交互,而这个接口在其他类型的网络中是找不到的。再者,MSC 必须具有一个内部逻辑实体来处理用户的移动,这个逻辑实体含有一个接口,与一个或者多个归属位置寄存器(HLR)相连,在 HLR 中存放着用户的特征数据。

HLR 中保存着很多用户的描述信息。它实际上是一个用户信息数据库,而且在许多图中它也被表示成一个数据库。但是,HLR 的作用不仅仅限于保存用户数据。在移动性管理中,HLR 也扮演着一个重要的角色。也就是说,当用户在网络中移动时,HLR 会时刻跟踪该用户。例如，当用户从一个 MSC 移动到另一个 MSC 时，每一个 MSC 都会依次通知 HLR。当接收到一个来自 PSTN 网络的呼叫时，接收呼叫的 MSC 询问 HLR，以获得最新的用户位置信息，以便为呼叫正确地选择路由并传送给该用户。

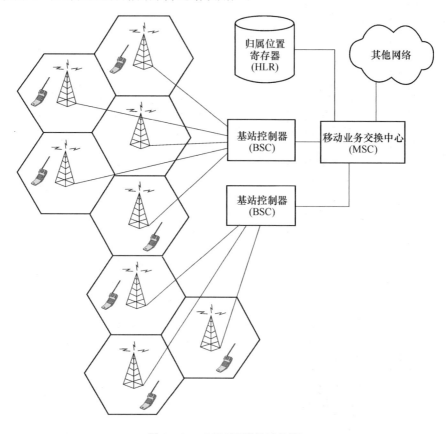

图 10.13　GSM 网络体系结构

图 10.13 所描述的网络可以看成是提供移动电话业务所需要的最基本的配置。目前，一个移动通信网络除了可以提供移动电话这类基本的业务之外，还可以提供其他不同特征的业务。所以，今天绝大多数的移动通信网络都比图 10.13 所示的移动通信网络要复杂得多。

10.3　第三代移动通信典型系统简介

移动通信从 20 世纪 80 年代初开始商用，至今已有 20 多年的历史。经历了 20 世纪 80 年代的第一代模拟移动通信技术、90 年代的第二代数字移动通信技术（主要为 GSM 和窄带 CD-MA 技术），在 21 世纪之初，以支持移动多媒体业务为特征的第三代移动通信投入商用。

第三代移动通信系统最早于 1985 年由国际电信联盟（ITU）提出，当时称为未来公众陆地移动通信系统（FPLMTS），1996 年更名为 IMT-2000。与前两代系统相比，第三代移动通信系统的主要特征是可提供移动多媒体业务，其中高速移动环境支持 144 kbit/s 速率、步行慢速移动环境支持 384 kbit/s 速率、室内环境支持 2 Mbit/s 速率的数据传输。其设计目标是为了提供比第二代系统更大的业务容量、更好的通信质量，能在全球范围内更好地实现无缝漫游，并为用户提供包括话音、数据及多媒体等在内的多种业务。

在经过几年的技术评估、研究分析及大量的协调和融合工作之后,1999 年 11 月,ITUTG8/1 最后一次会议通过了 IMT-2000 的无线接口技术规范,最终确定了第三代移动通信技术的格局,其中主流技术为以下 3 种 CDMA 技术:

- WCDMA;
- CDMA2000;
- TD-SCDMA。

TD-SCDMA 是 1998 年 6 月我国向 ITU-R 提交的标准,现已经成为 ITU-T3G 标准和 3GPP(3G Partnership Project,第三代移动通信合作伙伴项目)国际标准,是 3G 的三种主流技术之一。

10.3.1　WCDMA

1. WCDMA 系统及特点

WCDMA(Wideband CDMA)的全称为宽带码分多址,也称为直接扩频宽带码分多址(CDMA Direct Spread)。WCDMA 标准的最初提出者是欧洲电信标准组织 ETSI,后来与日本的 W-CDMA 技术融合,成为 ITU 制定的 3G 五种技术中的三大主流技术之一。

WCDMA 系统支持宽带业务,可有效支持电路交换业务(PSTN、ISDN 网)、分组交换业务(如 IP 网)。灵活的无线协议可在一个载波内对同一用户支持语音、数据和多媒体业务,通过透明或非透明传输来支持实时、非实时业务。业务质量可通过延迟、误比特率和误帧率等参数进行调整。WCDMA 系统能够架设在现有的 GSM 网络上,对于系统提供商而言可以轻松地平滑过渡。

WCDMA 采用直接序列扩频码分多址(DS-CDMA)、频分双工(FDD)方式,码片速率为 3.84 Mbit/s,载波间隔为 5 MHz,基于 Release 99/ Release 4 版本,可在 5 MHz 的带宽内,提供最高 384 kbit/s 的用户数据传输速率。WCDMA 能够支持移动/手提设备之间的语音、图像、数据以及视频通信,速率可达 2 Mbit/s(对于局域网而言)或者 384 kbit/s(对于宽带网而言)。输入信号先被数字化,然后在一个较宽的频谱范围内以编码的扩频模式进行传输。窄带 CD-MA 使用的是 200 kHz 宽度的载频,而 WCDMA 使用的则是一个 5 MHz 宽度的载频。

WCDMA 是一种由 3GPP 具体制定的,基于 GSM MAP 核心网,UTRAN(通用陆地无线接入网络)为无线接口的第三代移动通信系统。

WCDMA 核心网(CN)从逻辑上可划分为电路交换域(CS 域)、分组交换域(PS 域)和广播域(BC 域)。

CS 域为用户提供电路型业务,或提供相关信令连接的实体。PS 域为用户提供分组型数据业务,PS 特有的实体包括 SGSN(服务支持节点)和 GGSN(网关通用分组无线业务支持节点)。

目前 WCDMA 有 Release 99、Release 4、Release 5、Release 6 等版本。

WCDMA 进展如图 10.14 所示。

根据现阶段各版本的发展及成熟情况,R99 是最早提出的已很成熟稳定,R4 及以后的版本中 PS 域特有设备主体没有变化,只是进行协议升级和优化,而对 CS 域设备做了一些更方便网关接口的变化。

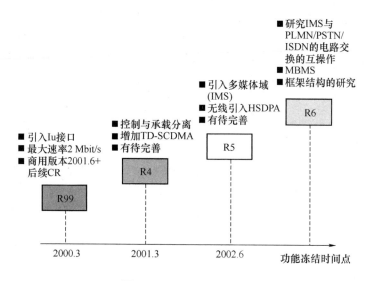

图 10.14　WCDMA 进展

2. WCDMA 移动通信网络系统结构

（1）R99 版本网络结构

R99 版本已经稳定,目前处于广泛应用过程中。为了确保运营商的投资利益,在 R99 网络结构设计中充分考虑了 2G/3G 兼容性问题,以支持 GSM/GPRS 到 3G 的平滑过渡。它的主要特点是无线接入网采用 WCDMA 技术,核心网方面基于 GSM/GPRS,GPRS 保留 GSM 电路交换部分,增加了分组交换域部分,用于支持基于分组交换的数据业务。在系统能力方面,目前除了支持 GSM/GPRS 提供的所有业务以外,还支持上下行速率为 384 kbit/s 的数据业务。

R99 网络结构示意图如图 10.15 所示。在网络中 CS 域和 PS 域是并列的。

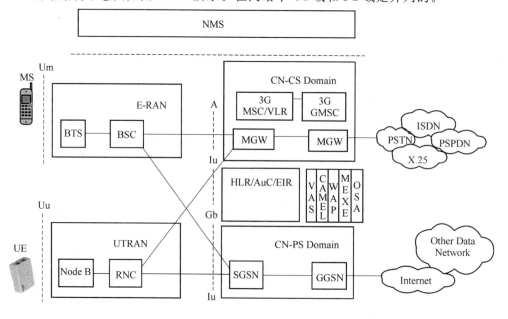

图 10.15　R99 网络结构示意图

（2）公共陆地移动网络（Public Land Mobile Network，PLMN）R99 基本网络结构

目前在全球已经安装和开通的 WCDMA 网络基本上都是基于 R99 这个版本，其最大的特征在于网络结构上继承了 GSM/GPRS 核心网结构，而与 GSM 不同的是在无线接入部分引入了全新的无线接口 Iu 接口，并采用了分组化传输，更有利于实现高速移动数据业务的传输。

R99 是通用移动通信系统（Universal Mobile Telecommunications System，UMTS）的第一个协议规范集，R99 版本更详细的 PLMN 基本网络体系结构示意图如图 10.16 所示。该网络体系结构包括三个部分：核心网（Core Network，CN）、无线网络子系统（Radio Network Subsystem，RNS）和移动台（Mobile Station，MS）。

① 核心网

核心网（CN）设备包括电路交换（CS）域设备和分组交换（PS）域设备，电路交换域的主要设备包括 MSC/VLR 和 GMSC，分组交换域主要设备包括 SGSN 和 GGSN。无线接入网设备包括 MS 和 RNS。

核心网中的主要功能实体如下。

· MSC

MSC 是 WCDMA 核心网 CS 域的功能节点，MSC 为电路域特有的设备，用于连接无线系统（包括 BSS、RNS）和固定网。MSC 完成电路型呼叫的所有功能，如控制呼叫接续、管理 MS 在本网络内或与其他网络（如 PSTN/ISDN/PSPDN、其他移动网等）的通信业务，并提供计费信息。

它通过 Iu-CS 接口与 UTRAN 相连，通过 PSTN/ISDN 接口与外部网络（PSTN、ISDN 等）相连，通过 C/D 接口与 HLR/AUC 相连，通过 E 接口与其他 MSC/VLR、GMSC 或 SMC 相连，通过 CAP 接口与 SCP 相连，通过 Gs 接口与 SGSN 相连。其中，MSC/VLR 的主要功能是提供 CS 域的呼叫控制、移动性管理、鉴权和加密等功能。

· VLR

VLR 是电路域特有的设备，存储着进入该控制区域内已登记用户的相关信息，为移动用户提供呼叫接续的必要数据。通过 B 接口与 MSC 相连。当 MS 漫游到一个新的 VLR 区域后，该 VLR 向 HLR 发起位置登记，并获取必要的用户数据；当 MS 漫游出控制范围后，需要删除该用户的数据。因此 VLR 可看成是一个动态数据库。

· GMSC

GMSC 是 WCDMA 移动网 CS 域与外部网络之间的网关节点，是一个可选的功能节点，它通过 PSTN/ISDN 接口与外部网络（PSTN、ISDN 或其他 PLMN）相连，通过 C 接口与 HLR 相连，通过 CAP 接口与 SCP 相连。它的主要功能是完成 VMSC 功能中的呼入呼叫的路由功能及与固定网等外部网络的网间结算功能。

GMSC 是电路域特有的设备，GMSC 作为系统与其他公用通信网之间的接口，还具有查询位置信息的功能。例如，移动台（MS）被呼时，网络如不能查询该用户所属的 HLR，则需要通过 GMSC 查询，然后将呼叫转接到 MS 目前登记的 MSC 中。

· SGSN

SGSN（服务 GPRS 支持节点）是 WCDMA 核心网 PS 域的功能节点，它通过 Iu-PS 接口与 UTRAN 相连，通过 Gn/Gp 接口与 GGSN 相连，通过 Gr 接口与 HLR/AUC 相连，通过 Gs 接口与 MSC/VLR 相连，通过 CAP 接口与 SCP 相连，通过 Gd 接口与 SMC 相连，通过 Ga 接口与 CG 相连，通过 Gn/Gp 接口与 SGSN 相连。

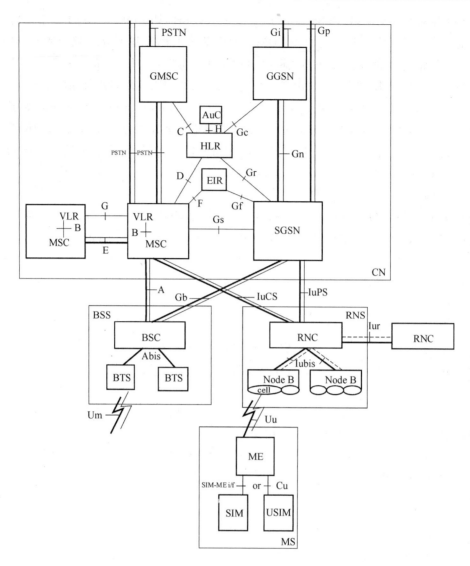

图 10.16　PLMN R99 基本网络结构图

SGSN 的主要功能是提供 PS 域的路由转发、移动性管理、会话管理、鉴权和加密等功能。

• GGSN

GGSN(网关 GPRS 支持节点)是 WCDMA 核心网 PS 域功能节点,通过 Gn/Gp 接口与 SGSN 相连,通过 Gi 接口与外部数据网络(Internet /Intranet)相连。GGSN 提供数据包在 WCDMA 移动网和外部数据网之间的路由和封装。

GGSN 的主要功能是作为与外部 IP 分组网络的接口功能,GGSN 需要提供 UE 接入外部分组网络的关口功能,从外部网的观点来看,GGSN 就好像是可寻址 WCDMA 移动网络中所有用户 IP 的路由器,需要同外部网络交换路由信息。

• HLR

归属位置寄存器(HLR)是 WCDMA 核心网 CS 域和 PS 域共有的功能节点,它通过 C 接口与 MSC/VLR 或 GMSC 相连,通过 Gr 接口与 SGSN 相连,通过 Gc 接口与 GGSN 相连。HLR 的主要功能是提供用户的签约信息存放、新业务支持、增强的鉴权等功能。

- AuC

鉴权中心(AuC)为 CS 域和 PS 域共用的设备,是存储用户鉴权算法和加密密钥的实体。AuC 将鉴权和加密数据通过 HLR 发往 VLR、MSC 以及 SGSN,以保证通信的合法和安全。每个 AuC 和对应的 HLR 关联,只通过该 HLR 与外界通信。通常 AuC 和 HLR 结合在同一物理实体中。

- EIR

设备识别寄存器(EIR)为 CS 域和 PS 域共用的设备,存储着系统中使用的移动设备的国际移动设备识别码(IMEI)。

② 无线网络控制器

无线网络控制器(Radio Network Controller,RNC)类似于 GSM 网络中的基站控制器(BSC)。与 GSM 无线基站子系统 BSS 相对应,一个 RNC 和与之相连的各个节点 B(Node B)一起构成了一个所谓的 3GPP 无线网络子系统(RNS)。

各个 RNC 则可以通过一种接口相互连接起来,这种接口称为 Iur 接口。引入这种 Iur 接口的目的是为了支持 RNC 之间的可移动性以及支持与不同 RNC 相连的节点 B 之间的软切换。

RAN 通过 Iu 接口连接到核心网。Iu 接口有两种类型:Iu-Cs 接口和 Iu-Ps 接口。RAN 与核心网电路域之间的接口是 Iu-Cs 接口,RAN 与核心网分组交换部分之间的接口则是 Iu-Ps 接口。

在 WCDMA 规范中,基站被称为节点 B(Node B),一个 Node B 与一个无线网络控制器 RNC 相连接。RNC 对与之相连的那些 Node B 进行无线资源管理和控制。Node B 和 RNC 之间的接口称为 Iub 接口。与 GSM 系统中对应的 Abis 接口不同,Iub 接口是完全标准化的和完全开放的,来自不同生产厂商的 Node B 和 RNC 设备都可以通过 Iub 接口实现连接。

③ 移动台

移动台(Mobile Station,MS)包含移动设备(Mobile Equipment,ME)和 UMTS 用户身份模块(UMTS Subscriber Identity Module,USIM)两个部分。USIM 是一块芯片,包含一些有关用户业务预定的信息和保密密钥。USIM 类似于 GSM 中的用户身份模块(Subscriber Identity Module,SIM)。

UE 和网络之间的接口称为 Uu 接口(Uu Interface),也可称为 WCDMA 空中接口。GSM 空中接口就是指 UE 与基站收发信机系统(BTS)之间的接口。

R99 网络接口和协议见表 10.1。

表 10.1　R99 网络接口与协议

接口名称	连接实体	接口协议
A	MSC-BSC	BSSAP
B	MSC-VLR	
C	MSC-HLR	MAP
D	VLR-HLR	MAP
E	MSC-MSC	MAP
F	MSC-EIR	MAP
G	VLR-VLR	MAP

接口名称	连接实体	接口协议
H	HLR-AuC	
Iu-CS	MSC-RNC	RANAP
Iu-PS	SGSN-RNC	RANAP
Ga	GSN-CG	GTP'
Gb	SGSN-BSC	BSSGP
Gc	GGSN-HLR	MAP
Gd	SGSN-SMS/GMSC	MAP
Ge	SGSN-SCP	CAP
Gf	SGSN-EIR	MAP
Gi	GGSN-PDN	TCP/IP
Gp	GSN-GSN(Inter PLMN)	GTP
Gn	GSN-GSN(Intra PLMN)	GTP
Gr	SGSN-RNC	MAP
Gs	MSC-SGSN	BSSAP+

• CS 域的接口

A 接口和 Abis 接口定义在 GSM08-series 技术规范中;Iu-CS 接口定义在 UMTS 25.4xx-series 技术规范中;B、C、D、E、F 和 G 接口是以 No.7 信令方式实现相应的移动应用部分(MAP),用于完成数据交换。H 接口未提供标准协议。

• PS 域的接口

Gb 接口定义在 GSM08.14、08.16 和 08.18 技术规范中;Iu-PS 接口定义在 UMTS 25.4xx-series 技术规范中;Gc/Gr/Gf/Gd 接口则是基于 No.7 信令的 MAP 协议;Gs 实现 SGSN 与 MSC 之间的联合操作,基于 SCCP/BSSAP+协议;Ge 基于 CAP 协议;Gn/Gp 协议由 GIPV₀ 升级到 V₁ 版本;Ga/Gi 协议没有太大改动。

(3) R99 版本的 WCDMA 系统核心网设备的网络参考模型

图 10.17 所示为 R99 版本的 WCDMA 系统核心网设备的网络参考模型。与 GSM/GPRS 网络相比,R99 版本的 WCDMA 系统核心网设备的演进平滑,电路域的 MSC/VLR 和分组域的 SGSN、GGSN 设备与现有的 GSM/GPRS 网络的设备功能基本相同。除在无线网络上提供比 GSM/GPRS 系统更高的传输速率外,WCDMA 系统在核心网络的主要改进在于 WCDMA 系统对业务质量(QoS)和网络安全的设计更加全面,其中包含用户业务的 QoS 协商和变更、HLR 鉴权数据组的增加,对信令和数据的传输进行完整性保护和加密等。

(4) WCDMA 的 R99 网络系统

为了保障 2G 向 3G 的平滑过渡,在 3G WCDMA 的 R99 中,GSM 网和 WCDMA 网并存工作的主题,并尽量通过转移、传输和转化将业务转向 PS 域;由 GSM 网实现全覆盖,WCDMA 实现部分业务密集区和高质量业务区的覆盖;在业务上,除支持 GSM/GPRS 的所有业务外,还支持上行和下行速率均为 384 kbit/s 的数据业务,可以提供 GSM 没有的业务,如视频呼叫等。WCDMA 的 R99 网络系统示意图如图 10.18 所示。

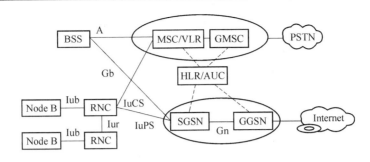

图 10.17　R99 版本 WCDMA 系统核心网设备的网络参考模型

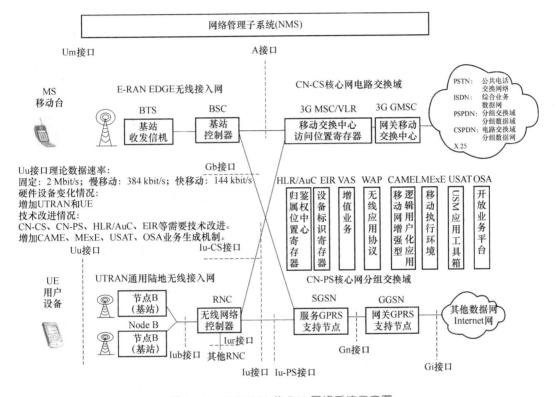

图 10.18　WCDMA 的 R99 网络系统示意图

（5）R4 网络结构及接口

R4 版本与 R99 版本相比,在无线接入网方面没有网络结构的变化,只是在无线接入技术方面有一些改进,以提高系统性能。例如,增加了 Node B 的同步选项,有利于降低对 TDD 的干扰和网管的实施;规定了直放站的使用,扩大特定区域的覆盖;增加了无线接入承载的 QoS 协商,使得无线资源管理效率更高。在 CN 方面,R4 网络最大的变化是在电路域引入了软交换的概念,将控制和承载分开,原来的 MSC 变为移动交换中心服务器(MSC Server)和媒体网关(MGW),话音通过 MGW 由分组域来传送。R4 网络结构示意图如图 10.19 所示。

（6）R4 版本的 WCDMA 系统核心网设备的网络参考模型

图 10.20 所示为 R4 版本 WCDMA 系统核心网设备的网络参考模型。

比较图 10.17 和图 10.20 可以看到,R4 和 R99 版本 WCDMA 核心网设备的主要不同在于电路域的 MSC 在 R4 版本中演变成为 MSC Server 和 MGW 两个设备,从而实现了业务控制和业务承载的分离。MSC Server 设备主要完成呼叫控制、媒体网关接入控制、移动性管理、资源分配、协议处理、路由、认证、计费等功能。而 MGW 设备主要完成将一种网络中的媒体格式转换成另一种网络所要求的媒体格式的功能。除了 MSC Server 和 MGW 外，其他 R4 版本的核心网设备，如 HLR、VLR、SGSN、GGSN 等都继承了 R99 的功能。

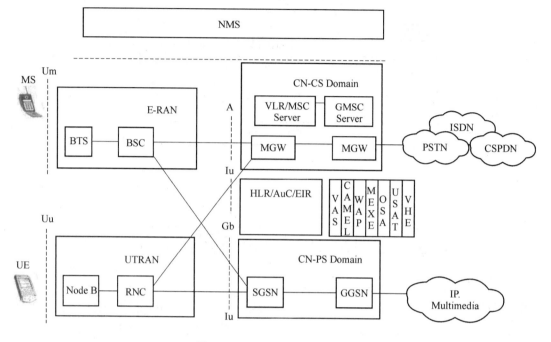

图 10.19　R4 网络结构示意图

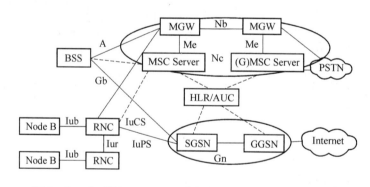

图 10.20　R4 版本 WCDMA 系统核心网设备的网络参考模型

（7）R5 网络结构及接口

R5 版本是全 IP（或全分组化）的第一个版本，R5 网络结构示意图如图 10.21 所示。

① 提出高速下行分组接入（HSDPA）技术，使下行数据速率峰值可达 14.4 Mbit/s，大大提高了空中接口的效率。

② Iu、Iur、Iub 接口增加了基于 IP 的可选传输方式，使得无线接入网实现了 IP 化。

③ 在 CN 方面，最大的变化是在 R4 基础上增加了 IP 多媒体子系统（IMS），它和 PS 域一起实现了实时和非实时的多媒体业务，并可实现与 CS 域的互操作。

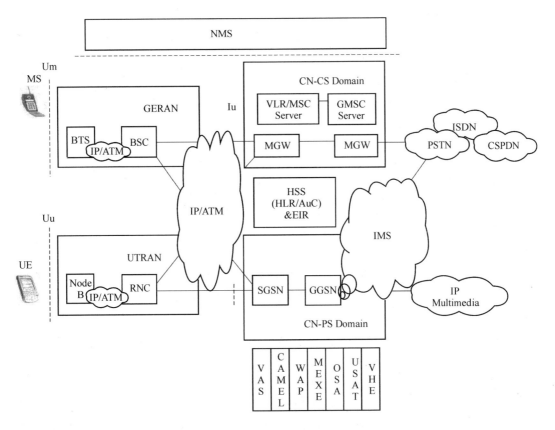

图 10.21　R5 网络结构示意图

10.3.2　CDMA 2000 系统

1. CDMA 2000 系统及特点

CDMA 2000 是 IMT-2000 的三大主流技术之一。它采用 CDMA 的宽带扩频接口,其网络系统在室内环境中、室内/外步行环境中、车载环境中,均可达到或超过 IMT-2000 的指标,室内最高数据速率达 2 Mbit/s,步行环境最高数据速率达 384 kbit/s,车载环境最高数据速率达 144 kbit/s,同时支持从 2G 网络系统向 3G 网络系统的演进。

CDMA 2000 是采用 IS-2000 标准的系统。到目前为止,CDMA 2000 的标准有 4 个版本。

(1) CDMA 2000 Release O(R0)

这是 CDMA 2000 标准的第一个版本,由 TIA(电信工业协会)于 1999 年 6 月制定完成。

(2) CDMA 2000 Release A(RA)

RA 于 2000 年 3 月由 3GPP2(第三代移动通信合作伙伴项目二)制定完成。RA 增加了新的开销信道和相应信令。

(3) CDMA 2000 Release B (RB)

RB 于 2002 年 4 月由 3GPP2 制定完成。RB 改动很少,新增了补救信道(Rescue Channel),该信道在切换等状态下信道分配失效时,使 MS 仍有一个最基本的信道可用,以提供保持连接的能力。

（4）CDMA 2000 Release C（RC）

RC 于 2002 年 5 月由 3GPP2 制定完成。在 RC 中,前向链路增加了对 1X-EV-DV 的支持,以提高数据吞吐量。

（5）CDMA 2000 Release D（RD）

RD 于 2004 年 3 月由 3GPP2 制定完成。RD 在反向链路增加了对 1X-EV-DV 的支持,以提升反向链路的数据性能。

按照使用的带宽划分,CDMA 2000 系统有多种工作方式。其中独立使用一个1.25 MHz 载波的方式称为 CDMA 2000-1X,将 3 个 1.25 MHz 载波捆绑在一起使用的方式称为 CDMA 2000 • 3X。

CDMA 2000-1X 系统的空中接口技术也叫 1X 无线传输技术。当前,国际上的研究重点是 1X-EV(Evolution)系统,即在 CDMA 2000-1X 基础上的演进系统。1X-EV 系统分为两个阶段,即 CDMA 2000 • 1X-EV-DO 和 CDMA 2000 • 1X,EV-DV。DO 是 Data Only（仅数据）或 Data Optimized(优化数据)的缩写,1X-EV-DO 通过引入一系列新技术,提高了数据业务的性能。DV 是 Data and Voice（数据和语音）的缩写,1X-EV-DV 同时改善了数据业务和语音业务的性能。

目前,CDMA 2000 系统已经在世界上多个国家和地区投入商用,采用的都是 CDMA 2000-1X 技术。

2. CDMA 2000 移动通信网络系统结构

（1）CDMA 2000 网络系统的模块化结构

CDMA 2000 网络系统采用模块化的结构,将整个系统划分成不同的子系统,每个子系统由多个功能实体构成,实现一系列的功能,不同的子系统之间通过特定的接口相连,共同实现各种业务。图 10.22 所示为 CDMA 2000 网络系统模块化结构。

在图 10.22 中,CDMA 2000 网络系统主要分为如下几个部分。

① 移动台(MS)

MS 也称为移动终端,包括射频模块、核心芯片、上层应用软件和 UIM 卡。

② 无线接入网(RAN)

RAN 由基站控制器(BSC)、基站收发信机(BTS)、分组控制功能(PCF)模块构成。

③ 核心网(CN)

CN 包括核心网电路域(CN-CS)和核心网分组域(CN-PS)两大部分。

核心网电路域(CN-CS)包括以下部分。

- 交换子系统:由移动交换中心(MSC)、访问位置寄存器(VLR)、归属位置寄存器(HLR)和鉴权中心(AC)构成。
- 智能网:由业务交换点(SSP)、业务控制点(SCP)和智能外围设备(IP)构成。
- 短消息平台:由消息中心(MC)和短消息设备(SME)构成。
- 定位系统:由移动定位中心(Mobile Position Center,MPC)和定位实体(Position Determining Entity,PDE)构成。

核心网分组域(CN-CS)包括以下部分。

- 分组子系统:由分组数据服务节点(PDSN)、拜访代理(FA)、鉴权(认证)、授权和计费(AAA)模块和本地代理(HA)构成。

* 分组数据业务平台包括：综合管理接入平台、定位平台、WAP 平台、JAVA 平台、
  BREW 平台、多媒体邮件平台等。

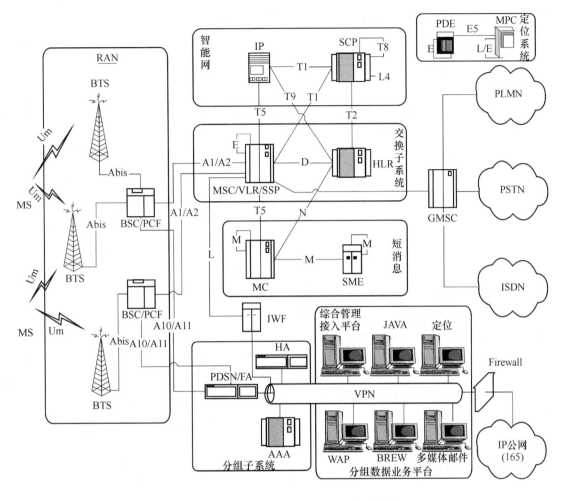

图 10.22　CDMA 2000 网络系统模块化结构

（2）CDMA 2000 系统网络结构

CDMA 2000 支持 2.5G 和 3G，其网络结构包括所有的与 2G 无线语音系统有关的传统语音单元。然而，无论是公用还是专用，分组网络的引入需要额外的设备来提供无线接入网络和数据网络的链接。

CDMA 2000 通用网络结构如图 10.23 所示。促进 2.5G 和 3G 实现目标的通用配置是集中式方案。集中式方案使不同的商业区和系统在一个集中的地方很便利地实施。

3. WCDMA 和 CDMA 2000 间的共同性

WCDMA 和 CDMA 2000 具有几个共同点，这些共同点是 IMT-2000 平台规范的一部分。

这两种系统都是使用了 CDMA 技术并且都是需要总宽度为 5 MHz 的频谱。两种系统都能和另一种系统实现互通（Interoperate），一个运营商可以同时部署 CDMA 2000 网络和 WCDMA 系统。

WCDMA 和 CDMA 2000 这两种系统都各自具有从现有 2G 平台转化到 3G 平台的一条"过渡路径"。

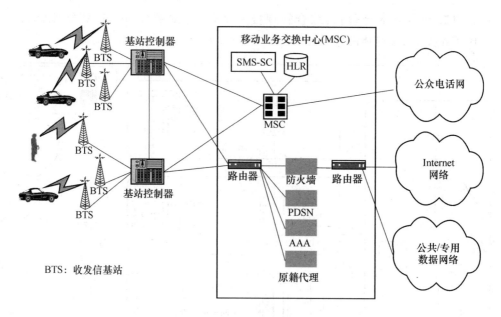

图 10.23　CDMA 通用网络结构

WCDMA 利用了一个宽带信道,而 CDMA 2000 则是利用了一个宽带信道和几个窄带信道来获得要求的吞吐量级别。另外,WCDMA 和 CDMA 2000 都是被设计成在多个频带上运行的。只要频谱可用,两种系统都能在同一频带上运行。

因此,WCDMA 和 CDMA 2000 之间的共同性可以总结为以下几点:

- 都是全球标准;
- 具有与其他固定网络业务兼容的 IMT-2000 业务;
- 高质量;
- 使用全球公共频带;
- 使用全球性使用的小型终端;
- 具有全球漫游能力;
- 具有多媒体应用业务和终端;
- 具有提高改良的频率使用效率;
- 具有易于向下一代无线系统发展的灵活性;
- 具有高速的分组数据速率;
- 在固定位置环境下能达到 2 Mbit/s;
- 对步行用户能达到 384 kbit/s;
- 对车载用户能达到 144 kbit/s。

10.3.3　TD-SCDMA 系统

TD-SCDMA(Time Division Synchronous Code Division Multiple Access)译为时分-同步码分多址,是中国提出的采用 TDD(时分双工)模式技术的第三代移动通信技术标准。

TD-SCDMA 通信系统的网络结构由 3 个主要部分组成:移动用户终端(UE)、无线网络子系统(RNS)即 UTRAN 以及核心网子系统(CN)。整个通信系统从物理上分成两个域(Domain):用户设备域和基础设备域。基础设备域分成无线网络子系统(RNS)域和核心网(CN)

域,核心网域又分为电路交换(CS)域和分组交换(PS)域,分别对应于 2G/2.5G 网络中的 GSM 交换子系统和 GPRS 交换子系统。网络体系以 3GPP R4 的标准为基础,相对原来 2G/2.5G 的网络结构,新增的设备和新增的接口以及它们在网络中的位置如图 10.24 所示。

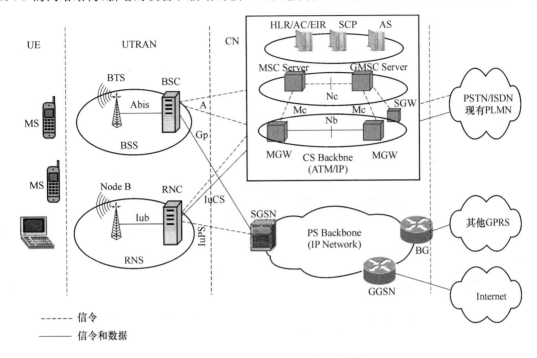

图 10.24 TD-SCDMA 系统网络结构

1. 无线网络子系统的特点

TD-SCDMA 是在 TDMA 的框架下,对时隙进行码分,而上下行链路采用同一段频率,在不同的时间分别用于上下行链路数据传输(即不连续的)。它采用同步 CDMA、智能天线、联合检测、软件无线电、接力切换和动态信道分配等一系列具有前瞻性的新技术,具有不需要成对频带、灵活性强、适于非对称数据业务、理论最大频谱效率高、软件升级容易及系统设备成本低等优点。

(1) 采用 TDD 技术,带宽占用少

该系统的单载波带宽为 1.6 MHz,不需成对频段,适合于多运营商环境;采用 TDD 不要双工器,可简化射频电路,系统设备和手机成本较低。

(2) 采用多项新技术,频谱效率高

该系统采用智能天线、联合检测、上行同步技术,可降低发射功率,减少多址干扰,提高系统容量;采用接力切换技术,克服软切换大量占用资源的缺点;采用软件无线电技术,更容易实现多制式基站和多模终端,系统更易于升级换代。

(3) 上下行时隙分配灵活,提供数据业务优势明显

数据业务将在 3G 及 3G 以后的移动业务中扮演重要角色,以无线上网为代表的 3G 业务的特点是上下行链路吞吐量不对称,导致上下行链路所承载的业务量不平衡。

2. 无线网络子系统的网络结构

无线网络子系统(RNS)负责移动用户终端(UE)和核心网(CN)之间传输通道的建立与管理,由无线网络控制器(RNC)和无线收发信机 Node B 组成。无线网的结构如图 10.25 和图

10.26 所示。根据不同网络环境的要求,一个 RNC 可以接一个或多个 Node B 设备。一个无线网络子系统包括一个 RNC 和一个或多个 Node B,Node B 和 RNC 之间通过 Iub 接口进行通信。

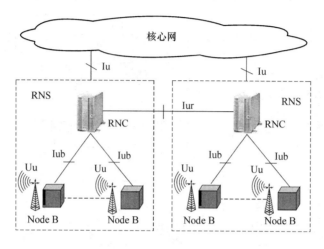

图 10.25　无线网络控制器(RNC)组成

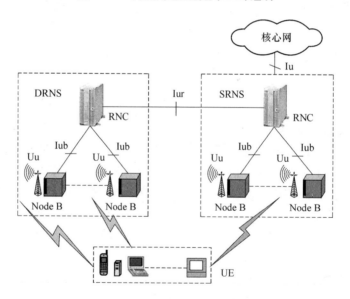

图 10.26　无线收发信机 Node B 组成

一个 RNC 所连接的 Node B 的数目根据网络建设的实际要求决定,理论上没有限制。无线网络子系统通过 Iu 接口连接到核心网上。

RNC 与 Node B 之间的接口为 Iub 接口,接口协议遵循 3GPP R4 协议中 25.43x 规范的规定。

接入网和核心网之间的接口为 Iu 接口,遵循 3GPP R4 协议中 25.41x 规范的规定。

接入网和 UE 之间的空中接口为 Uu 接口,遵循 3GPP R4 协议中 25.1xx、25.2xx、25.3xx 的规定。

接入网 RNC 和 RNC 之间的接口为 Iur 接口,遵循 3GPP R4 协议中 25.42x 规范中的规定。

3. 核心网子系统

核心网介于传统的有线通信网络和无线通信网络之间,在两个系统间起到桥梁作用。核心网和接入网是独立的,对核心网而言,它并不关心接入网是采用哪种具体的 RTT 接入方式。

TD-SCDMA 的核心网兼容 WCDMA 的核心网,并且同 WCDMA 的核心网一样,是基于演进的 GSM/GPRS 的网络,其发展和演进遵循 3GPP 相应规范的要求。

核心网子系统的框架结构分成两个部分:电路交换(CS)域和分组交换(PS)域,分别对应于原来的 GSM 交换子系统和 GPRS 交换子系统。CS 域和 PS 域是依据系统对用户业务的支持方式区分的,运营商根据网络的规划方案,实际核心网可以同时包含这两个域,也可以只包括其中之一。

核心网提供 Iu 接口,以支持 RNC 接入到核心网。

通过 IuCS 接口,UT-RAN 利用核心网 CS 域的资源与 PSTN 网络建立通信,接入 PSTN 传统的语音业务;通过 IuCS 接口,UTRAN 利用核心网 PS 域的资源与 IP 网络建立通信,接入 IP 等传统数据通信网络的数据业务;核心网提供 A 接口,支持 GSM 的基站设备通过电路交换域接入传统的 PSTN 的语音业务;核心网提供 Gb 接口,支持 GSM 的基站设备通过分组交换域接入传统的 IP 等数据网络的数据业务。

3GPP R4 的核心网在电路域引入了软交换的概念,提出了分层的网络结构,即将网络分成 4 个层次,包括业务层、控制层、承载层和接入层,将呼叫控制和承载层相分离,非常有利于与固话 NGN 的融合,向全 IP 的网络结构迈出了重要一步。3GPP R4 提出了核心网对分组技术(ATM/IP)的支持,其目的是使电路交换域和分组交换域承载在一个公共的分组骨干网上。TD-SCDMA 通信系统核心网内部各设备间的协议是基于 No.7 信令的,因此网络的信令网是 No.7 信令网。

(1) 核心网电路域构成

3GPP R4 核心网的电路域将 MSC、GMSC 的呼叫控制和业务承载进行分离,(G)MSC 分为(G)MSC 服务器和(G)MGW,如图 10.27 所示。

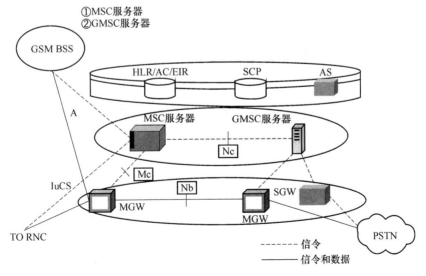

图 10.27　电路域网络结构

（2）核心网电路交换域功能实体

① MSC 服务器（MSC Server）

MSC Server 是由 TD-SCDMA 移动通信系统中电路交换网向分组网演进的核心设备，主要实现呼叫控制、移动性管理等功能，并可以向用户提供现有电路交换机所能提供的业务以及通过智能 SCP 提供多样化的第三方业务。MSC 服务器中包含 VLR，以存储移动用户的业务数据和 CAMEL 相关的数据。

② GMSC 服务器（GMSC Server）

与 MSC 服务器的功能基本相似，GMSC Server 是移动网络与外部网络的关口，实现呼叫控制、移动性管理等功能，完成应用层信令转换功能。

③ 媒体网关（MGW）

主要功能是提供承载控制和传输资源，MGW 还具有媒体处理设备（如码型变换器、回声消除器、会议桥等），执行媒体转换和帧协议转换。

④ 信令网关（SGW）

连接 No.7 信令网与 IP 网的设备，主要完成传统的 PSTN/ISDN/PLMN 侧的 No.7 信令与 3GPP R4 网络侧 IP 信令的传输层信令转换。

⑤ Mc

MSC 服务器与 MGW 之间的接口，应用层协议为 H.248，可以基于 ATM 或 IP。Mc 接口支持移动特定功能，如 SRNS 的重定位/切换。

⑥ Nb

MGW 之间的接口，实现承载的控制与传输。

⑦ Nc

MSC 服务器与 GMSC 服务器之间的接口，这一接口实现局间的呼叫控制。

⑧ 拜访位置寄存器（VLR）

VLR 是为其控制区域内移动用户服务的，存储着进入其控制区域内已登记的移动用户的有关信息，为已登记的移动用户提供建立呼叫接续服务。

⑨ 归属位置寄存器（HLR）

HLR 是 TD-SCDMA 通信系统中的中央数据库，存储着该 HLR 控制的所有存在的移动用户的相关数据，包括位置信息、业务数据、账户管理等。依据本地网用户规模的不同，每个移动业务本地网中可设置一个或多个 HLR。

⑩ 鉴权中心（AC）

AC 存储着鉴权信息和加密密钥，用来防止无权用户接入系统和保证通过无线接口的移动用户通信的安全。AC 属于 HLR 的一个功能单元部分，专用于 TD-SCDMA 通信系统的安全性管理。

⑪ 移动设备识别寄存器（EIR）

EIR 存储着移动设备的国际移动设备识别码（IMEI），通过核查白色清单、黑色清单和灰色清单这 3 种表格，区分出在表格中分别列出的准许使用的出现故障需监视的和失窃不准使用的移动设备的 IMEI 识别码，使得运营部门对于不管是失窃还是由于技术故障或误操作而危及网路正常运行的 MS 设备，都能够采取及时的防范措施。

4. 传输网组网

传输网是一个公共的平台，其功能是建立各网元之间的连接，完成各接口间信息流的承载,为各业务提供传送通道。其组网示意图如图 10.28 所示。

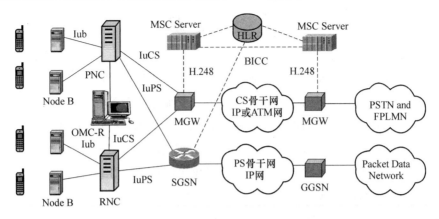

图 10.28 传输网组网示意图

这里说明的是 Node B 与 RNC 之间的传送。接入模块(AM)既可以作为 RNC 的一个子系统,又可以作为独立的接入设备以支持远端接入,从而增加组网的灵活性。

(1) 方式一

该组网方式以光环路为基础,将多个 Node B 与 AM 组成为一个 ATM 环形网络,AM 将多个 Node B 的用户业务复用到 STM-1 中,再与 RNC 相连,如图 10.29 所示。AM 模块在 ATM 环形网上和连接 RNC 的光纤上均可提供 L1 的 APS 功能。

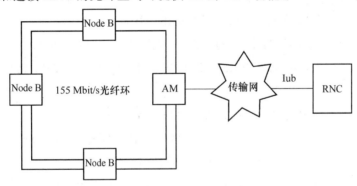

图 10.29 组网方式一

(2) 方式二

该组网方式以 El 链路为基础,Node B 通过传输网提供的 El 链路接入,如图 10.30 所示。这是一种经济实惠的组网方案,可以大幅度降低运营成本。

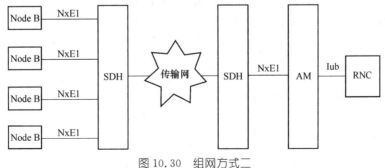

图 10.30 组网方式二

参考文献

1　马永源，马力.电信规划方法.北京:北京邮电大学出版社,2001.

2　谷红勋,等.互联网接入基础与技术.北京:人民邮电出版社,2002.

3　张宏科,裴正定.ATM 网络互连原理与工程.北京:清华大学出版社,1997.

4　王鸿生,龚双瑾.电话自动交换网.北京:人民邮电出版社,1995.

5　韦乐平.同步数字系列 SDH.北京:人民邮电出版社,1993.

6　周炯槃.通信网理论基础.北京:人民邮电出版社,1991.

7　张富.电信业务流量理论基础.北京:人民邮电出版社,1995.

8　王迎春,李文海.现代通信网.北京:北京邮电大学出版社,1995.

9　程时端.综合业务数字网.北京:人民邮电出版社,1993.

10　丁·德·普瑞克.异步传递方式——宽带 ISDN 技术.程时端,刘斌,译.北京:人民邮电出版社,1995.

11　雷振明.异步传送方式.北京:人民邮电出版社,1995.

12　赵慧玲.综合业务数字网技术及其应用.北京:人民邮电出版社,1995.

13　孙栋,段强.ATM 技术.北京:人民邮电出版社,1996.

14　肖丹.ATM 互连网络技术及应用.北京:人民邮电出版社,1998.

15　赵慧玲,张国宏,胡琳,石友康.ATM、帧中继、IP 技术与应用.北京:电子工业出版社,1998.

16　王立言.公共信道信号.北京:人民邮电出版社,1993.

17　杨晋儒,吴立贞.No.7 信令系统手册.北京:人民邮电出版社,1997.

18　纪红.7 号信令系统.北京:人民邮电出版社,1995.

19　王鸿生,龚双瑾.通信网基本技术.北京:人民邮电出版社,1993.

20　部熙章.数字网同步技术.北京:人民邮电出版社,1995.

21　果明实.现代电信网组织管理.北京:人民邮电出版社,1996.

22　孔令萍,李建国.电信管理网.北京:人民邮电出版社,1997.

23　林善希.电信网路管理.北京:人民邮电出版社,1994.

24　曾甫泉,李勇,王河.光同步传输网技术.北京:北京邮电大学出版社,1996.

25　韦乐平.接入网.北京:人民邮电出版社,1997.

26　纪越峰.接入网.北京:人民邮电出版社,1998.

27　吴承治,徐敏毅.光接入网工程.北京:人民邮电出版社,1998.

28　赵慧玲,石友康.帧中继技术及其应用.北京:人民邮电出版社,1997.

29　纪越峰,等.现代通信技术.第二版.北京:北京邮电大学出版社,2004.

30　秦国,等.现代通信网概论.北京:人民邮电出版社,2004.

31 罗国庆,等. 软交换的工程实现. 北京:人民邮电出版社,2004.

32 赵学军,等. 软交换技术与应用. 北京:人民邮电出版社,2004.

33 强磊,等. 基于软交换网络的下一代网络组网技术. 北京:人民邮电出版社,2005.

34 廖晓滨,等.第三代移动通信网络系统技术与应用基础教程. 北京:电子工业出版社,2006.

35 Smith,Collins. 第3代无线通信网络.李波,等,译. 北京:人民邮电出版社,2003.

36 广州杰赛通信规划设计院. TD-SCDMA 规划设计手册. 北京:人民邮电出版社,2005.

37 通信行业职业技能鉴定指导中心.通信网络管理员. 北京:人民邮电出版社,2010.

38 刘占霞.本地电话网中继网结构和组织方法的探讨.邮电规划,1996.

39 余晓辉.我国长途电话两级网高平面网的选路策略.邮电规划,1998.

40 袁海涛.通信网络优化理论的探讨.邮电规划,1996.

41 余晓辉.我国长途电话网安全可靠性的初步研究.邮电规划,1998.